解放军和武警部队院校招生
文化科目统考复习参考教材
(适用于高中毕业生[含同等学力]士兵)

物 理

军考教材编写组 编

国防工业出版社

·北京·

内 容 简 介

本书是解放军和武警部队院校招生文化科目统考复习参考教材的物理分册,供报考军队院校的高中毕业生[含同等学力]士兵复习使用。本书以《2021年军队院校招收士兵学员文化科目统一考试大纲》为依据,以广大考生复习考试的实际需要为目标而编写。

图书在版编目(CIP)数据

解放军和武警部队院校招生文化科目统考复习参考教材. 物理/军考教材编写组编. —北京:国防工业出版社,2019.4(2021.9重印)
ISBN 978-7-118-11854-4

Ⅰ.①解… Ⅱ.①军… Ⅲ.①物理课—军事院校—入学考试—自学参考资料 Ⅳ.①E251.3 ②G723.4

中国版本图书馆 CIP 数据核字(2019)第 055111 号

※

国防工业出版社出版发行
(北京市海淀区紫竹院南路23号 邮政编码100048)
北京天颖印刷有限公司印刷
新华书店经售

*

开本 787×1092 1/16 印张 12¼ 字数 284千字
2021年9月第1版第5次印刷 印数 46001—48000册 定价 30.00元

(本书如有印装错误,我社负责调换)

国防书店:(010)88540777　　书店传真:(010)88540776
发行业务:(010)88540717　　发行传真:(010)88540762

本书编委会

主　编　孙作江

副主编　隋　雁　宋江霞

参　编　高　卓　王　霞　薛江红
　　　　　任冠林　田　建

主　审　沈　曦

丛书说明

应广大考生要求,军队院校招生主管部门授权中国融通教育集团组织编写了《解放军和武警部队院校招生文化科目统考复习参考教材》。本套教材分为三个系列:高中毕业生[含同等学力]士兵适用的《语文》《数学》《英语》《政治》《物理》《化学》;大专毕业生士兵适用的《语言综合》《科学知识综合》《军政基础综合》;大学毕业生士兵提干推荐对象和优秀士兵保送入学对象适用的《综合知识与能力》。

本套教材是军队院校招生考试唯一指定的复习参考教材,内容紧扣2021年军队院校招生文化科目统一考试大纲,科学编排知识框架,合理设置练习讲解,确保了复习内容的科学性、针对性和实用性。同时,这套教材的电子版可在强军网"军队院校招生信息网"(http://www.zsxxw.mtn)免费下载使用。

为提供优质、便捷、高效的考学助学服务,融通人力考试中心联合81之家共同打造了"81之家军考"服务平台,考生可通过关注相关公众号和下载App,获取更多考试帮助。

本套教材的编审时间非常紧张,书中内容难免有不当之处,如对书中内容有疑问,请通过邮箱(81zhijia@81family.cn)及时反馈。

军考教材编写组
2021年1月

前　言

　　本书是解放军和武警部队院校招生文化科目统考复习参考教材的物理分册，供2021年报考军队院校的高中毕业生[含同等学力]士兵考生复习使用。本书以《2021年军队院校招收士兵学员文化科目统一考试大纲》为依据，参考现行高中物理教材，并针对广大士兵考生特点编写而成。

　　本书共分十四章，每章包括四个部分：考试范围与要求——以2021年军队院校招收士兵学员文化科目统一考试大纲为基本要求，增加了一些物理常识，考生应根据了解、理解、掌握三个层次复习备考；主要内容——反映了各章的主要内容及知识脉络，帮助学员搞清它们之间的内在联系，使所复习的知识系统化、条理化；着重从基本概念、基本规律和基本方法上把重点、难点讲透彻，并针对学员在学习过程中容易出现的问题进行剖析和释疑；典型例题——围绕重点和难点，选择了概念性强、有启发性、有新意的例题进行分析和讨论，使学员更好地理解和掌握"三基"，提高应变能力；强化训练——适量的强化习题，覆盖了考纲要求的全部内容，能起到巩固、提高和应试的作用，后面还附有详细解析，供考生参考。

　　本书在最后收录了"二〇二〇年军队院校生长军（警）官招生文化科目统一考试士兵高中综合试题（物理）"和"二〇二〇年军队院校士官招生文化科目统一考试士兵高中综合试题（物理）"，并附有参考答案，供考生全面了解考试形式和内容并模拟练习。

　　本书由孙作江任主编，隋雁、宋江霞任副主编。参加编写的人员还有高卓、王霞、薛江红、任冠林、田建等同志。国防科技大学沈曦副教授在百忙之中审阅了全稿，在此表示衷心的感谢！

　　由于时间紧、任务急，难免有不足和疏漏之处，敬请读者批评指正。

编者

2021年1月

目 录

第一章 质点的直线运动 ... 1
    考试范围与要求 ... 1
    主要内容 ... 1
    典型例题 ... 3
    强化训练 ... 4

第二章 力和牛顿运动定律 ... 14
    考试范围与要求 ... 14
    主要内容 ... 14
    典型例题 ... 16
    强化训练 ... 18

第三章 曲线运动和万有引力 ... 27
    考试范围与要求 ... 27
    主要内容 ... 27
    典型例题 ... 29
    强化训练 ... 31

第四章 功和能 ... 40
    考试范围与要求 ... 40
    主要内容 ... 40
    典型例题 ... 42
    强化训练 ... 44

第五章 冲量和动量 ... 52
    考试范围与要求 ... 52
    主要内容 ... 52
    典型例题 ... 54
    强化训练 ... 55

第六章 机械振动和机械波 ... 64
    考试范围与要求 ... 64

主要内容 ·· 64
  典型例题 ·· 66
  强化训练 ·· 68

第七章　热学
  考试范围与要求 ·· 79
  主要内容 ·· 79
  典型例题 ·· 82
  强化训练 ·· 84

第八章　电场
  考试范围与要求 ·· 92
  主要内容 ·· 93
  典型例题 ·· 96
  强化训练 ·· 98

第九章　电路
  考试范围与要求 ·· 106
  主要内容 ·· 106
  典型例题 ·· 109
  强化训练 ·· 110

第十章　磁场
  考试范围与要求 ·· 118
  主要内容 ·· 118
  典型例题 ·· 121
  强化训练 ·· 123

第十一章　电磁感应
  考试范围与要求 ·· 131
  主要内容 ·· 131
  典型例题 ·· 133
  强化训练 ·· 134

第十二章　交变电流和电磁波
  考试范围与要求 ·· 145
  主要内容 ·· 145
  典型例题 ·· 149
  强化训练 ·· 150

第十三章　光学 ·· 156

　　考试范围与要求 ·· 156
　　主要内容 ·· 156
　　典型例题 ·· 160
　　强化训练 ·· 162

第十四章　原子和原子核 ······································ 168

　　考试范围与要求 ·· 168
　　主要内容 ·· 168
　　典型例题 ·· 171
　　强化训练 ·· 172

二○二○年军队院校生长军(警)官招生文化科目统一考试士兵高中综合试题(物理) ··· 178

二○二○年军队院校士官招生文化科目统一考试士兵高中综合试题(物理) ············ 182

第一章 质点的直线运动

考试范围与要求

- 理解参考系的概念。
- 理解质点的概念。
- 了解路程的概念;理解位移的概念;理解位移 – 时间图像。
- 了解时刻和时间间隔的概念;理解速度的概念;理解速度 – 时间图像。
- 理解加速度的概念。
- 了解矢量和标量的概念。
- 了解直线运动和曲线运动的含义。
- 掌握匀变速直线运动的规律,能运用它解决军事与生活中的简单问题。
- 掌握自由落体运动的规律。

主要内容

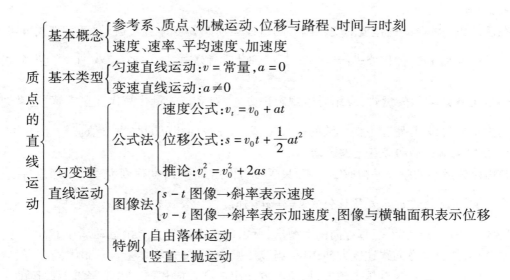

1. 质点运动的描述

一个物体相对于另一个物体的位置的改变称为机械运动,简称运动,它包括平动、转动和振动等运动形式。为了研究物体的运动需要选定参照物,即假定为不动的物体,对同一个物体的运动,所选择的参照物不同,对它的运动的描述就会不同,通常以地球为参照物来研究物体的运动。

用来代替物体的只有质量没有形状和大小的点,叫质点,它是一个理想化的物理模型。物体能否看作质点,不是根据物体大小。研究地球公转时,由于地球直径远远小于地球和太阳之间的距离,地球上各点相对于太阳的运动,差别极小,可以认为相同,即地球的大小形状可以忽略不计,而把地球看作质点;但研究地球自转时,地球的大小形状不能忽略,当然不能把地球看作质点。

位移描述物体位置的变化,是从物体运动的初位置指向末位置的有向线段,是矢量。路程是物体运动轨迹的长度,是标量。路程和位移是完全不同的概念,仅就大小而言,一般情况下位移的大小小于路程,只有在单方向的直线运动中,位移的大小才等于路程。

速度是描述物体运动快慢的物理量,是矢量。速率只有大小,没有方向,是标量。①质点在某段时间内的位移与发生这段位移所用时间的比值叫作这段时间(或位移)的平均速度 $\bar{v}$,即 $\bar{v} = x/t$,平均速度是对变速运动的粗略描述;②运动物体在某一时刻(或某一位置)的速度,方向沿轨迹上质点所在点的切线方向指向前进的一侧,瞬时速度是对变速运动的精确描述;③质点在某段时间内通过的路程和所用时间的比值叫作这段时间内的平均速率,在一般变速运动中平均速度的大小不一定等于平均速率,只有在单方向的直线运动,二者才相等。

加速度是描述速度变化快慢的物理量,是矢量,加速度又叫速度变化率;在匀变速直线运动中,速度的变化 Δv 与发生这个变化所用时间 Δt 的比值,叫作匀变速直线运动的加速度,用 a 表示,$a = \dfrac{\Delta v}{\Delta t} = \dfrac{v_t - v_0}{t - t_0}$;加速度方向与速度变化 Δv 的方向一致,但不一定与 v 的方向一致。

2. 直线运动

在任意相等的时间内位移相等的直线运动叫作匀速直线运动,其特点是 $a = 0$,$v = $ 恒量,位移公式 $x = vt$。

在任意相等的时间内速度的变化相等的直线运动叫匀变速直线运动,其特点是 $a = $ 恒量,速度公式:$v_t = v_0 + at$,位移公式:$x = v_0 t + \dfrac{1}{2} a t^2$,速度位移公式:$v_t^2 - v_0^2 = 2ax$,平均速度公式:$\bar{v} = \dfrac{v_0 + v_t}{2}$,以上各式均为矢量式,应用时应规定正方向,然后把矢量化为代数量求解,通常选初速度方向为正方向,凡是跟正方向一致的取"+"值,跟正方向相反的取"-"值。

3. 自由落体运动和竖直上抛运动

自由落体运动的条件是初速度为零,只受重力作用;是一种初速度为零的匀加速直线运动,加速度为 g;速度公式 $v_t = gt$,位移公式 $s = \dfrac{1}{2} g t^2$,速度位移公式 $v_t^2 = 2gs$。

物体以一定初速度沿竖直方向向上抛出,所做的运动叫竖直上抛运动。在上升过程中,速度越来越小,加速度方向跟速度方向相反;当速度减少到零时,物体上升达最大高度,然后物体由这个高度自由下落,速度越来越大,加速度方向跟速度方向相同。由于竖直上抛运动中物体在同一位置的上抛速度和下落速度大小相等、方向相反,所以有时可以利用这种对称性求解,使解题过程简化。

若不考虑空气阻力,即空气阻力可以忽略时,竖直上抛运动在上升过程和下落过程的加速度都是重力加速度 g。所以在处理竖直上抛运动时,可以把这个全过程看作一个统一的匀减速直线运动。我们就可以用匀变速直线运动的速度公式和位移公式来求解这一运动,速度公式

$v_t = v_0 - gt$，位移公式 $s = v_0 t - \frac{1}{2}gt^2$。

4. 运动图像

位移图像（$x-t$ 图像）：①图像上一点切线的斜率表示该时刻所对应速度；②图像是直线则表示物体做匀速直线运动，图像是曲线则表示物体做变速运动；③图像与横轴交叉，表示物体从参考点的一边运动到另一边。

速度图像（$v-t$ 图像）：①在速度图像中，可以读出物体在任何时刻的速度；②在速度图像中，物体在一段时间内的位移大小等于物体的速度图像与这段时间轴所围面积的值；③在速度图像中，物体在任意时刻的加速度就是速度图像上所对应点的切线的斜率；④图像与横轴交叉，表示物体运动的速度反向；⑤图像是直线则表示物体做匀变速直线运动或匀速直线运动，图像是曲线则表示物体做变速运动。

5. 物理模型法和等效方法

物理模型法是突出主要因素、忽略次要因素的研究方法，是一种理想化方法；如研究一个物体运动时，如果物体的形状和大小属于次要因素，为使问题简化，忽略次要因素，就用一个有质量的点来代替物体，叫质点；竖直上抛与自由落体运动的研究都是略去空气阻力抽象出的理想化模型，这是物理学研究的重要方法。

等效方法是对于一些复杂的物理问题，我们往往从事物的等同效果出发，将其转化为简单的、易于研究的物理问题，这种方法称为等效代替的方法；如引入平均速度，就可把变速直线运动等效为匀速直线运动，从而把复杂的变速运动转化为简单的匀速运动来处理。

典型例题

例 1 一辆值勤的警车停在公路边，当警员发现从他旁边以 10m/s 的速度匀速行驶的货车严重超载时，决定前去追赶，经过 5.5s 后警车发动起来，并以 2.5m/s² 的加速度做匀加速运动，但警车的行驶速度必须控制在 90km/h 以内。问：

（1）警车在追赶货车的过程中，两车间的最大距离是多少？

（2）警车发动后要多长时间才能追上货车？

【答案】（1）75m；（2）12s。

【解析】（1）警车在追赶货车的过程中，当两车速度相等时，它们的距离最大，设警车发动后经过 t_1 时间两车的速度相等。

则
$$t_1 = \frac{10}{2.5} = 4\text{s}$$

$$x_{\text{货}} = 10 \times (5.5 + 4) = 95\text{m}$$

$$x_{\text{警}} = \frac{1}{2}at_1^2 = \frac{1}{2} \times 2.5 \times 4^2 = 20\text{m}$$

所以两车间的最大距离

$$\Delta x = x_{\text{货}} - x_{\text{警}} = 95 - 20 = 75\text{m}$$

（2）当警车刚达到最大速度 $v_0 = 90\text{km/h} = 25\text{m/s}$ 时，运动总时间为

$$t_2 = \frac{25}{2.5} = 10\text{s}$$

此时货车的位移大小为:$x'_\text{货} = 10 \times (5.5 + 10) = 155\text{m}$

警车的位移大小为:$x'_\text{警} = \dfrac{1}{2}at_2^2 = \dfrac{1}{2} \times 2.5 \times 10^2 = 125\text{m}$

因为 $x'_\text{货} > x'_\text{警}$,故此时警车尚未赶上货车,且此时两车距离

$$\Delta x' = x'_\text{货} - x'_\text{警} = 30\text{m}$$

警车达到最大速度后做匀速运动,设再经过 Δt 时间追赶上货车,则

$$\Delta t = \dfrac{\Delta x'}{v_0 - v} = \dfrac{30}{25 - 10} = 2\text{s}$$

所以警车发动后要经过 $t = t_2 + \Delta t = 12\text{s}$ 才能追上货车。

例2 一跳水运动员从离水面10m高的平台上向上跃起,举双臂直体离开台面,此时其重心位于从手到脚全长的中点。跃起后重心升高0.45m达到最高点。落水时身体竖直,手先入水(在此过程中运动员水平方向的运动忽略不计)。从离开跳台到手触水面,他可用于完成空中动作的时间是____ s(计算时,g 取为 10m/s^2,结果保留两位数字)。

【分析】本题研究的是体育运动中的一个实际问题。考查考生运用所学知识处理实际问题的能力。要求学生能针对"高台跳水"的过程,进行分析和抽象,建立理想的运动模型来解决问题。

【解答】运动员起跳后重心升高0.45m达到最高点的过程,是竖直上抛运动,此过程经历的时间为 $t_1 = \sqrt{\dfrac{2h_1}{g}} = \sqrt{\dfrac{2 \times 0.45}{10}} = 0.3\text{s}$,设运动员从手到脚高为 l,则这时运动员的重心在平台上方 $(\dfrac{1}{2}l + 0.45)\text{m}$ 处,然后开始做自由落体运动,当手触水面时,运动员的重心在水面上方 $\dfrac{1}{2}l$ 处,所以,自由落体的高度 $h_2 = \dfrac{1}{2}l + 0.45 + 10 - \dfrac{1}{2}l = 10.45\text{m}$,自由落体的时间为 $t_2 = \sqrt{\dfrac{2h_2}{g}} = \sqrt{\dfrac{2 \times 10.45}{10}} = 1.4\text{s}$,所以运动员用来完成空中动作的时间为 $t = t_1 + t_2 = 1.7\text{s}$。正确解答为1.7s。

【点评】解此题时,多数考生认为较难,原因是不能正确分析出跳水运动员的运动性质,特别是不能将运动员抽象为一个质点。此题可将运动员简化为一个质点,这样只要研究运动员重心的运动就可以了。

强化训练

一、单项选择题

1. 下列关于质点的说法正确的是( )。

A. 质点是客观存在的一种物体,其体积比分子还小

B. 很长的火车一定不可以看作质点

C. 为正在参加吊环比赛的运动员打分时,裁判们可以把运动员看作质点

D. 如果物体的形状和大小对所研究的问题无影响,即可把物体看作质点

2. 下列关于位移与路程的说法中正确的是( )。

A. "出租车收费标准为2.00 元/km"中的"km"指的是位移

B. "一个标准操场主环形跑道长为400m"中的"400m"指的是路程

C. "从学校到家约2km的行程"中的"2km"指的是位移

D. "田径比赛中的200m比赛"中的"200m"指的是位移

3. 对矢量和标量的表述正确的是(　　)。

　A. 它们都有大小和方向

　B. 它们的运算法则相同

　C. 出租车的收费标准是1.20元/km,其中"km"对应的物理量是矢量

　D. 矢量相加时遵从三角形定则

4. 如图1-1所示,自行车的车轮半径为R,车轮沿直线无滑动地滚动,当气门芯由轮子的正上方第一次运动到轮子的正下方时,气门芯位移的大小为(　　)。

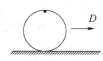

图1-1

　A. πR 　　　　　　　　　　B. $2R$

　C. $2\pi R$ 　　　　　　　　　D. $\sqrt{4+\pi^2}R$

5. 质点做直线运动的位移x与时间t的关系为$x=6+5t-t^2$,各物理量均采用国际单位制,则该质点(　　)。

　A. 第1s内的位移是10m 　　　B. 前2s内的平均速度是6m/s

　C. 运动的加速度为1m/s^2 　　D. 任意1s内的速度增量都是-2m/s

6. 一物体以初速度v_0做匀减速直线运动,第1s内通过的位移$x_1=3$m,第2s内通过的位移$x_2=2$m,又经过位移x_3物体的速度减小为0,则下列说法错误的是(　　)。

　A. 初速度v_0的大小为2.5m/s

　B. 加速度a的大小为1m/s^2

　C. 位移x_3的大小为1.125m

　D. 位移x_3内的平均速度大小为0.75m/s

7. 跳伞运动员以5m/s的速度匀速下降的过程中,在距地面10m处掉了一颗扣子,不计空气阻力对扣子的作用,重力加速度$g=10$m/s^2,跳伞运动员比扣子晚着地的时间为(　　)。

　A. 1s 　　　　B. 2s 　　　　C. $\sqrt{2}$s 　　　　D. $(2-\sqrt{2})$s

8. 如图1-2所示,在水平面上固定着三个完全相同的木块,一子弹以水平速度射入木块,若子弹在木块中做匀减速直线运动,当穿透第三个木块时速度恰好为零,则下列关于子弹依次射入每个木块时的速度比或穿过每个木块所用时间比正确的是(　　)。

　A. $v_1:v_2:v_3=3:2:1$

　B. $v_1:v_2:v_3=\sqrt{5}:\sqrt{3}:1$

　C. $t_1:t_2:t_3=1:\sqrt{2}:\sqrt{3}$

　D. $t_1:t_2:t_3=(\sqrt{3}-\sqrt{2}):(\sqrt{2}-1):1$

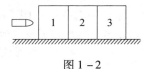

图1-2

9. 在航空母舰上,舰载飞机借助助推设备,在2s内就可把飞机从静止加速到83m/s,设起飞前飞机在跑道上做匀加速直线运动,则供飞机起飞的甲板跑道长度至少为(　　)。

　A. 83m 　　　　B. 166m 　　　　C. 41.5m 　　　　D. 332m

10. 飞机的起飞过程是从静止出发,在直跑道上加速前进,等达到一定速度时离地。已知飞机在直跑道上加速前进的位移为1600m,所用的时间为40s,假设这段运动是匀加速运动,用

a 表示加速度，v 表示飞机离地时的速度，则(　　)。

A. $a=2m/s^2, v=80m/s$ B. $a=1m/s^2, v=40m/s$

C. $a=2m/s^2, v=40m/s$ D. $a=1m/s^2, v=80m/s$

11. 一物体从静止开始做匀加速直线运动，测得它在第 n 秒内的位移为 x，则物体运动的加速度为(　　)。

A. $\dfrac{2x}{n(2n-1)}$ B. $\dfrac{2x}{2n-1}$ C. $\dfrac{2x}{n^2}$ D. $\dfrac{2n-1}{2x}$

12. 物体做匀变速直线运动，其速度与时间关系是：$v=(2-4t)m/s$，则(　　)。

A. 物体的初速度是 $4m/s$ B. 物体的初速度是 $-4m/s$

C. 物体的加速度是 $-4m/s^2$ D. 物体的加速度是 $4m/s^2$

13. 两物体 A、B 的 $x-t$ 图像如图 1-3 所示，由图可知(　　)。

A. 从第 3s 起，两物体运动方向相同，且 $v_A > v_B$

B. 两物体由同一位置开始运动，但 A 比 B 迟 3s 才开始运动

C. 在 5s 内物体的位移相同，5s 末 A、B 相遇

D. 5s 内 A、B 的平均速度相等

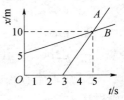

图 1-3

14. 下列关于匀变速直线运动的理解中正确的是(　　)。

A. 匀变速直线运动就是速度大小变化的直线运动

B. 加速度不变的运动就是匀变速直线运动

C. 匀变速直线运动的速度方向一定不变

D. 匀变速直线运动的加速度方向一定不变

15. 一个质点从静止开始做匀加速直线运动，它在第 3s 内与第 6s 内通过的位移之比为 $x_1:x_2$，通过第 3m 与通过第 6m 时的平均速度之比为 $v_1:v_2$，则(　　)。

A. $x_1:x_2=5:11, v_1:v_2=1:\sqrt{2}$

B. $x_1:x_2=1:4, v_1:v_2=1:\sqrt{2}$

C. $x_1:x_2=5:11, v_1:v_2=(\sqrt{2}+\sqrt{3}):(\sqrt{5}+\sqrt{6})$

D. $x_1:x_2=1:4, v_1:v_2=(\sqrt{2}+\sqrt{3}):(\sqrt{5}+\sqrt{6})$

二、填空题

1. 沪杭高铁是连接上海和杭州的现代化高速铁路，试运行时的最大时速达到了 413.7km/h，再次刷新世界纪录。沪杭高速列车由 A 站开往 B 站，A、B 车站间的铁路为直线。列车从启动匀加速到 $100m/s$，用了 $250s$ 时间，在匀速运动了 $10min$ 后，列车匀减速运动，经过 $300s$ 后刚好停在 B 车站。那么此高速列车启动时的加速度大小是_____，减速时的加速度大小是_____。

2. 子弹击中木板时速度为 $800m/s$，经过 $0.02s$ 穿出木板，穿出木板时的速度为 $300m/s$，则子弹穿过木板过程中加速度的大小是_____，方向与初速度方向_____（填"相同"或"相反"）。

3. 计算物体在下列时间段内的加速度，取初速度方向为正方向。

(1) 电子显像管内电子从阴极加速飞向阳极，速度由 0 增大到 $1\times10^8 m/s$，历时 $2\times10^{-5}s$，_____；

(2)以 40m/s 的速度运动的汽车,从某时刻起开始刹车,经 8s 停下,_____;

(3)空军飞行员在飞机失速情况下紧急跳伞,在 0.12s 内以 18m/s 的速度弹出,_____。

4. 以 10m/s 的速度行驶的汽车,紧急刹车后加速度大小为 4m/s²,则刹车后 2s 的位移为_____m,刹车后 3s 的位移为_____m。

5. 火车机车原来的速度是 36km/h,在一段下坡路上加速度为 0.2m/s²,机车行驶到下坡末端,速度增加到 54km/h,则机车通过这段下坡路所用的时间为_____。

6. 某辆汽车在笔直公路上试车时的运动图像如图 1-4 所示,则该汽车加速阶段的加速度大小为_____m/s²,减速阶段的位移大小为_____m。

7. 某人在室内以窗户为背景摄影时,恰好把窗外从高处落下的一小石子摄在照片中。已知本次摄影的曝光时间是 0.02s,量得照片中石子运动痕迹的长度为 1.6cm,实际长度为 100cm 的窗框在照片中的长度为 4.0cm,凭以上数据,请估算这个石子在被摄影的 0.02s 中的平均速度为_____,大约是从_____高的地方落下的。

8. 飞机着陆后做匀变速直线运动,10s 内前进 300m,此时速度减为着陆时速度的一半。则:

(1)飞机着陆时的速度为_____;

(2)飞机着陆 5s 时的速度为_____;

(3)飞机着陆后 30s 时距着陆点的距离为_____。

9. 一直升机以 5.0m/s 速度竖直上升,某时刻从飞机上释放一物块,经 2.0s 落在地面上,不计空气阻力,g 取 10m/s²。则:

(1)物块落到地面时的速度大小为_____;

(2)物块 2.0s 内通过的路程为_____。

10. 长为 2m 的竖直杆的下端距离一竖直固定管道口上沿 10m,若该管道长为 18m,让这根杆由静止自由下落,杆能自由穿过该管道,g 取 10m/s²,则:(1)竖直杆完全穿出管道时的速度大小为_____;(2)竖直杆通过管道的时间为_____。

三、计算题

1. 发射卫星一般应用多级火箭,第一级火箭点火后,使卫星向上匀加速运动的加速度为 50m/s²,燃烧 30s 后第一级脱离;第二级火箭没有马上点火,所以卫星向上做加速度大小为 10m/s² 的匀减速运动,10s 后第二级火箭启动,卫星的加速度为 80m/s²,这样经过 1.5min 第二级火箭脱离时,卫星的速度多大?

2. 汽车 A 以 $v_A = 4$m/s 的速度向右做匀速直线运动,在其前方相距 $x_0 = 7$m 处以 $v_B = 10$m/s 的速度同向运动的汽车 B 正开始刹车做匀减速直线运动,加速度大小 $a = 2$m/s²,从此刻开始计时,求:

(1)A 追上 B 前,A、B 间的最远距离是多少?

(2)经过多长时间 A 才能追上 B?

3. 我国高速公路开通了不停车电子收费系统。汽车可以分别通过 ETC 通道和人工收费通道,如图 1-5 所示。假设汽车以正常行驶速度 $v_1 = 16$m/s 朝收费站沿直线行驶,如果过 ETC 通道,需要在距收费站中心线前 $d = 8$m 处匀减速至 $v_2 = 4$m/s,然后匀速通过该区域,再匀加速至

v_1 正常行驶；如果过人工收费通道，需要恰好在中心线处匀减速至零，经过 $t_0=25s$ 缴费成功后，再启动汽车匀加速至 v_1 正常行驶。设汽车在减速和加速过程中的加速度大小分别为 $a_1=2m/s^2$，$a_2=1m/s^2$，求：

(1) 汽车过 ETC 通道时，从开始减速到恢复正常行驶过程中的位移大小；

(2) 汽车通过 ETC 通道比通过人工收费通道速度再达到 v_1 时节约的时间 Δt 是多少？

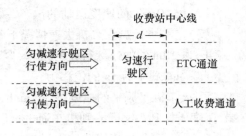

图 1-5

4. 在交通高峰时段，某十字路口红灯拦停了很多汽车，拦停的汽车排成笔直的一列，最前面的一辆汽车的前端刚好与路口停车线相齐，相邻两车的前端之间的距离均为 $L=6.0m$，若汽车启动时都以 $a=2.5m/s^2$ 的加速度做匀加速运动，加速到 $v=10.0m/s$ 后做匀速运动通过路口。该路口亮绿灯时间 $t=40.0s$，且有倒计时显示时间的显示灯。另外交通规则规定：在绿灯时行驶的汽车，红灯亮起时，车头已越过停车线的汽车允许通过。请解答下列问题：

(1) 若绿灯亮起瞬时，所有司机同时启动汽车，有多少辆汽车能通过路口？

(2) 第(1)问中，不能通过路口的第一辆汽车司机，在时间显示灯刚亮出"3"时开始刹车做匀减速运动，结果车的前端与停车线相齐时刚好停下，求刹车后汽车加速度的大小。

(3) 事实上由于人反应时间的存在，绿灯亮起时不可能所有司机同时启动汽车。现假设绿灯亮起时，第一个司机迟后 $\Delta t_1=0.90s$ 启动汽车，后面司机都比前一辆车迟后 $\Delta t_2=0.70s$ 启动汽车，在该情况下，有多少辆车能通过路口？

【参考答案】

一、单项选择题

1. D。

【解析】质点是一种理想化的物理模型，没有大小和形状，故 A 错误；一个物体能不能看作质点，关键是看物体的形状或大小在所研究的问题中是否可以忽略，研究火车从北京开往上海的时间，火车可以看成质点，故 B 错误；吊环比赛要考虑运动员的动作，故此时不能看作质点，故 C 错误；如果物体的形状和大小对所研究的问题无影响，即可把物体看作质点，故 D 正确。

2. B。

【解析】出租车收费标准是按路程制定的，A 错误；一个标准操场是 400m，"400m"指最内侧跑道的周长，指路程，田径比赛中的 200m 比赛跑道是弯曲的，"200m"指的是路程，B 正确，D 错误；从学校到家的行程指的是路径的长度，"2km"指的是路程，C 错误。

3. D。

【解析】既有大小、又有方向的物理量是矢量，只有大小、没有方向的物理量是标量，A 错误。矢量运算时遵从平行四边形定则或三角形定则，标量是代数和，B 错误，D 正确。出租车按路程收费，故 C 错误。故选 D。

4. D。

【解析】当气门芯由轮子的正上方第一次运动到轮子的正下方时，轮子向前运动半个周长，气门芯的初位置与末位置如图1-6所示,由几何知识得,气门芯的位移大小 $x = \sqrt{(2R)^2 + (\pi R)^2} = \sqrt{4+\pi^2} R$,只有答案 D 正确。

5. D。

【解析】第 1s 内的位移 $x_1 = (6+5\times1-1)\text{m} - 6\text{m} = 4\text{m}$,故 A 错误。前 2s 内的位移 $x_2 = (6+5\times2-4)\text{m} - 6\text{m} = 6\text{m}$,则前 2s 内的平均速度 $\bar{v} = \frac{x_2}{t_2} = \frac{6}{2}\text{m/s} = 3\text{m/s}$,故 B 错误。根据 $x = v_0 t + \frac{1}{2}at^2 = 6+5t-t^2$ 得,加速度 $a = -2\text{m/s}^2$,任意 1s 内速度的增量 $\Delta v = at = -2\times1\text{m/s} = -2\text{m/s}$,故 C 错误,D 正确。

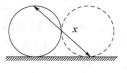

图 1-6

6. A。

【解析】由 $\Delta x = aT^2$ 可得加速度大小 $a = 1\text{m/s}^2$;第 1s 末的速度 $v_1 = \frac{x_1+x_2}{2T} = 2.5\text{m/s}$;物体的速度由 2.5m/s 减速到 0 所需时间 $t = \frac{\Delta v}{-a} = 2.5\text{s}$,则经过位移 x_3 的时间 t' 为 1.5s,且 $x_3 = \frac{1}{2}at'^2 = 1.125\text{m}$;位移 x_3 内的平均速度 $\bar{v} = \frac{x_3}{t'} = 0.75\text{m/s}$。综上可知 A 错误,B、C、D 正确。

7. A。

【解析】扣子掉了以后,运动员仍做匀速直线运动,而扣子做初速度大小为 $v_0 = 5\text{m/s}$ 的竖直下抛运动,运动员下落需要的时间为 $t_1 = \frac{10}{5}\text{s} = 2\text{s}$,扣子下落过程中有 $10\text{m} = v_0 t_2 + \frac{1}{2}gt_2^2$,解得 $t_2 = 1\text{s}$,时间差 $\Delta t = t_1 - t_2 = 1\text{s}$,A 正确。

8. D。

【解析】用"逆向思维"法解答,则可视为子弹向左做初速度为零的匀加速直线运动,设每块木块厚度为 L,则 $v_3^2 = 2a\times L$, $v_2^2 = 2a\times 2L$, $v_1^2 = 2a\times 3L$, v_3、v_2、v_1 分别为子弹从右到左运动 L、$2L$、$3L$ 时的速度,则 $v_1 : v_2 : v_3 = \sqrt{3} : \sqrt{2} : 1$,选项 A、B 错误;又由于每块木块厚度相同,则由比例关系可得 $t_1 : t_2 : t_3 = (\sqrt{3}-\sqrt{2}) : (\sqrt{2}-1) : 1$,选项 C 错误,D 正确。

9. A。

【解析】由于飞机做初速度为零的匀加速直线运动,末速度 $v = 83\text{m/s}$,$t = 2\text{s}$,由速度时间关系式 $v = at$ 得 $a = \frac{v}{t}$;由位移时间关系式得: $x = \frac{1}{2}at^2$;联立解得 $x = 83\text{m}$,只有答案 A 正确。

10. A。

【解析】由 $x = \frac{1}{2}at^2$ 得加速度 $a = 2\text{m/s}^2$,则飞机离地时的速度 $v = at = 2\times40\text{m/s} = 80\text{m/s}$,A 项正确。

11. B。

【解析】一物体从静止开始做匀加速直线运动,则它在 n 秒内的位移为 $\frac{1}{2}an^2$,它在 $n-1$ 秒内的位移为 $\frac{1}{2}a(n-1)^2$,所以它在第 n 秒内的位移 $x = \frac{1}{2}an^2 - \frac{1}{2}a(n-1)^2$,解得加速度 $a = \frac{2x}{2n-a}$,答案 B 正确。

12. C。

【解析】将题目中给出的速度公式与匀变速直线运动的速度公式:$v=v_0+at$比较可得:$v_0=2\text{m/s},a=-4\text{m/s}^2$。选项C正确。

13. A。

【解析】$x-t$图像的斜率表示速度,从第3s起,直线A、B斜率都为正,且直线A的斜率大,A正确;由图像知A物体从$x=5\text{m}$处开始运动,B物体从$x=0$处开始运动,B错误;由图像知A物体在5s内位移为5m,B物体位移为10m,位移不相同,C错误;由平均速度公式得,$\bar{v}_A=\frac{\Delta x_A}{\Delta t}=\frac{10-5}{5}\text{m/s}=1\text{m/s},\bar{v}=\frac{\Delta x_B}{\Delta t}=\frac{10-0}{5}\text{m/s}=2\text{m/s}$,D错误。

14. D。

【解析】匀变速直线运动的速度均匀变化,但速度大小变化的直线运动不一定是匀变速直线运动,A错误;匀变速直线运动是加速度不变的运动,故加速度方向一定不变,但加速度不变的运动也可能是曲线运动,B错误,D正确;匀变速直线运动的速度方向可能是变化的,如以某初速度沿斜面向上做匀变速运动的物体的速度方向先是沿斜面向上,后又沿斜面向下,C错误。

15. C。

【解析】质点从静止开始做匀加速直线运动,它在连续相等的时间内的位移之比$x_1:x_2:x_3:\cdots:x_n=1:3:5:\cdots:(2n-1)$,所以$x_3:x_6=(2\times3-1):(2\times6-1)=5:11$,B、D错误;连续相等位移上的时间之比为$1:(\sqrt{2}-1):(\sqrt{3}-\sqrt{2}):\cdots:(\sqrt{n}-\sqrt{n-1})$,$t_3:t_6=(\sqrt{3}-\sqrt{2}):(\sqrt{6}-\sqrt{5})$,所以$v_1:v_2=\frac{x}{t_3}:\frac{x}{t_6}=(\sqrt{2}+\sqrt{3}):(\sqrt{5}+\sqrt{6})$,故选C。

二、填空题

1. $0.4\text{m/s}^2,0.33\text{m/s}^2$。

【解析】加速阶段加速度$a_1=\frac{v_1-v_0}{t_1}=\frac{100-0}{250}\text{m/s}^2=0.4\text{m/s}^2$,减速段加速度$a_2=\frac{v_2-v_1}{t_2}=\frac{0-100}{300}\text{m/s}^2\approx-0.33\text{m/s}^2$。

2. $2.5\times10^4\text{m/s}^2$,相反。

【解析】根据加速度定义$a=\frac{\Delta v}{\Delta t}$可知$a=\frac{300-800}{0.02}\text{m/s}^2=-2.5\times10^4\text{m/s}^2$,负号说明加速度方向与原初速度方向相反。

3. (1)$5\times10^{12}\text{m/s}^2$;(2)$-5\text{m/s}^2$;(3)$150\text{m/s}^2$。

【解析】(1)电子的加速度$a=\frac{v-0}{t}=\frac{1\times10^8}{2\times10^{-5}}=5\times10^{12}\text{m/s}^2$;(2)汽车的加速度$a=\frac{0-v_0}{t}=\frac{0-40}{8}=-5\text{m/s}^2$;(3)飞行员的加速度$a=\frac{v-0}{t}=\frac{18}{0.12}=150\text{m/s}^2$。

4. 12,12.5。

【解析】设汽车减速到零需要的时间为t,已知初速度$v_0=10\text{m/s}$,加速度$a=-4\text{m/s}^2$,由速度时间关系式$0=v_0+at$得$t=2.5\text{s}$,即汽车刹车后只能运动2.5s,以后物体静止不动。刹车后2s的位移由位移时间关系式得$x_1=v_0t_1+\frac{1}{2}at_1^2=10\times2\text{m}+\frac{1}{2}\times(-4)\times2^2\text{m}=12\text{m}$,刹车后3s

内的位移等于 2.5s 内的位移 $x = v_0 t + \frac{1}{2}at^2 = 10 \times 2.5\text{m} + \frac{1}{2} \times (-4) \times 2.5^2\text{m} = 12.5\text{m}$。

5. 25s。

【解析】初速度 $v_0 = 36\text{km/h} = 10\text{m/s}$，末速度 $v = 54\text{km/h} = 15\text{m/s}$，加速度 $a = 0.2\text{m/s}^2$。由 $v = v_0 + at$ 得 $t = \frac{v - v_0}{a} = \frac{15-10}{0.2}\text{s} = 25\text{s}$。故机车通过这段下坡路所用的时间为 25s。

6. 1.5，150。

【解析】根据速度图像可得，该汽车加速阶段的加速度大小为 $a = \frac{\Delta v}{\Delta t} = \frac{15}{10}\text{m/s}^2 = 1.5\text{m/s}^2$；减速阶段的位移 $x = \frac{20 \times 15}{2}\text{m} = 150\text{m}$。

7. 20m/s，20m。

【解析】计算时，石子在照片中 0.02s 速度的变化比起它此时的瞬时速度来说可以忽略不计，因而可把这极短时间内石子的运动当成匀速运动来处理，g 取 10m/s^2，根据比例关系得 $4\text{cm}:100\text{cm} = 1.6\text{cm}:l$，则 $l = 40\text{cm} = 0.4\text{m}$，则石子被摄入时刻的瞬时速度 $v = \frac{l}{T} = \frac{0.4}{0.02}\text{m/s} = 20\text{m/s}$，所以 $h = \frac{v^2}{2g} = \frac{400}{20}\text{m} = 20\text{m}$。

8. (1) 40m/s；(2) 30m/s；(3) 400m。

【解析】(1) 设飞机着陆时的速度为 v_0，减速 10s 内平均速度 $\bar{v} = \frac{v_0 + v_t}{2} = \frac{v_0 + 0.5v_0}{2} = 0.75v_0$，由平均速度得滑行距离 $x = \bar{v}t = 0.75v_0 t$，解得 $v_0 = 40\text{m/s}$。(2) 飞机着陆后做匀减速运动的加速度 $a = \frac{\Delta v}{\Delta t} = \frac{0.5v_0 - v_0}{t} = -2\text{m/s}^2$，飞机停止运动所用时间 $t = \frac{0 - v_0}{a} = \frac{-40\text{m/s}}{-2\text{m/s}^2} = 20\text{s}$。所以飞机着陆 5s 时的速度 $v = v_0 + at_5 = 40\text{m/s} - 2\text{m/s}^2 \times 5\text{s} = 30\text{m/s}$。(3) 着陆后 30s 滑行的距离即为 20s 内滑行的距离 $x' = v_0 t' + \frac{1}{2}at'^2 = 40\text{m/s} \times 20\text{s} - \frac{1}{2} \times 2\text{m/s}^2 \times (20\text{s})^2 = 400\text{m}$。

9. 15m/s，12.5m。

【解析】(1) 设物块落地时速度为 v，由速度公式 $v = v_0 - gt$ 带入数据解得 $v = -15\text{m/s}$，负号说明方向竖直向下；(2) 物块上升过程：由 $0 - v_0^2 = -2gh_1$，带入数据得 $h_1 = 1.25\text{m}$；下降过程：由 $v^2 - 0 = 2gh_2$，代入数据得 $h_2 = 11.25\text{m}$；物块通过的路程 $s = h_1 + h_2 = 12.5\text{m}$。

10. (1) $10\sqrt{6}\text{m/s}$；(2) $(\sqrt{6} - \sqrt{2})\text{s}$。

【解析】(1) 竖直杆到达隧道口所用时间为 t_1，根据 $h = \frac{1}{2}gt_1^2$，解得 $t_1 = \sqrt{\frac{2h}{g}} = \sqrt{2}\text{s}$，完全通过隧道所用时间为 t_2，根据 $h + L_1 + L_2 = \frac{1}{2}gt_2^2$，解得 $t_2 = \sqrt{6}\text{s}$，$v = gt_2 = 10\sqrt{6}\text{m/s}$，即竖直杆完全穿出管道时的速度是 $10\sqrt{6}\text{m/s}$。(2) 通过隧道的时间 $\Delta t = t_2 - t_1 = (\sqrt{6} - \sqrt{2})\text{s}$；即竖直杆通过管道的时间为 $(\sqrt{6} - \sqrt{2})\text{s}$。

三、计算题

1. 8600m/s。

【解析】整个过程中卫星运动不是匀变速直线运动,但可以分为三个匀变速直线运动处理:第一级火箭燃烧完毕脱离时的速度 $v_1 = a_1 t_1 = 50 \times 30 \text{m/s} = 1500 \text{m/s}$,减速上升 10s 后的速度:

$$v_2 = v_1 - a_2 t_2 = (1500 - 10 \times 10) \text{m/s} = 1400 \text{m/s}$$

第二级火箭熄火时的速度:

$$v_3 = v_2 + a_3 t_3 = 1400 \text{m/s} + 80 \times 90 \text{m/s} = 8600 \text{m/s}$$

2. (1) $\Delta x_m = 16\text{m}$;(2) $t = 8\text{s}$。

【解析】(1) 当 A、B 两汽车速度相等时,两车间的距离最远,由 $v = v_B - at = v_A$ 得

$t = 3\text{s}$ 时汽车 A 的位移 $x_A = v_A t = 4 \times 3 = 12\text{m}$

汽车 B 的位移 $x_B = v_B t - \dfrac{1}{2} a t^2 = 10 \times 3 - \dfrac{1}{2} \times 2 \times 3^2 = 21\text{m}$

A、B 两汽车间的最远距离 $\Delta x_m = x_B + x_0 - x_A = 16\text{m}$

(2) 汽车 B 从开始减速直到静止经历的时间 $t_1 = \dfrac{v_B}{a} = \dfrac{10}{2} = 5\text{s}$

运动的位移 $x_B' = \dfrac{v_B^2}{2a} = \dfrac{10^2}{2 \times 2} = 25\text{m}$

汽车 A 在 t_1 时间内运动的位移 $\chi_A' = v_A t_1 = 4 \times 5 = 20\text{m}$

此时相距 $\Delta x = x_B' + x_0 - \chi_A' = 25 + 7 - 20 = 12\text{m}$

汽车 A 需要再运动的时间 $t_2 = \dfrac{\Delta x}{v_A} = \dfrac{12}{4} = 3\text{s}$

故汽车 A 追上汽车 B 所用时间 $t = t_1 + t_2 = 5 + 3 = 8\text{s}$

3. (1) $x = 188\text{m}$;(2) $\Delta t = 29\text{s}$。

【解析】(1) 设汽车通过 ETC 通道时的匀减速过程的位移为 x_1,匀加速过程的位移为 x_2,则

$$x_1 = \dfrac{v_2^2 - v_1^2}{-2a_1} = 60\text{m}$$

$$x_2 = \dfrac{v_1^2 - v_2^2}{2a_2} = 120\text{m}$$

汽车的总位移 $x = x_1 + d + x_2 = 188\text{m}$。

(2) 汽车通过 ETC 通道时:

匀减速过程的时间 $t_1 = \dfrac{v_1 - v_2}{a_1} = 6\text{s}$

匀速过程的时间 $t_2 = \dfrac{d}{v_2} = 2\text{s}$

匀加速过程的时间 $t_3 = \dfrac{v_1 - v_2}{a_2} = 12\text{s}$

所以汽车通过 ETC 通道的总时间 $t = t_1 + t_2 + t_3 = 20\text{s}$

汽车通过人工收费通道时:

匀减速过程的时间 $t_1' = \dfrac{v_1}{a_1} = 8\text{s}$

匀加速过程的时间 $t_2' = \dfrac{v_1}{a_2} = 16\text{s}$

所以汽车通过人工通道的总时间 $t' = t_1' + t_0 + t_2' = 49\text{s}$

则节约的时间 $\Delta t = t' - t = 29\text{s}$。

4.（1）$N = 64$；（2）$a_2 \approx 1.47\text{m/s}^2$；（3）29。

【解析】（1）汽车加速时间 $t_1 = \dfrac{v}{a} = \dfrac{10}{2.5}\text{s} = 4\text{s}$

40s 内,汽车行驶的位移 $x = \dfrac{1}{2}at_1^2 + v(t - t_1) = 380\text{m}$

能通过的汽车辆数 $n = \dfrac{x}{L} \approx 63.3$

红灯亮起时,车头已越过停车线的汽车允许通过,故有 64 辆汽车能通过路口。

（2）当记时灯刚亮出"3"时,第 65 辆车行驶的位移：

$x_1 = \dfrac{1}{2}at_1^2 + v(t - t_1 - t_0) = 350\text{m}$

此时,汽车距停车线距离为：$x_2 = 64L - x_1 = 34\text{m}$

对汽车的减速过程运用逆向思维：$v^2 - 0 = 2a_2 x_2$

解得

$a_2 = \dfrac{25}{17}\text{m/s}^2 \approx 1.47\text{m/s}^2$

（3）设该情况下,有 k 辆车能通过路口,对第 k 辆车,有

$\dfrac{1}{2}at_1^2 + v[t - t_1 - \Delta t_1 - (k-1)\Delta t_2] \geqslant (k-1)L$

代入数据得：$k \leqslant 29.5$

则在该情况下,有 29 辆车能通过路口。

第二章 力和牛顿运动定律

考试范围与要求

- 了解力的作用效果是使物体发生形变,改变物体的运动状态。
- 理解重力、重心的概念。
- 理解滑动摩擦力、动摩擦因数、静摩擦力的概念,会在具体问题中计算滑动摩擦力。
- 理解弹力的概念;理解胡克定律。
- 理解力的合成和分解,能应用平行四边形定则进行简单的运算。
- 掌握共点力的平衡,能运用它们解决军事与生活中的简单问题。
- 掌握牛顿第一定律,正确理解力跟物体运动的关系。
- 掌握牛顿第二定律,能运用它们解决军事与生活中的简单问题。
- 掌握牛顿第三定律的内容。
- 理解超重和失重现象。

主要内容

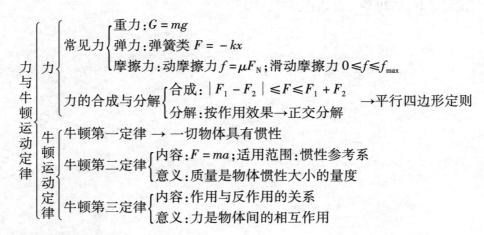

1. 力、重力、弹力和摩擦力

力是物体对物体的作用,是物体发生形变和改变物体的运动状态的原因,力是矢量。

重力是由于地球对物体的吸引而产生的,但不能说重力就是地球的吸引力,重力是万有引力的一个分力,但在地球表面附近,可以认为重力近似等于万有引力。地球表面 $G=mg$,重力的方向竖直向下(不一定指向地心)。重心是物体的各部分所受重力合力的作用点,物体的重心不一定在物体上。

弹力是由于发生弹性形变的物体有恢复形变的趋势而产生的,需要直接接触和有弹性形变。弹力的方向与物体形变的方向相反,弹力的受力物体是引起形变的物体,施力物体是发生形变的物体;在点面接触的情况下,垂直于面;在两个曲面接触(相当于点接触)的情况下,垂直于过接触点的公切面。弹力的大小一般情况下应根据物体的运动状态,利用平衡条件或牛顿定律来求解,弹簧弹力可由胡克定律来求解。

胡克定律:在弹性限度内,弹簧弹力的大小和弹簧的形变量成正比,即 $F = -kx$,k 为弹簧的劲度系数,它只与弹簧本身因素有关,单位是 N/m。

摩擦力产生的条件:①相互接触的物体间存在压力;②接触面不光滑;③接触的物体之间有相对运动(滑动摩擦力)或相对运动的趋势(静摩擦力),这三点缺一不可。摩擦力的方向沿接触面切线方向,与物体相对运动或相对运动趋势的方向相反,与物体运动的方向可以相同也可以相反。关于摩擦力的大小,应先判明是何种摩擦力,然后再根据各自的规律去分析求解。滑动摩擦力大小可以利用公式 $f = \mu F_N$ 进行计算,其中 F_N 是物体的正压力,不一定等于物体的重力,甚至可能和重力无关;滑动摩擦力大小也可以根据物体的运动状态,利用平衡条件或牛顿定律来求解。静摩擦力大小可在 0 与 f_{max} 之间变化,一般应根据物体的运动状态由平衡条件或牛顿定律来求解。

2. 物体的受力分析

确定所研究的物体,分析周围物体对它产生的作用,不要分析该物体施于其他物体上的力,也不要把作用在其他物体上的力错误地认为通过"力的传递"作用在研究对象上。一般按"性质力"的顺序分析,即按重力、弹力、摩擦力、其他力顺序来分析,不要把"效果力"与"性质力"混淆重复分析。如果有一个力的方向难以确定,可用假设法分析,先假设此力不存在,想象所研究的物体会发生怎样的运动,然后审查这个力应在什么方向,所研究物体才能满足给定的运动状态。

3. 力的合成与分解

如果一个力作用在物体上,它产生的效果跟几个力共同作用产生的效果相同,这个力就叫作那几个力的合力,而那几个力就叫作这个力的分力。

力合成与分解的根本方法:平行四边形定则。

求几个已知力的合力,叫作力的合成。共点的两个力(F_1 和 F_2)的合力大小 F 的取值范围为:$|F_1 - F_2| \leq F \leq F_1 + F_2$。

求一个已知力的分力,叫作力的分解,力的分解与力的合成互为逆运算。在实际问题中,通常将已知力按力产生的实际作用效果分解,为方便某些问题的研究,在很多问题中都采用正交分解法。

4. 共点力的平衡

作用在物体的同一点,或作用线相交于一点的几个力叫共点力。物体保持匀速直线运动或静止的状态叫平衡状态,是加速度等于零的状态。

共点力作用下的物体的平衡条件:物体所受的合外力为零,即 $\sum F = 0$,若采用正交分解法求解平衡问题,则平衡条件应为 $\sum F_x = 0$,$\sum F_y = 0$。

解决平衡问题的常用方法包括隔离法、整体法、图解法、三角形相似法和正交分解法等。

5. 牛顿第一定律

牛顿第一定律:物体保持匀速直线运动状态或静止状态,直到有外力迫使它改变这种运动状态为止。牛顿第一定律定性地给出了力与运动的关系,说明:①运动是物体的一种属性,物体的运动不需要力来维持;②任何物体都有惯性;③不受力的物体是不存在的,牛顿第一定律不能用实验直接验证,但是建立在大量实验现象的基础之上,通过思维的逻辑推理而得出的。

物体保持匀速直线运动状态或静止状态的性质叫惯性,惯性是物体的固有属性,即一切物体都有惯性,与物体的受力情况及运动状态无关,因此说,人们只能"利用"惯性而不能"克服"惯性,质量是物体惯性大小的量度。

6. 牛顿第二定律

牛顿第二定律:物体的加速度跟所受的外力的合力成正比,跟物体的质量成反比,加速度的方向跟合外力的方向相同,表达式 $F_合 = ma$。

牛顿第二定律定量揭示了力与运动的关系,说明:①知道了力,可根据牛顿第二定律,分析出物体的运动规律;反过来,知道了运动,可根据牛顿第二定律研究其受力情况,为设计运动,控制运动提供了理论基础。②牛顿第二定律揭示的是力的瞬间效果,即作用在物体上的力与它的效果是瞬时对应关系,力变加速度就变,力撤除加速度就为零,注意力的瞬间效果是加速度而不是速度。③牛顿第二定律 $F_合 = ma$ 中,$F_合$ 是矢量,a 也是矢量,且 a 与 $F_合$ 的方向总是一致的,$F_合$ 可以进行合成与分解,ma 也可以进行合成与分解。

7. 牛顿第三定律

牛顿第三定律:两个物体之间的作用力与反作用力总是大小相等,方向相反,作用在同一直线上。说明:①牛顿第三运动定律指出了两物体之间的作用是相互的,因而力总是成对出现的,它们总是同时产生,同时消失;②作用力和反作用力总是同种性质的力;③作用力和反作用力分别作用在两个不同的物体上,各产生其效果。

8. 超重和失重

超重:物体有向上的加速度称物体处于超重状态。处于超重状态的物体对支持面的压力 F_N(或对悬挂物的拉力)大于物体的重力 mg,即 $F_N = mg + ma$。

失重:物体有向下的加速度称物体处于失重状态。处于失重的物体对支持面的压力 F_N(或对悬挂物的拉力)小于物体的重力 mg,即 $F_N = mg - ma$,当 $a = g$ 时 $F_N = 0$,物体处于完全失重状态。

不管物体处于失重状态还是超重状态,物体本身的重力并没有改变,只是物体对支持物的压力(或对悬挂物的拉力)不等于物体本身的重力;超重或失重现象与物体的速度无关,只决定于加速度的方向,"加速上升"和"减速下降"都是超重;"加速下降"和"减速上升"都是失重;在完全失重的状态下,平常一切由重力产生的物理现象都会完全消失,如单摆停摆、天平失效、浸在水中的物体不再受浮力、液体柱不再产生压强等。

典型例题

例1 两个重叠在一起的滑块,置于固定的、倾角为 θ 的斜面上,如图 2-1 所示。滑块 A、B 的质量分别为 M、m,A 与斜面间的动摩擦因数 μ_1,B 与 A 之间的动摩擦因数 μ_2。已知两滑块都从静止开始以相同的加速度从斜面滑下,在运动过程中,滑块 B 受到的摩擦力(   )。

A. 等于零

B. 方向沿斜面向下

C. 大小等于 $\mu_1 mg\cos\theta$

D. 大小等于 $\mu_2 mg\cos\theta$

【答案】C。

【分析】本题以求摩擦力为素材,目的是考查考生"假设法分析和判断问题"及"处理连接体问题的基本方法",不能正确使用假设法判断静摩擦力的大小和方向,只是凭主观想象得出结论易造成错误。

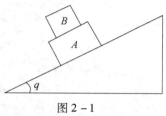

图 2-1

【解答】假定 A 与 B 间无摩擦力作用,则 B 下滑的加速度必须大于 A 下滑的加速度,二者不可能以相同的加速度从斜面下滑,故选项 A 是不正确的。B 与 A 以相同的加速度下滑,表明 B 必受到 A 施加的沿斜面向上的摩擦力作用,故选项 B 不正确。A 作用于 B 的静摩擦力 f 的大小应保证 B 与 A 有相同的加速度,因此对 A、B 整体有:$(m+M)g\sin\theta - \mu_1(m+M)g\cos\theta = (m+M)a$;对 B 有:$mg\sin\theta - f = ma$;由以上两式消去 a 得 $f = \mu_1 mg\cos\theta$,所以选项 C 是正确的,D 错误。

例 2 有一个直角支架 AOB,AO 水平放置,表面粗糙,OB 竖直向下,表面光滑。AO 上套有小环 P,OB 上套有小环 Q,两环质量均为 m,两环间由一根质量可忽略、不可伸长的细绳相连,并在某一位置平衡,如图 2-2 所示。现将 P 环向左移一小段距离,两环再次达到平衡,那么将移动后的平衡状态和原来的平衡状态比较,AO 杆对 P 环的支持力 N 和细绳上的拉力 T 的变化情况是( )。

A. N 不变,T 变大 B. N 不变,T 变小
C. N 变大,T 变大 D. N 变大,T 变小

【答案】B。

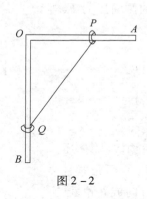

图 2-2

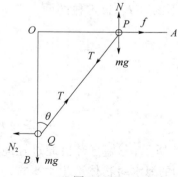

图 2-3

【分析】此题是一道对多物体构成的系统进行受力分析的问题,而且是动态平衡问题。高考中出现的平衡问题多为此类题目,此题目中受力是二维的,解题时从研究对象上应注意整体法和隔离法的结合,分析中可以用"平行四边形法"或"正交分解法"。

【解答】两环的受力情况如图 2-3 所示,对两环构成的整体,由平衡条件有:$N = 2mg$,它不随两环位置的变化而变化。

对环 Q,由正交分解法,在竖直方向上有

$T\cos\theta = mg$

$T = mg/\cos\theta$

当 P 环向左移动时,θ 角减小,$\cos\theta$ 增大,所以绳的拉力 T 减小。

或对环 Q,用平行四边形法则。无论绳的方向如何变化,T 和 N_2 的合力不变(总与重力 mg 大小相等、方向相反),作平行四边形如图 2-4 所示,由图可很直观地看到 T 的变化情况。所以正确解答为 B。

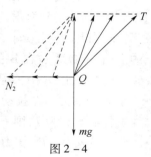

图 2-4

强化训练

一、单项选择题

1. 如图 2-5 所示，一物体在粗糙水平地面上受斜向上的恒定拉力 F 作用而做匀速直线运动，则下列说法正确的是(　　)。

　A. 物体可能只受两个力作用　　B. 物体可能受三个力作用
　C. 物体可能不受摩擦力作用　　D. 物体一定受四个力

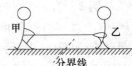

图 2-5

2. 如图 2-6 所示，甲、乙两人在冰面上"拔河"，两人中间位置处有一分界线，约定先使对方过分界线者为赢，若绳子质量不计，冰面可看成光滑，则下列说法正确的是(　　)。

　A. 甲对绳的拉力与绳对甲的拉力是一对平衡力
　B. 甲对绳的拉力与乙对绳的拉力是作用力与反作用力
　C. 若甲的质量比乙大，则甲能赢得"拔河"比赛的胜利
　D. 若乙收绳的速度比甲快，则乙能赢得"拔河"比赛的胜利

图 2-6

3. 人们很难用双手掰开一段木桩，然而，若用斧子就容易把树桩劈开，如图 2-7 所示，斧子的两个斧面间的夹角为 θ，两个斧面关于竖直平面对称，当斧子对木桩施加一个竖直向下的力 F 时，木桩的两个劈开面受到的侧向压力 F_N 等于(　　)。

　A. $F_N = \dfrac{F}{\sin\dfrac{\theta}{2}}$ 　　B. $F_N = \dfrac{F}{\sin\theta}$

　C. $F_N = \dfrac{F}{2\sin\dfrac{\theta}{2}}$ 　　D. $F_N = \dfrac{F}{2\sin\theta}$

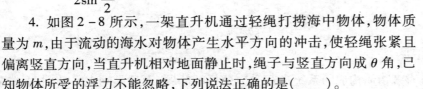

图 2-7

4. 如图 2-8 所示，一架直升机通过轻绳打捞海中物体，物体质量为 m，由于流动的海水对物体产生水平方向的冲击，使轻绳张紧且偏离竖直方向，当直升机相对地面静止时，绳子与竖直方向成 θ 角，已知物体所受的浮力不能忽略，下列说法正确的是(　　)。

　A. 绳子的拉力为 $\dfrac{mg}{\cos\theta}$
　B. 绳子的拉力一定大于 mg
　C. 物体受到海水的水平方向的作用力等于绳子的拉力
　D. 物体受到海水的水平方向的作用力小于绳子的拉力

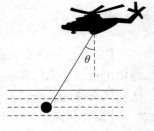

图 2-8

5. 如图 2-9 所示，木板 C 放在水平地面上，木板 B 放在 C 的上面，木板 A 放在 B 的上面，A 的右端通过轻质弹簧秤固定在竖直的墙壁上，A、B、C 质量相等，且各接触面动摩擦因数相同，用大小为 F 的力向左拉动 C，使它以速度 v 匀速运动，三者稳定后弹簧秤的示数为 T，则下列说法不正确的是(　　)。

　A. B 对 A 的摩擦力大小为 T，方向向左

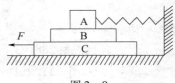

图 2-9

B. A 和 B 保持静止,C 匀速运动

C. A 保持静止,B 和 C 一起匀速运动

D. C 受到地面的摩擦力大小为 $F-T$

6. 如图 2-10 所示,小球放在光滑的墙与装有铰链的光滑薄板之间,当墙与薄板之间的夹角 θ 缓慢地增大到 90°的过程中(　　)。

A. 小球对薄板的正压力增大

B. 小球对墙的正压力增大

C. 小球对墙的压力先减小,后增大

D. 小球对木板的压力不可能小于球的重力

图 2-10

7. 黑板擦在手施加的恒力 F 作用下匀速擦拭黑板,已知黑板擦与竖直黑板间的动摩擦因数为 μ,不计黑板擦的重力,则它所受的摩擦力大小为(　　)。

A. F B. μF C. $\dfrac{\mu}{\sqrt{1+\mu^2}}F$ D. $\dfrac{\sqrt{1+\mu^2}}{\mu}F$

8. 如图 2-11 所示,质量分别为 m_A、m_B 的 A、B 两个楔形物体叠放在一起,B 靠在竖直墙壁上,在水平力 F 的作用下,A、B 静止不动,则(　　)。

A. A 物体受力的个数不可能为 3

B. B 受到墙壁的摩擦力方向可能向上,也可能向下

C. 力 F 增大(A、B 仍静止),A 对 B 的压力也增大

D. 力 F 增大(A、B 仍静止),墙壁对 B 的摩擦力也增大

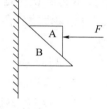

图 2-11

9. 如图 2-12 所示,轻质不可伸长的晾衣绳两端分别固定在竖直杆 M、N 上的 a、b 两点,悬挂衣服的衣架挂钩是光滑的,挂于绳上处于静止状态,如果只人为改变一个条件,当衣架静止时,下列说法正确的是(　　)。

A. 绳的右端上移到 b',绳子拉力不变

B. 将杆 N 向右移一些,绳子拉力变小

C. 绳的两端高度差越小,绳子拉力越小

D. 若换挂质量更大的衣服,则衣架悬挂点右移

10. 将一横截面为扇形的物体 B 放在水平面上,一小滑块 A 放在物体 B 上,如图 2-13 所示。除了物体 B 与水平面间的摩擦力之外,其余接触面的摩擦均可忽略不计,已知物体 B 的质量为 M,滑块 A 的质量为 m,当整个装置静止时,A、B 接触面的切线与竖直挡板之间的夹角为 θ,重力加速度为 g,则下列选项正确的是(　　)。

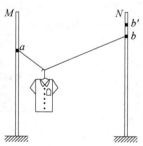

图 2-12

A. 物体 B 对水平面的压力大小为 Mg

B. 物体 B 受到水平面的摩擦力大小为 $mg\tan\theta$

C. 滑块 A 与竖直挡板之间的弹力大小为 $\dfrac{mg}{\tan\theta}$

D. 滑块 A 对物体 B 的压力大小为 $\dfrac{mg}{\cos\theta}$

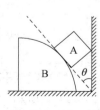

图 2-13

11. 图 2-14 是伽利略研究自由落体运动试验的示意图,让小球由倾角为 θ 的光滑斜面由静止滑下,在不同的条件下进行多次试验,下列叙述正确是(　　)。

A. θ 角越大,小球对斜面的压力越大

B. θ 角越大,小球运动的加速度越小

C. θ 角越大,小球从顶端运动到底端所需时间越短

D. θ 角一定,质量不同的小球运动的加速度也不同

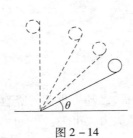

图 2-14

图 2-15

12. 一条不可伸长的轻绳跨过质量可忽略不计的定滑轮,绳的一端系一质量 $M=15$kg 的重物,重物静止于地面上,有一质量 $m=10$kg 的猴子从绳子另一端沿绳向上爬,如图 2-15 所示,不计滑轮摩擦,在重物不离开地面条件下(重力加速度 $g=10$m/s^2),猴子向上爬的最大加速度为(　　)。

A. 25m/s^2　　　　B. 15m/s^2　　　　C. 10m/s^2　　　　D. 5m/s^2

二、填空题

1. 一根弹簧原长 10cm,挂上重 2N 的砝码时,伸长 1cm,这根弹簧挂上重 8N 的物体时,弹簧的形变是弹性形变,它的长度为_____。

2. 被轻绳拉着的气球总质量为 5kg,受到的浮力是 80N,由于风力的作用,致使拉气球的绳子稳定在与水平方向成 $\theta=60°$ 角的位置上,如图 2-16 所示。则绳子对气球的拉力和风对气球的水平作用力各为_____、_____。(取 $g=10$m/s^2)

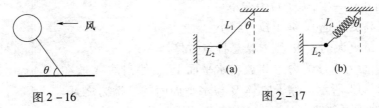

图 2-16　　　　　　　　　　图 2-17

3. 如图 2-17(a)所示,一质量为 m 的物体系于长度分别为 L_1、L_2 的两根细线上,L_1 的一端悬挂在天花板上,与竖直方向夹角为 θ,L_2 水平拉直,物体处于平衡状态。

(1)现将线 L_2 剪断,则剪断 L_2 的瞬间物体的加速度大小为_____,方向为_____。

(2)若将图 2-17(a)中的细线 L_1 换成长度相同,质量不计的轻弹簧,如图 2-17(b)所示,其他条件不变,则剪断 L_2 的瞬间物体的加速度大小为_____,方向为_____。

4. 如图 2-18 所示,M 为细绳,P、Q 为两轻质弹簧,A、B、C 三小球质量之比为 1:2:3,在剪断细绳 M 的瞬间,三球的瞬间加速度 $a_A=$ _____,方向

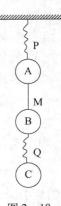

图 2-18

_____, $a_B =$ _____, 方向_____, $a_C =$ _____。

5. 如图 2–19 所示为杂技"顶杆"表演,一人站在地上,肩上扛一质量为 M 的竖直杆,杆上一质量为 m 的人以加速度 a 加速下滑,则质量为 m 的人所受的摩擦力大小 F_f 为_____,杆对站在地上的人的压力大小 F 为_____。

6. 如图 2–20 所示,电梯与水平面夹角为 θ,上面站着质量为 m 的人,当电梯以加速度 a 加速向上运动时,则电梯对人的弹力 F_N 为_____,摩擦力 F_f 为_____。

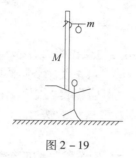

图 2–19　　　　　　图 2–20

三、计算题

1. 质量为 M 的木楔倾角为 θ,在水平面上保持静止,质量为 m 的木块刚好可以在木楔上表面上匀速下滑。现在用与木楔上表面成 α 角的力 F 拉着木块匀速上滑,如图 2–21 所示,求:

(1)当 α 为多大时,拉力 F 有最小值,求此最小值;

(2)拉力 F 最小时,木楔对水平面的摩擦力。

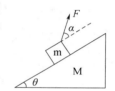

图 2–21

2. 一架遥控飞行器,其质量 $m = 2$kg,动力系统提供的恒定升力 $F = 28$N。试飞时,飞行器从地面由静止开始竖直上升。设飞行器飞行时所受的阻力大小不变,g 取 10m/s^2。

(1)第一次试飞,飞行器飞行 $t_1 = 8$s 时到达高度 $H = 64$m。求飞行器所受阻力 F_f 的大小。

(2)第二次试飞,飞行器飞行 $t_2 = 6$s 时遥控器出现故障,飞行器立即失去升力。求飞行器能达到的最大高度 h。

(3)为了使飞行器不致坠落到地面,求飞行器从开始下落到恢复升力的最长时间 t_3。

3. 如图 2–22 所示,航空母舰上的起飞跑道由长度为 $l_1 = 1.6 \times 10^2$m 的水平跑道和长度为 $l_2 = 20$m 的倾斜跑道两部分组成,水平跑道与倾斜跑道末端的高度差 $h = 4.0$m。一架质量为 $m = 2.0 \times 10^4$kg 的飞机,其喷气发动机的推力大小恒为 $F = 1.2 \times 10^5$N,方向与速度方向相同,在运动过程中飞机受到的平均阻力大小为飞机重力的 $\frac{1}{10}$。假设航空母舰处于静止状态,飞机质量视为不变并可看成质点,取 $g = 10$m/s^2。

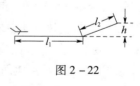

图 2–22

(1)求飞机在水平跑道运动的时间及到达倾斜跑道末端时的速度大小;

(2)为了使飞机在倾斜跑道的末端达到起飞速度 100m/s,外界还需要在整个水平轨道对飞机施加助推力,求助推力 $F_{推}$ 的大小。

【参考答案】

1. D。

   【解析】物体在粗糙水平地面上,做匀速直线运动,则物体受到合外力为零,由于拉力 F 倾斜向上,所以物体一定受到滑动摩擦力作用,因而物体一定受到地面的支持力、重力及拉力,故选项 D 正确。

2. C。

   【解析】甲对绳的拉力与绳对甲的拉力是一对作用力与反作用力,两力作用在两个物体上,不能平衡,选项 A 错误;甲对绳的拉力和乙对绳的拉力是一对平衡力,选项 B 错误;若甲的质量比乙大,则甲的加速度比乙的小,可知乙先到分界线,故甲能赢得"拔河"比赛的胜利,故 C 正确;收绳速度的快慢并不能决定"拔河"比赛的输赢,故 D 错误。故选 C。

3. C。

   【解析】将力 F 分解为 F_1、F_2 两个分力,这两个分力分别与斧子的两个侧面垂直,根据对称性,两分力 F_1、F_2 大小相等,这样,以 F_1、F_2 为邻边的平行四边形就是一个菱形。因为菱形的对角线互相垂直且平分,所以有:$F_1 = F_2 = \dfrac{F}{2\sin\dfrac{\theta}{2}}$,木桩的两个劈开面受到的侧向压力 $F_N = \dfrac{F}{2\sin\dfrac{\theta}{2}}$。

4. D。

   【解析】物体受力如图 2-23 所示,由平衡条件知 $F_T\cos\theta + F_{浮} = mg$,$F_T\sin\theta = F_{海水}$,由此可知 A、B、C 错误,D 正确。

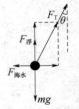

图 2-23

5. B。

   【解析】由题意知 A、B、C 质量相等,且各接触面动摩擦因数相同,依据滑动摩擦力公式 $f = \mu N$ 可知,B、C 之间的滑动摩擦力大于 A、B 之间的,因此在 F 作用下,B、C 作为一整体运动的,对 A、B+C 受力分析:A 受水平向右的拉力和水平向左的摩擦力,根据平衡条件,可知 B 对 A 的摩擦力大小为 T,方向向左,故 A、C 正确,B 错误;又因为物体间力的作用是相互的,则物体 B+C 受到 A 对它水平向右的摩擦力,大小为 T;由于 B+C 做匀速直线运动,则 B+C 受到水平向左的拉力 F 和水平向右的两个摩擦力平衡(A 对 B 的摩擦力和地面对 C 的摩擦力),根据平衡条件可知,C 受到地面的摩擦力大小为 $F-T$,故 D 正确。故选 B。

6. D。

   【解析】根据小球重力的作用效果,可以将重力 G 分解为使球压板的力 F_1 和使球压墙的力 F_2,作出平行四边形如图 2-24 所示,当 θ 增大时如图中虚线所示,F_1、F_2 均变小,而且在 $\theta = 90°$ 时 F_1 变为最小值,等于 G,所以只有 D 正确。

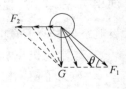

图 2-24

7. C。

【解析】设力 F 与运动方向的夹角为 θ，黑板擦做匀速运动，则由平衡条件可知 $F\cos\theta = \mu F\sin\theta$，解得 $\mu = \dfrac{1}{\tan\theta}$，由数学知识可知，$\cos\theta = \dfrac{\mu}{\sqrt{1+\mu^2}}$，则黑板擦所受的摩擦力大小 $F_f = F\cos\theta = \dfrac{\mu}{\sqrt{1+\mu^2}}F$，故选项 C 正确。

8. C。

【解析】隔离 A 物体，若 A、B 间没有静摩擦力，则 A 受重力、B 对 A 的支持力和水平力 F 三个力作用，选项 A 错误；将 A、B 看作一个整体，整体在竖直方向上受到重力和摩擦力，所以墙对 B 的摩擦力方向只能向上，选项 B 错误；若 F 增大，则 F 在垂直 B 斜面方向的分力增大，所以 A 对 B 的压力增大，选项 C 正确；对 A、B 整体受力分析，由平衡条件知，竖直方向上有 $f = G_A + G_B$，因此当水平力 F 增大时，墙壁对 B 的摩擦力不变，选项 D 错误。

9. A。

【解析】设两段绳子间的夹角为 2α，绳子的拉力大小为 F，由平衡条件可知，$2F\cos\alpha = mg$，所以 $F = \dfrac{mg}{2\cos\alpha}$，设绳子总长为 L，两杆间距离为 s，由几何关系 $L_1\sin\alpha + L_2\sin\alpha = s$，得 $\sin\alpha = \dfrac{s}{L_1+L_2} = \dfrac{s}{L}$，绳子右端上移，$L$、$s$ 都不变，α 不变，绳子张力 F 也不变，A 正确；杆 N 向右移动一些，s 变大，α 变大，$\cos\alpha$ 变小，F 变大，B 错误；绳子两端高度差变化，不影响 s 和 L，所以 F 不变，C 错误；衣服质量增加，绳子上的拉力增加，由于 α 不会变化，悬挂点不会右移，D 错误。

10. C。

【解析】首先对滑块 A 受力分析，如图 2-25 所示，根据平衡条件，有 $F_1 = \dfrac{mg}{\sin\theta}$，$F_2 = \dfrac{mg}{\tan\theta}$。根据牛顿第三定律，A 对 B 的压力大小为 $\dfrac{mg}{\sin\theta}$，A 对竖直挡板的压力大小为 $\dfrac{mg}{\tan\theta}$，故 C 正确，D 错误；对 A、B 整体受力分析，受重力、水平面的支持力、竖直挡板的支持力、水平面的静摩擦力，如图 2-26 所示，根据平衡条件，水平面的支持力大小 $F_N = (M+m)g$，水平面的摩擦力大小 $F_f = F_2 = \dfrac{mg}{\tan\theta}$，再根据牛顿第三定律，物体 B 对水平面的压力大小为 $(M+m)g$，故 A、B 错误。

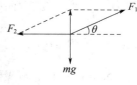

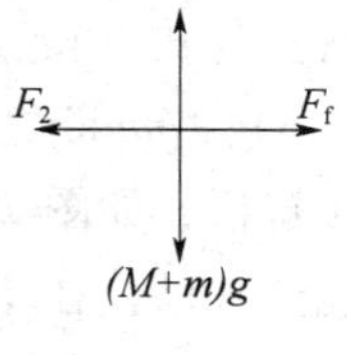

图 2-25

图 2-26

11. C。

【解析】对小球进行受力分析，则有 $F_N = mg\cos\theta$，随着 θ 的增大，F_N 减小，故 A 错误；根据牛顿第二定律得 $a = \dfrac{mg\sin\theta}{m} = g\sin\theta$，随着 θ 的增大，a 增大，与小球的质量无关，B、D 错误；小球运动的时间 t 由 $L = \dfrac{1}{2}at^2$，得 $t = \sqrt{\dfrac{2L}{g\sin\theta}}$，所以 θ 角越大，小球从顶端运动到底端所需时间越短，C 正确。

12. D。

【解析】若重物不离开地面，则绳子的最大拉力 $T = Mg = 150\text{N}$，对猴子由牛顿第二定律有 $T - mg = ma$，解得 $a = 5\text{m/s}^2$，故选项 D 正确。

二、填空题

1. 14 cm。

【解析】根据胡克定律得 $F_1=k(l_1-l_0)$，$F_2=k(l_2-l_0)$ 将 $F_1=2\text{N}$，$l_0=10\text{cm}=0.1\text{m}$，$l_1=11\text{cm}=0.11\text{m}$，$F_2=8\text{N}$，代入以上两式求得 $l_2=0.14\text{m}=14\text{cm}$。

2. $20\sqrt{3}\,\text{N},10\sqrt{3}\,\text{N}$。

【解析】对氢气球受力分析如图 2-27 所示。
将绳子的拉力正交分解，由平衡条件得
水平方向：$F_2=F_3\cos60°$
竖直方向：$F_1=F_3\sin60°-mg$
联立解得：$F_3=20\sqrt{3}\,\text{N}$，$F_2=10\sqrt{3}\,\text{N}$

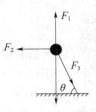

图 2-27

3. (1) $g\sin\theta$，方向垂直于 L_1 斜向下方；(2) $g\tan\theta$，方向水平向右。

【解析】(1) 细线 L_2 被剪断的瞬间，因细线 L_2 对物体的弹力突然消失，而引起 L_1 上的张力发生突变，使物体的受力情况改变，瞬时加速度垂直 L_1 斜向下方，大小为 $a=g\sin\theta$；(2) 当细线 L_2 被剪断时，细线 L_2 对物体的弹力突然消失，而弹簧的形变还来不及变化，因而弹簧的弹力不变，它与重力的合力与细线 L_2 对物体的弹力是一对平衡力，等大反向，所以细线 L_2 被剪断的瞬间，物体加速度的大小为 $a=g\tan\theta$，方向水平向右。

4. $5g$，竖直向上；$2.5g$，竖直向下；0。

【解析】剪断 M 瞬间 $F_\text{P}'=G_\text{A}+G_\text{B}+G_\text{C}=6mg$；绳 M 的拉力 $F_\text{M}'=0$；对 A，由牛顿第二定律得
$a=\dfrac{F_\text{P}'-m_\text{A}g}{m_\text{A}}=5g$，方向竖直向上；对 B，$a=\dfrac{F_\text{Q}+m_\text{B}g}{m_\text{B}}=\dfrac{3mg+2mg}{2m}=2.5g$，方向竖直向下；对 C，
$a=\dfrac{F_\text{Q}-m_\text{C}g}{m_\text{C}}=0$。

5. $m(g-a)$，$(M+m)g-ma$。

【解析】分析杆上人的受力，重力和杆对他的摩擦力，根据牛顿第二定律得：$mg-F_\text{f}=ma$，解得摩擦力大小为 $F_\text{f}=m(g-a)$。分析杆的受力，重力、杆上的人对它的摩擦力和地上的人对它的支持力，杆处于平衡状态，$Mg+F_\text{f}=F_\text{N}$，根据牛顿第三定律可知，杆对地上的人的压力 $F=F_\text{N}$，联立各式解得：$F=(M+m)g-ma$。

6. $mg+ma\sin\theta$，$ma\cos\theta$。

【解析】如图 2-28 所示，由于人的加速度方向是沿电梯向上的，这样建立坐标系后，在 x 轴方向和 y 轴方向上各有一个加速度的分量，其中 x 轴方向的加速度分量为 $a_x=a\cos\theta$，$a_y=a\sin\theta$，根据牛顿第二定律列方程
x 轴方向：$F_\text{f}=ma_x=ma\cos\theta$
y 轴方向：$F_\text{N}-mg=ma_y=ma\sin\theta$
解得：$F_\text{f}=ma\cos\theta$，$F_\text{N}=mg+ma\sin\theta$

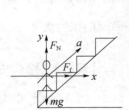

图 2-28

三、计算题

1. (1) $\alpha=\theta$，F 有最小值为 $F_{\min}=mg\sin(2\theta)$；(2) $f'=\dfrac{1}{2}mg\sin(4\theta)$。

【解析】(1) 选木块为研究对象，未施加外力时，木块刚好匀速下滑，有
$mg\sin\theta=\mu mg\cos\theta$　……①

施加外力时,对木块受力分析如图 2-29 所示,则
平行于斜面方向:$f + mg\sin\theta = F\cos\alpha$ ……②
垂直于斜面方向:$N + F\sin\alpha = mg\cos\theta$ ……③
又
$$f = \mu N \quad \text{……④}$$
由①、②、③、④式得
$$F = \frac{2mg\sin\theta}{\cos\alpha + \mu\sin\alpha} \quad \text{……⑤}$$
由①、⑤式得
$$F = \frac{mg\sin2\theta}{\sin\left(\frac{\pi}{2} - \theta + \alpha\right)}$$

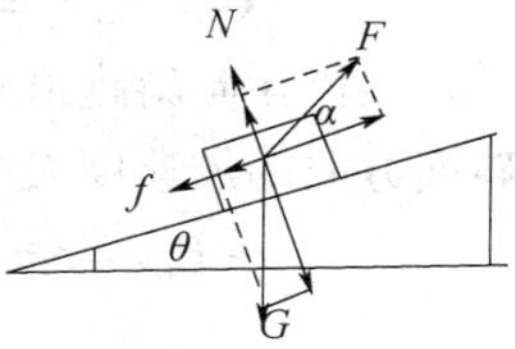

图 2-29

故当 $\alpha = \theta$ 时分母最大,F 有最小值,最小值为
$$F_{\min} = mg\sin(2\theta) \quad \text{……⑥}$$

(2)选 M 和 m 整体为研究对象,设水平面对木楔 M 的摩擦力是 f',整体水平方向受力平衡,则
$$f' = F_{\min}\cos(\theta + \alpha) = F_{\min}\cos(2\theta) \quad \text{……⑦}$$
由⑥、⑦式得
$$f' = \frac{1}{2}mg\sin(4\theta)$$

2. (1)4N;(2)42m;(3)2.1s。

【解析】(1)第一次飞行中,设加速度为 a_1,匀加速运动 $H = \frac{1}{2}a_1t_1^2$,得 $a_1 = 2\text{m/s}^2$;如图 2-30 所示,由牛顿第二定律 $F - F_f - mg = ma_1$,解得 $F_f = 4$N。

(2)第二次飞行中,设失去升力时的速度为 v_1,上升的高度为 s_2,匀加速运动 $s_1 = \frac{1}{2}a_1t_2^2$;设失去升力后加速度为 a_2,上升的高度为 s_2,由牛顿第二定律 $F_f + mg = ma_2$,$v_1 = a_1t_2$,$s_2 = \frac{v_1^2}{2a_2}$,解得 $h = s_1 + s_2 = 42$m。

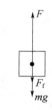

图 2-30

(3)设失去升力下降阶段加速度为 a_3;恢复升力后加速度为 a_4,恢复升力时速度为 v_3。由牛顿第二定律 $mg - F_f = ma_3$,$F + F_f - mg = ma_4$,且 $\frac{v_3^2}{2a_3} + \frac{v_3^2}{2a_4} = h$,$v_3 = a_3t_3$,解得 $t_3 = \frac{3\sqrt{2}}{2}$s(或 2.1s)。

3. (1) 41.5m/s;(2) 5.2×10^5N。

【解析】(1)飞机在水平跑道上运动时,水平方向受到推力与阻力作用,设加速度大小为 a_1,末速度大小为 v_1,运动时间为 t_1,有
$$F - F_f = ma_1 \quad \text{……①}$$
$$v_1^2 - v_0^2 = 2a_1l_1 \quad \text{……②}$$
$$v_1 = a_1t_1 \quad \text{……③}$$
其中 $v_0 = 0$,$F_f = 0.1mg$,代入已知数据可得

$a_1 = 5.0 \text{m/s}^2, v_1 = 40 \text{m/s}, t_1 = 8.0 \text{s}$ ……④

飞机在倾斜跑道上运动时,沿倾斜跑道受到推力、阻力与重力沿斜面方向的分力作用,设沿斜面方向的加速度大小为 a_2、末速度大小为 v_2,沿斜面方向有

$F - F_f - F_{GX} = ma_2$ ……⑤

$F_{GX} = mg\sin\alpha = mg\dfrac{h}{l_2} = 4.0 \times 10^4 \text{N}$ ……⑥

$v_2^2 - v_1^2 = 2a_2 l_2$ ……⑦

代入已知数据可得 $a_2 = 3.0 \text{m/s}^2$

$v_2 = \sqrt{1720} \text{m/s} \approx 41.5 \text{m/s}$ ……⑧

(2)飞机在水平跑道上运动时,水平方向受到推力、助推力与阻力作用,设加速度大小为 a_1'、末速度大小为 v_1',有

$F_{推} + F - F_f = ma_1'$ ……⑨

$v_1'^2 - v_0^2 = 2a_1' l_1$ ……⑩

飞机在倾斜跑道上运动时,沿倾斜跑道受到推力、阻力与重力沿斜面方向的分力作用没有变化,加速度大小 $a_2' = a_2 = 3.0 \text{m/s}^2$。

$v_2'^2 - v_1'^2 = 2a_2' l_2$,根据题意,$v_2' = 100 \text{m/s}$,代入数据解得 $F_{推} \approx 5.2 \times 10^5 \text{N}$。

第三章　曲线运动和万有引力

考试范围与要求

- 了解曲线运动的特点和条件。
- 理解运动的合成和分解——平行四边形法则。
- 掌握平抛运动的规律,能运用它们解决军事与生活中的简单问题。
- 掌握匀速圆周运动的规律,能运用它们解决军事与生活中的简单问题。
- 理解万有引力定律及其应用。
- 理解环绕速度。
- 了解卫星轨道参量随半径变化的规律。
- 了解第二宇宙速度、第三宇宙速度。
- 了解开普勒行星运动三定律。

主要内容

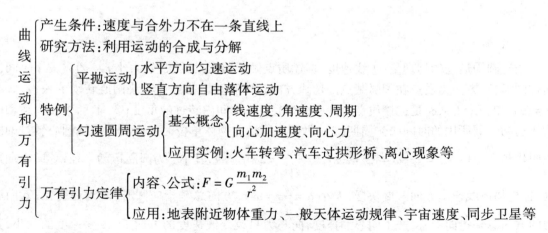

1. 曲线运动

物体作曲线运动的条件:运动质点所受的合外力(或加速度)的方向跟它的速度方向不在同一直线上。

曲线运动的特点:质点在某一点的速度方向,就是通过该点的曲线的切线方向。质点的速度方向时刻在改变,所以曲线运动一定是变速运动。

曲线运动的轨迹:做曲线运动的物体,其轨迹向合外力所指一方弯曲,若已知物体的运动轨迹,可判断出物体所受合外力的大致方向,如平抛运动的轨迹向下弯曲,圆周运动的轨迹总向圆心弯曲等。

2. 运动的合成与分解

合运动与分运动的关系：①等时性；②独立性；③等效性。

运动的合成与分解的法则：平行四边形法则。

分解原则：根据运动的实际效果分解，物体的实际运动为合运动。

3. 平抛运动

物体做平抛运动有两个条件：一是物体具有水平方向的初速度 v_0；二是物体始终只受到重力的作用（空气阻力忽略不计）。显然，平抛运动属于匀变速曲线运动。

由于做平抛运动的物体仅在竖直方向上受到重力的作用，所以速度矢量只在竖直方向上有变化（$\Delta v = g\Delta t$），而在水平方向上没有变化。基于这一缘故，通常将平抛运动分解为水平和竖直两个方向的分运动来研究。

做平抛运动的物体在水平方向上不受外力，做的是匀速直线运动：$v_x = v_0$，$x = v_0 t$。在竖直方向上没有初速度，且只受重力作用，做的是自由落体运动：$v_y = gt$，$y = \frac{1}{2}gt^2$。经历时间 t 后物体的速度大小是 $v = \sqrt{v_x^2 + v_y^2} = \sqrt{v_0^2 + g^2 t^2}$。速度 v 的方向可用它和水平方向的夹角 α 来表示，如图 3-1 所示，可看出 $\alpha = \arctan \frac{v_y}{v_x} = \arctan \frac{gt}{v_0}$。

在给定高度和初速度的条件下，经常要讨论的是物体的落地速度和水平位移。为了求得这两个量，关键的问题是要设法求出落地过程所经历的时间。平抛物体的落地时间与它抛出时的水平速度无关，只取决于它落地点与抛出点间的竖直高度，即 $t = \sqrt{\frac{2H_0}{g}}$。

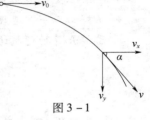

图 3-1

4. 圆周运动

描述圆周运动的物理量：①线速度，描述质点做圆周运动的快慢，大小 $v = s/t$，s 是 t 时间内通过的弧长，方向为质点在圆弧某点的切线方向；②角速度，描述质点绕圆心转动的快慢，大小 $\omega = \phi/t$，单位 rad/s，ϕ 是连接质点和圆心的半径在 t 时间内转过的角度；③周期，做圆周运动的物体运动一周所用的时间叫作周期（T），做圆周运动的物体单位时间内沿圆周绕圆心转过的圈数叫作频率（f）；④ $T = \frac{1}{f}$，$\omega = \frac{2\pi}{T} = 2\pi f$，$v = \frac{2\pi r}{T} = 2\pi rf = \omega r$，其中 r 为圆周运动半径；⑤向心加速度，描述物体线速度方向改变快慢，大小 $a = \frac{v^2}{r} = \omega^2 r$，方向总是指向圆心，时刻在变化；⑥向心力的方向总是指向圆心，产生向心加速度，向心力只改变线速度的方向，不改变速度的大小，其大小 $F = ma = m\frac{v^2}{r} = m\omega^2 r$，注意向心力是根据力的效果命名的，在分析做圆周运动的质点受力情况时，千万不可在物体受力之外再添加一个向心力。

匀速圆周运动：线速度的大小恒定，角速度、周期和频率都是恒定不变的，向心加速度和向心力的大小也都是恒定不变的，是速度大小不变而速度方向时刻在变的变速曲线运动。

变速圆周运动：速度大小方向都发生变化，不仅存在着向心加速度（改变速度的方向），而且还存在着切向加速度（方向沿着轨道的切线方向，用来改变速度的大小），一般而言，合加速度方向不指向圆心，合力不一定等于向心力，合外力在指向圆心方向的分力充当向心力，产生向心加速度，合外力在切线方向的分力产生切向加速度。

5. 万有引力定律

万有引力定律：宇宙间的一切物体都是互相吸引的，两个物体间的引力的大小，跟它们的质量的乘积成正比，跟它们的距离的平方成反比；公式：$F = G\dfrac{m_1 m_2}{r^2}$，其中 $G = 6.67 \times 10^{-11} \text{N} \cdot \text{m}^2/\text{kg}^2$。

应用万有引力定律分析天体运动的基本方法：把天体的运动看成是匀速圆周运动，其所需向心力由万有引力提供，即 $F_{引} = F_{向}$。应用时可根据实际情况选用适当的公式进行分析或计算，从而可估算天体质量 M、密度 ρ 等物理量。

三种宇宙速度：①第一宇宙速度，$v_1 = 7.9 \text{km/s}$，它是卫星的最小发射速度，也是地球卫星的最大环绕速度；②第二宇宙速度（脱离速度），$v_2 = 11.2 \text{km/s}$，使物体挣脱地球引力束缚的最小发射速度；③第三宇宙速度（逃逸速度），$v_3 = 16.7 \text{km/s}$，使物体挣脱太阳引力束缚的最小发射速度。

地球同步卫星：所谓地球同步卫星，是相对于地面静止的，这种卫星位于赤道上方某一高度的稳定轨道上，且绕地球运动的周期等于地球的自转周期，即 $T = 24\text{h}$，离地面高度一定，同步卫星的轨道一定在赤道平面内，并且只有一条，所有同步卫星都在这条轨道上，以大小相同的线速度、角速度和周期运行。

卫星的超重和失重："超重"是卫星进入轨道的加速上升过程和回收时的减速下降过程，此情景与"升降机"中物体超重相同。"失重"是卫星进入轨道后正常运转时，卫星上的物体完全"失重"，因为重力提供向心力，此时，在卫星上的仪器，凡是制造原理与重力有关的均不能正常使用。

典型例题

例1 如图 3-2 所示，人以速度 v 沿水平地面匀速前进，人通过滑轮牵引高为 h 的平台上的物体 A 向右运动，当绳与竖直方向的夹角为 θ 时 A 的速度是多少？

【分析】首先要分析物体 A 的运动与人拉绳的运动之间有什么样的关系。绳的末端的运动可以看成两个分运动的合成：一是沿绳的方向被牵引，绳长增长，绳长增长的速度应为物体 A 的速度，二是垂直于绳以定滑轮为圆心的摆动，它不改变绳长，只改变角度 θ 的值，这样就可以把人拉绳末端速度 v 按图 3-3 所示的方法分解。

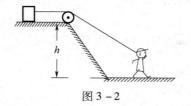

图 3-2

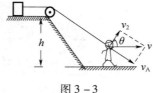

图 3-3

【解答】A 的速度为 $v_A = v\sin\theta$。当人向右运动，θ 越来越大，v_A 逐渐变大，人做匀速运动，A 做变速运动。

【点评】在研究运动合成和分解问题中，合速度、合位移等为实际运动的速度和位移，是平行四边形的对角线，但分速度和分位移就要具体问题具体分析了。

例2 某星球的质量约为地球的9倍,半径约为地球的一半。若从地球上高 h 处平抛一物体射程为 60m,则在该星球上,从同样的高度,以同样的初速度平抛同一物体,则射程为多少?

【分析】该题是万有引力定律和平抛运动的综合题,一般来说,抛体运动都是在星球表面上,故可近似认为重力等于万有引力,且认定在给定的空间内该力是恒力,然后根据各量间的关系求解。

【解答】物体做平抛运动 $x = v_0 t, h = \dfrac{1}{2}gt^2$

重力等于万有引力 $mg = G\dfrac{Mm}{R^2}$

解得 $x = v_0\sqrt{\dfrac{2hR^2}{GM}}$

其中 h、v_0、G 相同,则 $x \propto \sqrt{\dfrac{R^2}{M}}$

$$\dfrac{x_星}{x_地} = \sqrt{\dfrac{R_星^2}{R_地^2} \cdot \dfrac{M_地}{M_星}} = \dfrac{1}{6}$$

所以,$x_星 = \dfrac{1}{6}x_地 = \dfrac{60}{6}\text{m} = 10\text{m}$

【点评】万有引力定律与抛体运动的综合题以重力加速度为桥梁,所以解题的关键也是首先确定重力加速度。

例3 在天体运动中,将两颗彼此距离较近,且相互绕行的行星称为双星。已知两行星质量分别为 M_1 和 M_2,它们之间距离为 L,求各自运转半径和角速度为多少?

【分析】本题中,双星之间有相互吸引力而保持距离不变,则这两行星一定绕着两物体联线上某点做匀速圆周运动,设该点为 O,如图3-4所示,M_1、O、M_2 始终在一条直线上,M_1 和 M_2 角速度相等,它们之间的万有引力提供向心力。

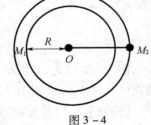

图3-4

【解答】设 M_1 离开 O 点的距离为 R,则 M_2 离开 O 点的距离为 $L-R$,它们绕 O 点转动的角速度均为 ω,则由牛顿第二定律,对两个行星分别有

$$G\dfrac{M_1 M_2}{L^2} = M_1\omega^2 R \qquad \cdots\cdots ①$$

$$G\dfrac{M_1 M_2}{L^2} = M_2\omega^2 (L-R) \qquad \cdots\cdots ②$$

则可得 $(M_1 + M_2)R = M_2 L$

$$\therefore R = \dfrac{M_2 L}{M_1 + M_2}$$

将以上结果代入①式或②式可得行星转动的角速度为

$$\omega = \dfrac{1}{L}\sqrt{\dfrac{G(M_1 + M_2)}{L}}$$

【说明】双星是一个整体,围绕着它们的质心转动,所以角速度 ω 相同,两星之间由万有引

力相维系，它们到质心的距离与它们的质量成反比。

例4 在天体演变的过程中，红色巨星发生"超新星爆炸"后，可以形成中子星（电子被迫同原子核中的质子相结合而形成中子），中子星具有极高的密度。(1) 若已知该中子星的卫星运行的最小周期为 1.2×10^{-3} s，求该中子星的密度；(2) 中子星也绕自转轴自转，为了使该中子星不因自转而被瓦解，则其自转角速度最大不能超过多少？

【分析】（1）中子星的卫星绕中子星做圆周运动，其万有引力提供向心力：$G\dfrac{Mm}{r^2} = m\dfrac{4\pi^2 r}{T^2}$

由此可知 $T^2 \propto r^3$，说明轨道半径越小，卫星的周期越小，故对应卫星运行的最小周期，$r = R$。（R 为中子星的半径）。

（2）中子星的各个部分都绕其自转轴做匀速圆周运动，由 $F = m\omega^2 r$ 知，其"赤道"表面处部分做匀速圆周运动所需向心力最大，因此，只要"赤道"表面处不发生瓦解，其他部分也一定不发生瓦解。对应的临界条件就是：中子星"赤道"表面处质点所受万有引力等于其所需要的向心力。

【解答】（1）对于中子星的卫星，因万有引力提供向心力，设中子星质量为 M，半径为 R，其卫星的质量为 m，根据向心力公式有 $G\dfrac{Mm}{R^2} = m\dfrac{4\pi^2}{T^2}R$。

解得 $M = \dfrac{4\pi^2 R^3}{GT^2}$

由密度公式知中子星的密度为

$$\rho = \dfrac{M}{V} = \dfrac{4\pi^2 R^3/GT^2}{4\pi R^3/3} = \dfrac{3\pi}{GT^2} = 1.0 \times 10^{17}\,\text{kg/m}^3$$

（2）因为 $G\dfrac{Mm}{R^2} = m\omega^2 R$，$M = \rho \cdot \dfrac{4\pi R^3}{3}$

所以 $\omega = \sqrt{\dfrac{4\pi G\rho}{3}} = 5.3 \times 10^3\,\text{rad/s}$

【说明】 1. 充分理解"最小周期"的意义，从而确定卫星的轨道半径 r 等于中子星的半径 R 是本题的关键所在。

2. 星球上物体跟随星球自转所需向心力是由万有引力提供的，但具体是多少与自转的角速度和半径有关，即 $F = m\omega^2 r$，其最大值可等于万有引力。星外物体绕星球运行时所需向心力则等于全部的万有引力，即 $F = G\dfrac{Mm}{r^2}$。所以环绕运行的加速度与自转加速度是有区别的。

强化训练

一、单项选择题

1. 一水平抛出的小球落到一倾角为 θ 的斜面上时，其速度方向与斜面垂直，运动轨迹如图 3-5 中虚线所示。小球在竖直方向下落的距离与在水平方向通过的距离之比为（　　）。

A. $\dfrac{1}{\tan\theta}$ B. $\dfrac{1}{2\tan\theta}$

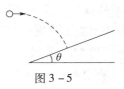

图 3-5

C. tan θ　　　　　　　　　　D. tan θ

2. 从水平匀速飞行的直升飞机上向外自由释放一个物体,不计空气阻力,在物体下落过程中,下列说法正确的是(　　)。

A. 从飞机上看,物体静止　　　　B. 从飞机上看,物体始终在飞机的后方
C. 从地面上看,物体做平抛运动　　D. 从地面上看,物体做自由落体运动

3. 地球半径为 R,地球表面重力加速度为 g,地球自转周期为 T,地球同步卫星距离地面的高度为 h,则地球同步卫星绕地球做圆周运动的线速度为(　　)。

A. 0　　B. $\sqrt{(R+h)g}$　　C. $\sqrt{\dfrac{R^2g}{R+h}}$　　D. $\dfrac{2\pi R}{T}$

4. 如图 3–6 所示,圆锥摆的摆长为 L、摆角为 α,质量为 m 的摆球在水平面内做匀速圆周运动,则(　　)。

A. 摆线的拉力 $mg\cos\alpha$　　　　B. 摆线的向心加速度 $g\cos\alpha$
C. 其运动周期 $2\pi\sqrt{\dfrac{L}{g}}$　　　D. 其运动周期 $2\pi\sqrt{\dfrac{L\cos\alpha}{g}}$

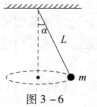

图 3–6

5. 图 3–7 为某一皮带传动装置。主动轮的半径为 r_1,从动轮的半径为 r_2。已知主动轮做顺时针转动,转速为 n,转动过程中皮带不打滑,下列说法正确的是(　　)。

A. 从动轮做顺时针转动
B. 从动轮转动时线速度较大
C. 从动轮的转速为 $\dfrac{r_1}{r_2}n$
D. 从动轮的转速为 $\dfrac{r_2}{r_1}n$

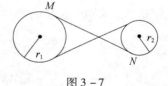

图 3–7

6. 游客乘坐过山车,在圆弧轨道最低点处获得的向心加速度达到 20m/s^2, g 取 10m/s^2,那么在此位置上座椅对游客的作用力相当于游客重力的(　　)。

A. 1 倍　　B. 2 倍　　C. 3 倍　　D. 4 倍

7. 如图 3–8 所示,轻杆的一端有一个小球,另一端有光滑的固定轴 O,现给球一初速度,使球和杆一起绕 O 轴在竖直面内转动,不计空气阻力,用 F 表示球到达最高点时杆对小球的作用力,则 F(　　)。

A. 一定是拉力
B. 一定是推力
C. 一定等于零
D. 可能是拉力,可能是推力,也可能等于零

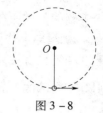

图 3–8

8. 如图 3–9 所示,在一次空地联合军事演习中,离地面 H 高处的飞机以水平对地速度 v_1 发射一颗炸弹欲轰炸地面目标 P,地面拦截系统同时以初速度 v_2 竖直向上发射一颗炮弹拦截(炮弹运动过程看作竖直上抛),设此时拦截系统与飞机的水平距离为 s,若拦截成功,不计空气阻力,则 v_1、v_2 的关系应满足(　　)。

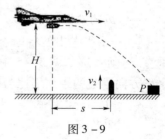

图 3–9

A. $v_1 = \dfrac{H}{s} v_2$ B. $v_1 = v_2 \sqrt{\dfrac{H}{s}}$ C. $v_1 = \dfrac{s}{H} v_2$ D. $v_1 = v_2$

9. 侦察卫星可以发现地面上边长仅为 0.36m 的方形物体,它距离地面高度仅有 16km。理论和实践都表明:卫星离地面越近,它的分辨率就越高,那么分辨率越高的卫星( )。
   A. 向心加速度一定越大
   B. 角速度一定越小
   C. 周期一定越大
   D. 速度一定越小

10. "月球勘测轨道器"(LRO)每天在 50km 的高度穿越月球两极上空 10 次。若以 T 表示 LRO 在离月球表面高度 h 处的轨道上做匀速圆周运动的周期,以 R 表示月球的半径,则( )。
   A. LRO 运行时的向心加速度为 $\dfrac{4\pi^2 R}{T^2}$
   B. LRO 运行时的向心力为 $\dfrac{4\pi^2 (R+h)}{T^2}$
   C. 月球表面的重力加速度为 $\dfrac{4\pi^2 R}{T^2}$
   D. 月球表面的重力加速度为 $\dfrac{4\pi^2 (R+h)^3}{T^2 R^2}$

11. 民族运动会上有一个骑射项目,运动员骑在奔驰的马背上,弯弓放箭射击侧向的固定目标。若运动员骑马奔驰的速度为 v_1,运动员静止时射出的弓箭的速度为 v_2,直线跑道离固定目标的最近距离为 d,要想在最短的时间内射中目标,则运动员放箭处离目标的距离应该为( )。
   A. $\dfrac{dv_2}{\sqrt{v_2^2 - v_1^2}}$ B. $\dfrac{d\sqrt{v_2^2 + v_1^2}}{v_2}$ C. $\dfrac{dv_2}{v_2}$ D. $\dfrac{dv_2}{v_1}$

12. 如图 3-10 所示,"嫦娥奔月"的"嫦娥"一号升空后,绕地球沿椭圆轨道运动,远地点 A 距地面高为 h_1,然后经过变轨被月球捕获,最终在距离月球表面高为 h_2 的轨道上绕月球做匀速圆周运动。若已知地球的半径为 R_1、表面重力加速度为 g_0,月球的质量为 M、半径为 R_2,引力常量为 G,根据以上信息,不可以确定的是( )。
   A. "嫦娥"一号在远地点 A 时的速度
   B. "嫦娥"一号在远地点 A 时的加速度
   C. "嫦娥"一号 绕月球运动的周期
   D. 月球表面的重力加速度

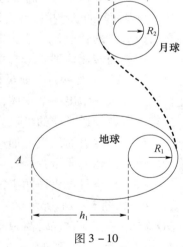

图 3-10

二、填空题

1. 从距地面高度为 $h = 5m$ 处水平抛出一小球,小球落地处距抛出点的水平距离为 $s = 10m$,则小球落地所需时间 $t = $ _____ s;小球抛出时的初速度为 _____ m/s。

2. 如图 3-11 所示,一船从码头 A 渡向对岸,河宽为 300m,水流速度为 2m/s,在距 A 下游 400m 开始出现危险水域,为保证安全,船必须在未达到危险水域前到达对岸。则船对静水的最小速度为 _____。

3. 战士驾驶摩托艇救人,假设江岸是平直的,洪水沿江向下游流去,水流速度为 v_1,摩托艇在静水中的航速为 v_2,战士救人的地点 A 离岸边最近处 O 的距离为 d。战士想在最短时间内将人送上岸,则摩托艇登陆的地点离 O 点的距离为 _____。

4. 如图 3-12 所示,三个质点 a、b、c 质量分别为 m_1、m_2、$M(M \gg$

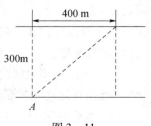

图 3-11

m_1，$M \gg m_2$)。在 c 的万有引力作用下，a、b 在同一平面内绕 c 沿逆时针方向做匀速圆周运动，轨道半径之比 $r_a : r_b = 1 : 4$，则它们的周期之比 $T_a : T_b = $ _____；从图示位置开始，在 b 运动一周的过程中，a、b、c 共线了 _____ 次。

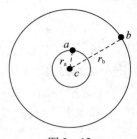

图 3-12

5. 假设在半径为 R 的某天体上发射一颗该天体的卫星，若它贴近该天体的表面做匀速圆周运动的运行周期为 T_1，已知万有引力常量为 G，则该天体的密度为 _____。若这颗卫星距该天体表面的高度为 h，测得在该处做圆周运动的周期为 T_2，则该天体的密度又可表示为 _____。

6. 已知地球半径约为 6.4×10^6 m，又知月球绕地球的运动可近似看作匀速圆周运动，周期为一个月，则可估算出月球到地心的距离约为 _____ m。

三、计算题

1. 一艘敌舰正以 $v_1 = 12$ m/s 的速度逃跑，执行追击任务的飞机，在距水平面高度 $h = 320$ m 的水平线上以速度 $v_2 = 105$ m/s 同向飞行。为击中敌舰，应"提前"投弹，如空气阻力可以不计，飞机投弹时，沿水平方向它与敌舰之间的距离应为多大？如投弹后飞机仍以原速度飞行，在炸弹击中敌舰时，飞机与敌舰的位置有何关系？

2. 有一水平放置的圆盘，上面放有一劲度系数为 k 的弹簧，如图 3-13 所示，弹簧的一端固定于轴 O 上，另一端挂一质量为 m 的物体 A。物体与盘面间的动摩擦因数为 μ，开始时弹簧未发生形变，长度为 R，求：

(1) 盘的转速 n_0 为多大时，物体 A 开始滑动？

(2) 当转速达到 $2n_0$ 时，弹簧的伸长量 Δx 是多少？

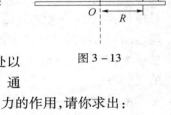

图 3-13

3. 某学员为探月宇航员设计了如下实验：在距月球表面高 h 处以初速度 v_0 水平抛出一个物体，然后测量该平抛物体的水平位移为 x。通过查阅资料知道月球的半径为 R，引力常量为 G，若物体只受月球引力的作用，请你求出：

(1) 月球表面的重力加速度；

(2) 月球的质量；

(3) 环绕月球表面的宇宙飞船的速率是多少？

4. 如图 3-14 所示，一个竖直放置的圆锥筒可绕其中心 OO' 转动，筒内壁粗糙，筒口半径和筒高分别为 R 和 H，筒内壁 A 点的高度为筒高的一半。内壁上有一质量为 m 的小物块。求：

① 当筒不转动时，物块静止在筒壁 A 点受到的摩擦力和支持力的大小；

② 当物块在 A 点随筒做匀速转动，且其受到的摩擦力为零时，筒转动的角速度。

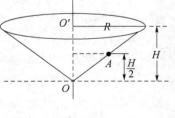

图 3-14

5. 某行星和地球绕太阳公转的轨道均可视为圆，每过 N 年该行星会运行到日地连线的延长线上，如图 3-15 所示，则该行星与地球的公转半径比是多少？

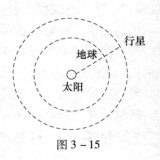

图 3-15

【参考答案】

一、单项选择题

1. B。

【解析】如图3-16所示,平抛的末速度与竖直方向的夹角等于斜面倾角 θ,根据有:$\tan\theta = \dfrac{v_0}{gt}$。则下落高度与水平射程之比为 $\dfrac{y}{x} = \dfrac{gt^2}{2v_0 t} = \dfrac{gt}{2v_0} = \dfrac{1}{2\tan\theta}$,故 B 正确。

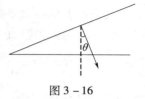

图 3-16

2. C。

【解析】从飞机上看物体做自由落体运动,从地面上看物体做平抛运动,故只有 C 正确。

3. C。

【解析】万有引力提供卫星作圆周运动的向心力:$G\dfrac{Mm}{(R+h)^2} = m\dfrac{v^2}{(R+h)}$,地球表面附近的万有引力近似等于重力:$G\dfrac{Mm}{R^2} = mg$,联立上面二式,解得 $v = \sqrt{\dfrac{R^2 g}{R+h}}$,故 A、B 错;运动周期:$T = \dfrac{2\pi(R+h)}{v}$ 故 $v = \dfrac{2\pi(R+h)}{T}$,D 错;故只有 C 正确。

4. D。

【解析】小球受力分析如图3-17所示,则

$$F\sin\alpha = m\dfrac{4\pi^2}{T^2}r = ma$$

$$F\cos\alpha = mg$$

$$r = L\sin\alpha$$

联立上面三式解得

$$F = \dfrac{mg}{\cos\alpha}, \quad a = g\tan\alpha,$$

$$T = 2\pi\sqrt{\dfrac{L\cos\alpha}{g}}$$

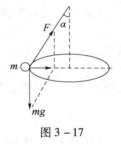

图 3-17

故 D 正确。

5. C。

【解析】因为皮带不打滑,两轮缘上各点的线速度等大,各点做圆周运动的速度方向为切线方向,则皮带上的 M、N 点均沿 MN 方向运动,从动轮沿逆时针方向转动,A、B 错误;根据线速度与角速度的关系式:$v = r\omega$,$\omega = 2\pi n$,所以 $n_1 : n_2 = r_2 : r_1$,$n_2 = \dfrac{r_1}{r_2}n$,故 C 正确 D 错误。

6. C。

【解析】以游客为研究对象,游客受重力 mg 和支持力 F_N,由牛顿第二定律得:$F_N - mg = ma$,所以 $F_N = mg + ma = 3mg$。

7. D。

【解析】最高点球受重力 mg 与杆的作用力 F，由牛顿第二定律知 $mg + F = ma_{向} = m\dfrac{v^2}{R}$（$v$ 为球在最高点的速度，R 为球做圆周运动的半径），当 $v = \sqrt{gR}$ 时，$F = 0$；当 $v > \sqrt{gR}$ 时，$F > 0$，即拉力；当 $v < \sqrt{gR}$ 时，$F < 0$，即推力。故 D 正确。

8. C。

【解析】炸弹做平抛运动，在竖直方向上做自由落体运动，水平方向上以飞机的速度 v_1 做匀速运动，炮弹做竖直上抛运动。若拦截成功，则炸弹在水平方向上飞行的距离为 s，炸弹在空中飞行的时间为 $t = \dfrac{s}{v_1}$，则竖直方向上运动的距离为 $y_1 = \dfrac{1}{2}gt^2$，炮弹做竖直上抛运动，在竖直方向上运动的距离为：$y_2 = v_2t - \dfrac{1}{2}gt^2$，在竖直方向上：$y_1 + y_2 = \dfrac{1}{2}gt^2 + v_2t - \dfrac{1}{2}gt^2 = v_2t = H$，所以 $t = \dfrac{H}{v_2}$。所以 $t = \dfrac{s}{v_1} = \dfrac{H}{v_2}$，得：$v_1 = \dfrac{s}{H}v_2$，故 C 正确。

9. A。

【解析】当卫星离地面越近，根据牛顿第二定律和万有引力定律 $G\dfrac{Mm}{r^2} = ma = m\dfrac{v^2}{r} = m\omega^2 r = m\left(\dfrac{2\pi}{T}\right)^2 r$，得 $a = G\dfrac{M}{r^2}$，可见卫星的向心加速度大；$\omega = \sqrt{\dfrac{GM}{r^3}}$，可见角速度就越大；$T = \sqrt{\dfrac{4\pi^2 r^3}{GM}}$，可见周期也越小；$v = \sqrt{\dfrac{GM}{r}}$，可见卫星的线速度大，选项 A 正确。

10. D。

【解析】"LRO" 做匀速圆周运动，向心加速度 $a = \omega^2 r = \dfrac{4\pi^2(R+h)}{T^2}$，B 不正确；LRO 做匀速圆周运动的向心力由万有引力提供，$G\dfrac{Mm}{(R+h)^2} = ma$，又月球表面上 $G\dfrac{Mm}{R^2} = mg$，可得月球表面的重力加速度为 $g\dfrac{4\pi^2(R+h)^3}{T^2 R^2}$，故 D 正确。

11. B。

【解析】如图 3-18 所示，设运动员放箭的位置处离目标的距离为 x。箭的运动可以看成两个运动的合运动：随人的运动，箭自身的运动。箭在最短时间内击中目标，必须满足两个条件：一是合速度的方向指向目标，二是垂直于马前进的方向的分速度最大，根据几何关系：

$$\dfrac{x}{\sqrt{v_1^2 + v_2^2}} = \dfrac{d}{v_2}$$，得 $x = \dfrac{d\sqrt{v_1^2 + v_2^2}}{v_2}$

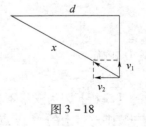

图 3-18

12. A。

【解析】"嫦娥"一号在远地点 A 时的加速度可由 $\dfrac{GM_0 m}{(R_1 + h_1)^2} = ma$ 及 $\dfrac{GM_0 m}{R_1^2} = mg$ 确定，由于轨道是椭圆，在远地点 A 时的速度无法确定；"嫦娥"一号绕月球运动的周期可由 $\dfrac{GMm}{(R_2 + h_2)^2} =$

$m(R_2+h_2)\dfrac{4\pi^2}{T^2}$ 确定,月球表面的重力加速度可由 $\dfrac{GMm}{R_2^2}=mg$ 确定,故选项 B、C、D 可以确定,只有选项 A 正确。

二、填空题

1. 1s,10m/s。

【解析】小球做平抛运动,由 $h=\dfrac{1}{2}gt^2$,$t=\sqrt{\dfrac{2h}{g}}=1\text{s}$,$s=v_0 t$,$v_0=\dfrac{s}{t}=10\text{m/s}$。

2. 1.2m/s。

【解析】为保证安全,船达到对岸时,应在码头 A 正对岸下游 400m 以内,考察其临界航程,要使船对静水的速度最小,v_2 应与合运动速度 v 的方向垂直,则 $v_2=v_1\cos\alpha=2\times\dfrac{300}{500}\text{m/s}=1.2\text{m/s}$。

3. $\dfrac{dv_1}{v_2}$。

【解析】要最短时间将人送到岸上,应驾驶摩托艇垂直河岸行驶,最短时间 $t=\dfrac{d}{v_2}$,摩托艇登陆点偏离 O 点是因为摩托艇随河水向下游漂流的结果,所以离 O 点的距离 $s=v_1 t=\dfrac{dv_1}{v_2}$。

4. $\dfrac{1}{8}$,8。

【解析】因为 $M\gg m_1$,$M\gg m_2$,所以可以认为 c 不动,a、b 都绕它运动。根据 $G\dfrac{Mm}{r^2}=m\dfrac{4\pi^2}{T^2}r$,得 $T=\sqrt{\dfrac{4\pi^2 r^3}{GM}}$,所以 $\dfrac{T_a}{T_b}=\dfrac{1}{8}$,在 b 运动一周的过程中,a 运动 8 周,所以 a、b、c 共线了 8 次。

5. $\dfrac{3\pi}{GT_1^2}$,$\dfrac{3\pi(R+h)^3}{GT_2^2 R^3}$。

【解析】根据 $G\dfrac{Mm}{R^2}=m\left(\dfrac{2\pi}{T_1}\right)^2 R$,$\rho=\dfrac{M}{V}=\dfrac{M}{\dfrac{4}{3}\pi R^3}$,得 $\rho=\dfrac{3\pi}{GT_1^2}$。

根据 $G\dfrac{Mm}{(R+h)^2}=m\left(\dfrac{2\pi}{T_2}\right)^2(R+h)$,$\rho=\dfrac{M}{V}=\dfrac{M}{\dfrac{4}{3}\pi R^3}$,得 $\rho=\dfrac{3\pi(R+h)^3}{GT_2^2 R^3}$。

6. 4×10^8 m。

【解析】利用地球表面的重力加速度 $g=9.8\text{m/s}^2$,及月球运动周期 $T=30$ 天两个隐含条件,地球表面物体的重力近似等于万有引力,即 $G\dfrac{Mm}{R^2}=mg$,整理得 $GM=R^2 g$,由月球绕地球做圆周运动的向心力为地球对它的万有引力:$G\dfrac{Mm'}{r^2}=m'\left(\dfrac{2\pi}{T}\right)^2 r$,整理得:$r=\sqrt[3]{\dfrac{GMT^2}{4\pi^2}}=\sqrt[3]{\dfrac{R^2 T^2 g}{4\pi^2}}=4\times 10^8\text{m}$。

三、计算题

1. 744m，飞机在敌舰的正上方。

【解析】投下的炸弹竖直方向上做自由落体运动，水平方向上以飞机的速度 v_2 做匀速运动，炸弹在空中飞行的时间为 $t = \sqrt{\dfrac{2h}{g}} = \sqrt{\dfrac{2 \times 320}{10}}\text{s} = 8\text{s}$。

在 8s 时间内，炸弹沿水平方向飞行的距离 $s_2 = v_2 t$，敌舰在同一方向上运动的距离 $s_1 = v_1 t$，由图 3-19 可以看出，飞机投弹时水平方向上"提前"距离应为

$$s = v_2 t - v_1 t = 105 \times 8 - 12 \times 8 = 744\text{m}$$

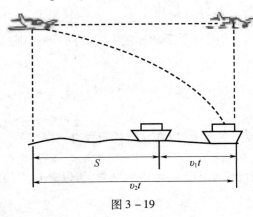

图 3-19

在 $t = 8\text{s}$ 时间内，炸弹与飞机沿水平方向的运动情况相同，都以速度 v_2 做匀速运动，水平方向上运动的距离都是 $s_2 = v_2 t = 840\text{m}$，所以炸弹击中敌舰时，飞机恰好从敌舰的正上方飞过。

2. （1）$n_0 = \dfrac{1}{2\pi}\sqrt{\dfrac{\mu g}{R}}$；（2）$\Delta x = \dfrac{3\mu mgR}{kR - 4\mu mgR}$。

【解析】（1）圆盘开始转动时，A 所受静摩擦力提供向心力，则有

$$\mu mg \geq m\omega_0^2 R \quad \cdots\cdots ①$$

又因为

$$\omega_0 = 2\pi n_0 \quad \cdots\cdots ②$$

由①、②两式得 $n_0 \leq \dfrac{1}{2\pi}\sqrt{\dfrac{\mu g}{R}}$

即当 $n_0 = \dfrac{1}{2\pi}\sqrt{\dfrac{\mu g}{R}}$ 时物体 A 开始滑动。

（2）转速增加到 $2n_0$ 时，有

$$\mu mg + k\Delta x = m\omega_1^2 r$$
$$\omega_1 = 2\pi \times 2n_0$$
$$r = R + \Delta x$$

解得 $\Delta x = \dfrac{3\mu mgR}{kR - 4\mu mgR}$

3. （1）$g_{月} = \dfrac{2hv_0^2}{x^2}$；（2）$M = \dfrac{2hR^2 v_0^2}{Gx^2}$；（3）$v = \dfrac{v_0}{x}\sqrt{2Rh}$。

【解析】（1）物体在月球表面做平抛运动，有

水平方向上：$x = v_0 t$

竖直方向上：$h = \dfrac{1}{2} g_月 t^2$

解得月球表面的重力加速度：$g_月 = \dfrac{2hv_0^2}{x^2}$

（2）设月球的质量为 M，对月球表面质量为 m 的物体，有 $G\dfrac{Mm}{R^2} = mg_月$，解得 $M = \dfrac{2hR^2v_0^2}{Gx^2}$。

（3）设环绕月球表面飞行的宇宙飞船的速率为 v，则有 $m'g_月 = m'\dfrac{v^2}{R}$，解得 $v = \dfrac{v_0}{x}\sqrt{2Rh}$。

4. （1）$N = \dfrac{R}{\sqrt{H^2 + R^2}}$；（2）$\omega = \dfrac{\sqrt{2gH}}{R}$。

【解析】（1）当筒不转动时，物块静止在筒壁 A 点时受到的重力、摩擦力和支持力三力作用而平衡，由平衡条件得

摩擦力的大小 $f = mg\sin\theta = \dfrac{H}{\sqrt{H^2 + R^2}}$

支持力的大小 $N = mg\cos\theta = \dfrac{R}{\sqrt{H^2 + R^2}}$

（2）当物块在 A 点随筒做匀速转动，且其所受到的摩擦力为零时，物块在筒壁 A 点时受到的重力和支持力作用，它们的合力提供向心力，设筒转动的角速度为 ω，有 $mg\tan\theta = m\omega^2 \cdot \dfrac{R}{2}$。

由几何关系得 $\tan\theta = \dfrac{H}{R}$，联立以上各式解得 $\omega = \dfrac{\sqrt{2gH}}{R}$

5. $\left(\dfrac{N}{N-1}\right)^{\frac{2}{3}}$。

【解析】地球和行星同时绕太阳做匀速圆周运动，万有引力提供向心力。设地球的轨道半径 R_1，行星的轨道半径 R_2。地球的公转周期为 1 年，转动角速度为 2π；设行星的运动周期为 T，转动角速度为 $\dfrac{2\pi}{T}$。根据圆周运动公式有

$$G\dfrac{M_太 M_地}{R_1^2} = M_地 (2\pi)^2 R_1 \quad \cdots\cdots ①$$

$$G\dfrac{M_太 M_行}{R_2^2} = M_行 \left(\dfrac{2\pi}{T}\right)^2 R_2 \quad \cdots\cdots ②$$

联合①、②式得：$\left(\dfrac{R_2}{R_1}\right)^3 = T^2 \quad \cdots\cdots ③$

地球转动角速度比行星转动角速度大，该行星再次运行到日地连线的延长线上，地球转过的圆心角比行星转过的圆心角多 2π，有

$$\left(2\pi - \dfrac{2\pi}{T}\right)N = 2\pi，得 T = \dfrac{N}{N-1} \quad \cdots\cdots ④$$

结合③式或④式可得 $\dfrac{R_2}{R_1} = \left(\dfrac{N}{N-1}\right)^{\frac{2}{3}}$。

第四章 功和能

考试范围与要求

- 理解功的概念,能够用公式 $W=Fs\cos\alpha$ 进行有关计算。
- 理解功率的概念,能够用公式 $P=W/t$、$P=Fv$ 进行有关计算。
- 理解动能的概念;掌握动能定理,能运用它们解决军事与生活中的简单问题。
- 理解重力势能的概念;理解重力做功特点及重力做功与重力势能变化的关系。
- 理解弹性势能的概念。
- 理解功与能的关系。
- 掌握机械能守恒定律,能运用它们解决军事与生活中的简单问题。

主要内容

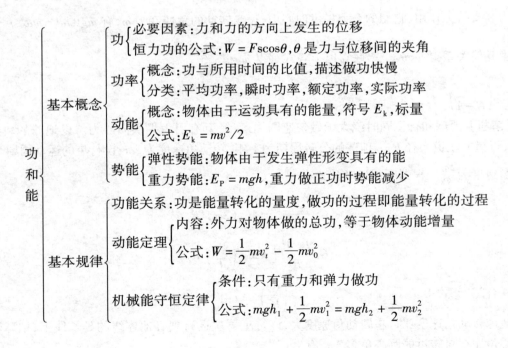

1. 功

功的定义:作用在物体上的力和力的方向上通过的位移的乘积;功是描述力对空间积累效应的物理量,是过程量;定义式 $W=Fs\cos\theta$,其中 F 是力,s 是力的作用点位移,θ 是力与位移间的夹角。

功的大小的计算方法:①恒力的功可根据 $W=Fs\cos\theta$ 进行计算,此公式只适用于恒力做功;

②根据 $W=Pt$，计算一段时间内平均做功；③利用动能定理计算力的功，特别是变力所做的功；④根据功是能量转化的量度反过来可求功。摩擦力、空气阻力做功的计算，发生相对运动的两物体的这一对相互摩擦力做的总功 $W=fd$，d 是两物体间的相对路程，且 $W=Q$，即摩擦生热。

2. 功率

功率是表示力做功快慢的物理量，是标量。求功率时一定要分清是求哪个力的功率，还要分清是求平均功率还是瞬时功率。

功率的计算：①平均功率，定义式 $P=W/t$，表示时间 t 内的平均功率，不管是恒力做功，还是变力做功，都适用；②瞬时功率，$P=Fv\cos\alpha$，P 和 v 分别表示 t 时刻的功率和速度，α 为力（F）和速度（v）间的夹角。

额定功率是发动机正常工作时的最大功率，实际功率是发动机实际输出的功率，它可以小于额定功率，但不能长时间超过额定功率。

交通工具的启动问题。通常说的机车的功率或发动机的功率实际是指其牵引力的功率。①以恒定功率 P 启动，机车的运动过程是先作加速度减小的加速运动，后以最大速度 $v_m=P/f$ 作匀速直线运动；②以恒定牵引力 F 启动，机车先作匀加速直线运动，当功率增大到额定功率时速度为 $v_1=P/F$，而后开始作加速度减小的加速运动，最后以最大速度 $v_m=P/f$ 作匀速直线运动。

3. 动能和动能定理

物体由于运动而具有的能量叫作动能，表达式 $E_k=mv^2/2$，动能是描述物体运动状态的物理量。

动能定理：外力对物体所做的总功等于物体动能的变化，表达式 $W=\frac{1}{2}mv_t^2-\frac{1}{2}mv_0^2$。动能定理的表达式是在物体受恒力作用且做直线运动的情况下得出的，但它也适用于变力及物体做曲线运动的情况。功和动能都是标量，不能利用矢量法则分解，故动能定理无分量式。

应用动能定理只考虑初、末状态，没有守恒条件的限制，也不受力的性质和物理过程的变化的影响，所以，凡涉及力和位移，而不涉及力的作用时间的动力学问题，都可以用动能定理分析和解答，而且一般都比用牛顿运动定律解答简捷。当物体的运动是由几个物理过程所组成，又不需要研究过程的中间状态时，可以把这几个物理过程看作一个整体进行研究，从而避开每个运动过程的具体细节，具有过程简明、方法巧妙、运算量小等优点。

4. 重力势能和弹性势能

地球上的物体具有跟它的高度有关的能量，叫作重力势能，$E_P=mgh$。注意：①重力势能是地球和物体组成的系统共有的，而不是物体单独具有的；②重力势能的大小和零势能面的选取有关；③重力势能是标量，但有"＋""－"之分。

重力做功只决定于初、末位置间的高度差，与物体的运动路径无关，即 $W_G=mgh$；重力做功等于重力势能增量的负值，即 $W_G=-\Delta E_P$。

物体由于发生弹性形变而具有的能量叫作弹性势能。在弹性限度内，弹簧的弹性势能为 $E_P=\frac{1}{2}kx^2$，式中 k 为弹簧的劲度系数，x 为弹簧形变量。

5. 机械能守恒定律

动能和势能（重力势能、弹性势能）统称为机械能，$E=E_k+E_P$。

机械能守恒定律的内容：在只有重力（或弹簧弹力）做功的情形下，物体动能和重力势能（或弹性势能）发生相互转化，但机械能的总量保持不变；在没有弹性势能时，机械能守恒定律

的表达式为 $mgh_1 + \frac{1}{2}mv_1^2 = mgh_2 + \frac{1}{2}mv_2^2$。

系统机械能守恒的三种表示方式：①系统初态的总机械能 E_1 等于末态的总机械能 E_2，即 $E_1 = E_2$；②系统减少的总重力势能 $\Delta E_{P减}$ 等于系统增加的总动能 $\Delta E_{K增}$，即 $\Delta E_{P减} = \Delta E_{K增}$；③若系统只有 A、B 两物体，则 A 物体减少的机械能等于 B 物体增加的机械能，即 $\Delta E_{A减} = \Delta E_{B增}$。解题时究竟选取哪一种表达形式，应根据题意灵活选取；需注意的是，选用①式时，必须规定零势能参考面，而选用②式和③式时，可以不规定零势能参考面，但必须分清能量的减少量和增加量。

判断机械能是否守恒的方法：①用做功来判断，分析物体或物体受力情况（包括内力和外力），明确各力做功的情况，若对物体或系统只有重力或弹簧弹力做功，没有其他力做功或其他力做功的代数和为零，则机械能守恒；②用能量转化来判定，若物体系中只有动能和势能的相互转化而无机械能与其他形式的能的转化，则物体系统机械能守恒。

6. 功能关系与能量守恒定律

当只有重力（或弹簧弹力）做功时，物体的机械能守恒；重力对物体做的功等于物体重力势能的减少，即 $W_G = E_{p1} - E_{p2}$；合外力对物体所做的功等于物体动能的变化，$W_合 = E_{k2} - E_{k1}$，这是质点的动能定理；这些都是功能关系的特例，除了重力（或弹簧弹力）之外的力对物体所做的功等于物体机械能的变化，这叫功能关系，即 $W_F = E_2 - E_1$。

功能关系又是能量守恒定律的形式之一，能量既不会凭空产生，也不会凭空消失，它只能从一种形式转化成另一种形式，或者从一个物体转移到另一个物体，在转化或转移的过程中其总量保持不变，这就是能量守恒定律。能量守恒定律是最基本、最普遍、最重要的自然规律之一，它揭示了自然界各种运动形式不仅具有多样性，而且具有统一性。

典型例题

例 1 人的心脏每跳一次大约输送 $8 \times 10^{-5} \text{ m}^3$ 的血液，正常人血压（可看作心脏压送血液的压强）的平均值为 $1.5 \times 10^4 \text{ Pa}$，心跳约每分钟 70 次。据此估测心脏工作的平均功率约为 _____ W。

【分析】"血压"是血液流动时对血管壁产生的压强，正常人的血压总维持到一定范围之内。通过测量血压就可以从一个侧面判断人的健康状况。心脏就像一台不知疲倦的"血泵"，维持血液在血管中不断地流动。

本题给出了三个物理量：心脏每跳一次泵出血液的体积 ΔV，心脏输送血液压强的平均值 P，每分钟心跳的次数 N，利用这三个量求心脏做功的平均功率，可以将心脏输出血液与气筒等打气相类比，建立模型，如图 4-1 所示。再利用功、功率的公式分析求解。

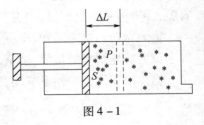

图 4-1

【解析】由功的公式，人的心脏每跳动一次所做的功为
$W_0 = F \cdot \Delta L = pS\Delta L = p \cdot \Delta V = 1.2 \text{ J}$，所以心脏的平均功率为

$$p = \frac{W}{t} = \frac{Np\Delta V}{t} = \frac{70 \times 1.2}{60} \text{ W} = 1.4 \text{ W}$$

【点评】这道题从医学材料背景入手，主要考查模型法及综合运用功和功率的基本概念。

例2 如图 4-2 所示,质量为 m 的小球,由长为 l 的细线系住,细线的另一端固定在 A 点,AB 是过 A 的竖直线,E 为 AB 上的一点,且 $AE=0.5l$,过 E 作水平线 EF,在 EF 上钉铁钉 D,若线能承受的最大拉力是 $9mg$,现将小球水平拉直,然后由静止释放,若小球能绕钉子在竖直面内做圆周运动,求钉子位置在水平线上的取值范围。不计线与钉子碰撞时的能量损失。

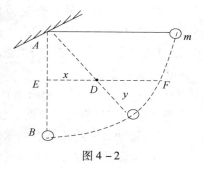

图 4-2

【分析】不计线与钉子碰撞时的能量损失,整个过程机械能守恒。当 x 取最小值时,小球的极限速度刚好能保证小球绕钉子在竖直面内做圆周运动,即在圆周运动的最高点时向心力仅由重力提供;当 x 取最大值时,绳的极限张力刚好能保证小球绕钉子在竖直面内做圆周运动,即在圆周运动的最低点时绳的张力取极限值。

【解析】设点 D 到小球的距离为 y,当 x 取最小值时有,由向心力条件及机械能守恒可得 $\dfrac{v^2}{y}=g$,$mg(0.5l-y)=\dfrac{1}{2}mv^2$,加上 $x^2+(0.5l)^2=(l-y)^2$,解得 $\dfrac{\sqrt{7}}{6}l\leqslant x$。

设点 D 到小球的距离为 y,当 x 取最大值时有,由向心力条件及机械能守恒可得 $\dfrac{v^2}{y}=8g$,$mg(0.5l+y)=\dfrac{1}{2}mv^2$,加上 $x^2+(0.5l)^2=(l-y)^2$,解得 $x\leqslant \dfrac{2}{3}l$。

所以有 $\dfrac{\sqrt{7}}{6}l\leqslant x\leqslant \dfrac{2}{3}l$。

【点评】本题考查了机械能守恒定律和圆周运动的相关知识,关键点是理解取极值的条件及位置,学员在极值位置的选取上很容易出错,尤其是绳的张力取极限值时小球的位置。

例3 如图 4-3 所示,一固定的楔形木块,其斜面的倾角 $\theta=30°$,另一边与地面垂直,顶上有一定滑轮,一柔软的细线跨过定滑轮,两端分别与物块 A 和 B 联结,A 的质量为 $4m$,B 的质量为 m。开始时将 B 按在地面上不动,然后放开手,让 A 沿斜面下滑而 B 上升。物块 A 与斜面间无摩擦。设当 A 沿斜面下滑 s 距离后,细线突然断了。求物块 B 上升的最大高度 H。

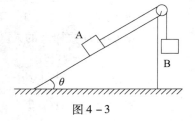

图 4-3

【分析】释放 A、B 后,A 沿斜面下滑,B 上升,二者均做匀变速直线运动,绳断后,B 做竖直上抛运动。研究二者的运动过程可用牛顿定律与运动学公式,这属于联结体问题。但考虑到,A、B 组成的系统除重力外,无其他外力做功,故可用机械能守恒定律处理。

本题所设置的物理过程可分为两个子过程处理,第一阶段,A 沿斜面下滑 s,B 竖直上升 s,此过程 AB 系统重力势能减少而系统动能增加,机械能守恒。第二阶段即绳断以后,B 做竖直上抛运动,其动能的减少量等于其重力势能的增加量,当 B 动能为零时,上升至最大高度。

【解析】设物块 A 沿斜面下滑 s 距离时的速度为 v,由机械能守恒得:

$$4mgs\sin\theta - mgs = \dfrac{1}{2}\times 5mv^2$$

其中 $\theta=30°$,细线突然断的瞬间,物块 B 垂直上升的速度为 v,此后 B 做竖直上抛运动。

设继续上升的距离为 h,由机械能守恒得:$mgh=\dfrac{1}{2}mv^2$

物块 B 上升的最大高度：$H = s + h$

由以上各式可解得 $H = 1.2s$。

【点评】本题考查应用机械能守恒定律解题的基本思路，在解题要求明确研究对象、准确确定状态及状态变化。

例 4 一蹦极运动员身系弹性蹦极绳从水面上方的高台下落，到最低点时距水面还有数米距离。假定空气阻力可忽略，运动员可视为质点，下列说法不正确的是（   ）。

A. 运动员到达最低点前重力势能始终减小
B. 蹦极绳张紧后的下落过程中，弹性力做负功，弹性势能增加
C. 蹦极过程中，运动员、地球和蹦极绳所组成的系统机械能守恒
D. 蹦极过程中，重力势能的改变与重力势能零点的选取有关

【解析】主要考查功和能的关系。运动员到达最低点过程中，重力做正功，所以重力势能始终减少，A 项正确。蹦极绳张紧后的下落过程中，弹性力做负功，弹性势能增加，B 项正确。蹦极过程中，运动员、地球和蹦极绳所组成的系统，只有重力和弹性力做功，所以机械能守恒，C 项正确。重力势能的改变与重力势能零点选取无关，D 项错误。

【答案】D。

强化训练

一、单项选择题

1. 用水平恒力 F 作用于质量为 M 的物体，使之在光滑的水平面上沿力的方向上移动位移 L，该恒力做功为 W_1，再用该力作用于质量 $m(m<M)$ 的物体上，使之在粗糙的水平面上移动相同位移，该恒力做功为 W_2，两次恒力 F 做功的关系正确的是（   ）。

    A. $W_1 > W_2$ B. $W_1 < W_2$ C. $W_1 = W_2$ D. 无法确定

2. 站在自动扶梯上的人随扶梯匀速向上运动，则下述说法中正确的是（   ）。

    A. 重力对人做负功   B. 支持力对人不做功
    C. 摩擦力对人做正功   D. 以上说法都不对

3. 关于功率公式 $P = \dfrac{W}{t}$ 和 $P = Fv$ 的说法中正确的是（   ）。

    A. 由 $P = \dfrac{W}{t}$ 可知，只要知道 W 和 t 就可求出任意时刻的功率

    B. 由 $P = Fv$ 只能求某一时刻的瞬时功率
    C. 由 $P = Fv$ 知，汽车的功率与它的速度成正比
    D. 由 $P = Fv$ 知，当汽车的发动机功率一定时，牵引力与速度成反比

4. 图 4-4 为质量相等的两个质点 A、B 在同一直线上运动的 $v-t$ 图像，由图可知下面不正确的说法是（   ）。

    A. 在 t 时刻两个质点在同一位置
    B. 在 t 时刻两个质点速度相等
    C. 在 $0 \sim t$ 时间内质点 B 比质点 A 位移大
    D. 在 $0 \sim t$ 时间内合外力对两个质点做功相等

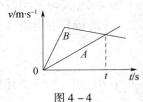

图 4-4

5. 下列说法正确的是(　　)。
   A. 物体做匀速运动,它的机械能一定守恒
   B. 物体所受合外力做的功为零,它的机械能一定守恒
   C. 物体所受的合外力不等于零,它的机械能可能守恒
   D. 物体所受的合外力等于零,它的机械能一定守恒

6. 下列说法正确的是(　　)。
   A. 运动物体所具有的能就是动能
   B. 物体做变速运动某时刻速度为 v_1,则物体在全过程中的动能都是 $\dfrac{mv_1^2}{2}$
   C. 做匀速圆周运动的物体其速度改变而动能不变
   D. 物体在外力作用下加速运动,当力 F 逐渐减小时,其动能也逐渐减小

7. 质量为 m 的炮弹,从离地面高 h 处以初速度 v_0 竖直向上射出,炮弹能上升到离抛出点的最大高度为 H,若选取该最高点位置为零势能参考位置,不计阻力,则炮弹落回到抛出点时的机械能是(　　)。

   A. 0　　　　　　B. mgH　　　　　　C. $\dfrac{1}{2}mv_0^2 + mgh$　　　　D. mgh

8. 下列说法中正确的是(　　)。
   A. 如果物体所受的合外力为零,那么合外力对物体做的功不一定为零
   B. 运动的物体动能不变,该物体所受的合外力一定为零
   C. 物体做变速运动,其动能必变化
   D. 物体做变速运动,其动能可能不变

9. 两个物体 A、B 的质量之比为 $m_A : m_B = 2 : 1$,动能相同,与水平桌面的动摩擦因数相同,则二者在桌面上滑行到停止,经过的距离之比为(　　)。
   A. $s_A : s_B = 2 : 1$　　B. $s_A : s_B = 1 : 2$　　C. $s_A : s_B = 4 : 1$　　D. $s_A : s_B = 1 : 4$

10. 如图 4-5 所示,滑块以速率 v_1 沿斜面由底端向上滑行,至某一位置后返回,回到出发点时的速率变成 v_2,且 $v_2 < v_1$,则下列说法不正确的是(　　)。

    A. 全过程中重力所做功为零
    B. 在上滑和下滑过程中,摩擦力做功相等
    C. 在上滑过程中摩擦力的平均功率大于下滑过程中摩擦力的平均功率
    D. 上滑过程中机械能减少,下滑过程中机械能增加

图 4-5

11. 一物体静止在升降机的地板上,在升降机加速上升的过程中,地板对物体的支持力所做的功等于(　　)。
    A. 物体势能的增加量
    B. 物体动能的增加量
    C. 物体动能的增加量加上物体势能的增加量
    D. 克服重力所做的功

12. 质量为 M 的木块放在光滑的水平面上,质量为 m 的子弹以速度 v_0 沿水平方向射中木块并最终留在木块中与木块一起以速度 v 运动。当子弹进入木块的深度为 l 时相对木块静止,这时

木块前进的距离为 L。若木块对子弹的阻力大小 F 视为恒定,下列关系不正确的是(　　)。

A. $FL = \dfrac{Mv^2}{2}$ B. $Fl = \dfrac{mv^2}{2}$

C. $Fl = \dfrac{mv_0^2}{2} - \dfrac{(m+M)v^2}{2}$ D. $F(l+L) = \dfrac{mv_0^2}{2} - \dfrac{mv^2}{2}$

二、填空题

1. 一台起重机将质量 $m = 1.0 \times 10^3 \text{kg}$ 的货物匀加速的竖直吊起,在 2s 末货物的速度为 $v = 4.0 \text{m/s}$ 若取 $g = 10 \text{m/s}^2$,不计额外功,则起重机在这 2s 内的平均功率为_____,起重机在 2s 末的瞬时功率为_____。

2. 高台跳水中质量为 m 的跳水运动员进入水中后受到水的阻力而做减速运动,设水对他的阻力大小恒为 F,那么在他减速下降高度为 h 的过程中,阻力做功:_____,机械能减少了_____,动能减少了_____。

3. 运动员从 1.25m 高处平抛一个质量为 0.5kg 的铅球,水平飞行了 5m 落地。运动员的肌肉对铅球做的功为_____J;铅球下落过程中重力所做的功为_____J。(g 取 10m/s^2)

4. 质量为 m 的长方体,长为 $2L$,高为 L,躺放在水平地面上,现在要把它竖直立起来,在这一过程中,外力至少对它做功_____。

5. 在距水平地板高 h 处,把质量为 m 的一个弹性小球以初速度 v_0 竖直向上抛出,小球落地时跟地板碰撞后又以原速率反弹,设小球在运动过程中所受到的空气阻力 f 大小恒定,则小球从抛出到停止运动之前所通过的总路程 s 为_____,已知 $h = 1.5 \text{m}$,$m = 0.2 \text{kg}$,$v_0 = 4 \text{m/s}$,$f = 0.1mg$,取 $g = 10 \text{m/s}^2$,则 s 为_____。

6. 轮船航行阻力 $f = kv^2$,则轮船以额定功率 P 行驶时,最大速度 v_m 为_____。当船速为 v_1 时,$(v_1 < v_m)$ 时加速度为_____。

7. 如图 4-6 所示,质量为 m 的物体,以速度 v 离开高为 H 的桌子,不计空气阻力,当它落到距地面高为 h 的 A 点时,若取地面为零势能面,物体在 A 点具有的机械能是_____,若取桌面为零势能面,物体在 A 点具有的机械能是_____。

8. 如图 4-7 所示,轻弹簧 k 一端与墙相连,质量为 4kg 的木块沿光滑的水平面以 5m/s 的速度运动并压缩弹簧 k,则弹簧在被压缩过程中最大的弹性势能为_____,木块速度减为 3m/s 时弹簧的弹性势能为_____。

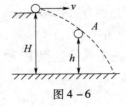

图 4-6

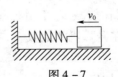

图 4-7

9. 步枪子弹质量为 50g,子弹从枪口射出的速度为 100m/s,枪筒长度为 50cm,则射出过程中,步枪对子弹做的功为_____。

三、计算题

1. 某同学在跳绳比赛中,每分钟跳 120 次,若每次起跳中有 4/5 时间腾空,该同学体重 50kg,则他在跳绳中克服重力做功的平均功率为多少?若他在跳绳的 1 分钟内,心脏跳动了

60次,每次心跳输送 $1×10^{-4}m^3$ 的血液,其血压(可看作心脏血液压强的平均值)为 $2×10^4Pa$,则心脏工作的平均功率为多少?

2. 如图4-8所示,长度为 l 的轻绳上端固定在 O 点,下端系一质量为 m 的小球(小球的大小可以忽略,不计空气阻力)。在水平拉力 F 的作用下,轻绳与竖直方向的夹角为 α,由图示位置无初速度释放小球,求当小球通过最低点时的速度大小及轻绳对小球的拉力。

3. 如图4-9所示,一个质量为 m 的物体固定在劲度系数为 k 的轻弹簧右端,轻弹簧的左端固定在竖直墙上,水平向左的外力推物体把弹簧压缩,使弹簧长度被压缩了 b,已知弹簧被拉长(或者压缩) x 时的弹性势能的大小 $E_p = \frac{1}{2}kx^2$,求在下述两种情况下,撤去外力后物体能够达到的最大速度。

(1)地面光滑;

(2)物体与地面的动摩擦因数为 μ。

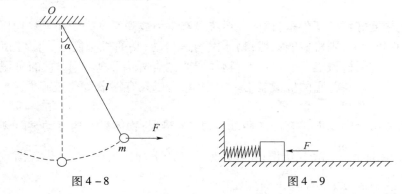

图4-8 图4-9

4. 长为 L,质量为 M 的木板A放在光滑的水平地面上,在木板的左端放有一质量为 m 的小物体B,如图4-10所示,它们一起以某一速度与墙发生无能量损失的碰撞后(碰撞时间极短),物体B恰能滑到木板的右端,并与木板一起运动,求:物体B离墙的最短距离。

5. 右端连有光滑弧形槽的水平桌面AB长 $L=1.5m$,如图4-11所示。将一个质量为 $m=0.5kg$ 的木块在 $F=1.5N$ 的水平拉力作用下,从桌面上的A端由静止开始向右运动,木块到达B端时撤去拉力 F,木块与水平桌面间的动摩擦因数 $\mu=0.2$,取 $g=10m/s^2$。求:

(1)木块沿圆弧形槽上升的最大高度;

(2)木块沿圆弧形槽滑回B端后,在水平桌面上滑动的最大距离。

图4-10 图4-11

【参考答案】

一、单项选择题

1. C。

【解析】功的定义是作用在物体上的力和力的方向上通过的位移的乘积;所以只有答案C

是正确的。

2. A。

【解析】本题考查的是对做功要素的理解。站在自动扶梯上的人随扶梯匀速向上运动时，重力对人做负功，支持力对人做正功，摩擦力等于零，所以只有答案 A 是正确的。

3. D。

【解析】$P=\dfrac{W}{t}$ 中的 P 是 t 时间段的平均功率；在 $P=Fv$ 中，v 可以是瞬时速度，也可以是平均速度，对应的是瞬时功率和平均功率。所以只有答案 D 的理解是正确的。

4. A。

【解析】本题考查了 $v-t$ 图像和动能定理的理解。在 t 时刻两个质点速度相等、位移不等，质点 B 比质点 A 位移大；两个质点质量相等，由动能定理可得在 $0\sim t$ 时间内合外力对两个质点做功相等，所以只有答案 A 是正确的。

5. C。

【解析】机械能守恒的条件是：物体或系统只有重力或弹簧弹力做功，没有其他力做功或其他力做功的代数和为零，则机械能守恒；物体做匀速运动，它的机械能不一定守恒；物体所受合外力做的功为零，它的机械能不一定守恒；物体所受的合外力不等于零，它的机械能可能守恒；物体所受的合外力等于零，它的机械能不一定守恒；所以只有答案 C 是正确的。

6. C。

【解析】物体由于运动而具有的能叫动能，故 A 错误；物体做变速运动某时刻速度为 v_1，则物体在这时刻的动能是 $\dfrac{mv_1^2}{2}$，故 B 错误；物体在外力作用下加速运动，当力 F 逐渐减小时，其动能仍然逐渐增大，故 D 错误；只有 C 正确。

7. A。

【解析】质量为 m 的炮弹，以初速度 v_0 竖直向上射出，不计阻力，则炮弹的机械能是守恒的，是若选取最高点位置为零势能参考位置，总的机械能为 0，所以炮弹落回到抛出点时的机械能是 0，答案 A 正确。

8. D。

【解析】如果物体所受的合外力为零，那么合外力对物体做的功一定为零；运动的物体动能不变，该物体所受的合外力可以为零，也可以不为零；物体做变速运动，其动能可能变化，也可能不变化；所以只有答案 D 正确。

9. B。

【解析】物体在桌面上滑行到停止，经过的距离由动能定理可得 $s=\dfrac{E_k}{\mu mg}$，因为两个物体的质量之比为 $m_A:m_B=2:1$，动能相同，动摩擦因数相同，二者经过的距离之比为 $s_A:s_B=1:2$，答案 B 正确。

10. D。

【解析】全过程中重力所做功为零，A 正确；在上滑和下滑过程中，摩擦力做功相等，B 正确；在上滑过程中平均速度较大，用时较少，所以在上滑过程中摩擦力的平均功率大于下滑过程中摩擦力的平均功率，C 正确；上滑过程中机械能减少，下滑过程中机械能也减少，D 错误。

11. C。

【解析】物体静止在升降机的地板上，在升降机加速上升的过程中，地板对物体的支持力所做的功等于物体机械能的增量,即物体动能的增加量加上物体势能的增加量,答案C正确。

12. B。

【解析】对木块应用动能定理可知A正确;对子弹应用动能定理可知D正确;对木块和子弹一起应用动能定理可知C正确,B错误。

二、填空题

1. 2.4×10^4W,4.8×10^4W。

【解析】由于$V=at$,得$a=2$m/s^2,$F=ma+mg=1.2\times10^4$N,由$P=Fv$得功率,平均速度对应平均功率,瞬时速度对应瞬时功率,起重机在这2s内的平均功率和2s末的瞬时功率分别为2.4×10^4W,4.8×10^4W。

2. $-Fh$,Fh,$-mgh+Fh$。

【解析】在他减速下降高度为h的过程中,阻力做功为$-Fh$;由功能原理可得机械能减少了Fh;由动能定理可得动能减少了$-mgh+Fh$。

3. 25;6.25。

【解析】由高度1.25m和水平飞行了5m落地可得平抛时的水平速度,由动能定理可得运动员的肌肉对铅球做的功为25J;铅球下落过程中重力所做的功为$mgh=6.25$J。

4. $mgL(\sqrt{5}-1)/2$。

【解析】质量为m的长方体,长为$2L$,高为L,躺放在水平地面上,现在要把它竖直立起来,由功能原理可得:$W=mgL\sqrt{5}/2-(mgL/2)=mgL(\sqrt{5}-1)/2$,所以在这一过程中,外力至少对它做功$mgL(\sqrt{5}-1)/2$。

5. $\dfrac{mv_0^2+2mgh}{2f}$;23m。

【解析】弹性小球做弹起高度越来越小的反复运动,幅度的减小的原因是过程中摩擦力做负功。由功能原理(摩擦力做的功等于机械能的变化)得$mgh+mv_0^2/2=fs$,即$s=\dfrac{mv_0^2+2mgh}{2f}$。将已知量带入$\dfrac{mv_0^2+2mgh}{2f}$得$s=23$m。

6. $\left(\dfrac{P}{k}\right)^{\frac{1}{3}}$,$\dfrac{P-kv_1^3}{mv_1}$。

【解析】当轮船以最大速度v_m航行时,牵引力等于阻力等于kv_m^2,有$kv_m^2 v_m=P$,则轮船最大速度$v_m=\left(\dfrac{P}{k}\right)^{\frac{1}{3}}$;当船速为$v_1$时,有$\dfrac{P}{v_1}-kv_1^2=ma$,此时加速度$a$为$\dfrac{P-kv_1^3}{mv_1}$。

7. $\dfrac{1}{2}mv^2+mgH$,$\dfrac{1}{2}mv^2$。

【解析】不计空气阻力,机械能守恒。若取地面为零势能面,物体在A点具有的机械能是$\dfrac{1}{2}mv^2+mgH$;若取桌面为零势能面,物体在A点具有的机械能是$\dfrac{1}{2}mv^2$。

8. 50J,32J。

【解析】仅重力或者弹簧弹力做功,机械能守恒定律。物块开始的动能为弹簧和物体系统总的机械能,为50J,弹簧在被压缩过程中最大的弹性势能为50J，木块速度减为3m/s时弹簧的弹性势能为50J－18J＝32J。

9. 250J。

【解析】变力的功不易直接求解，由动能定理可得步枪对子弹做的功为 $W=\Delta E_k=\frac{1}{2}mv^2=250J$。

三、计算题

1. $P=200W, P'=2W$。

【解析】120/60＝2 次/s 得每跳一次用时 0.5s。

每次上升到最大高度时间：$t_1=0.5\times2/5s=0.2s$

腾空后的最大高度：$h=gt_1^2/2=0.2m$

克服重力的平均功率：$P=w/t=mgh/t=50\times10\times0.2\times120/60=200W$

心脏工作的平均功率：$P'=w/t=60\times PV/60=2W$

2. $v=\sqrt{2gl(1-\cos\alpha)}$，$T'=mg(3-2\cos\alpha)$。

【解析】运动中只有重力做功，系统机械能守恒，有

$mgl(1-\cos\alpha)\frac{1}{2}mv^2$，则通过最低点时，小球速度大小 $v=\sqrt{2gl(1-\cos\alpha)}$。

根据牛顿第二定律 $T'-mg=\frac{mv^2}{l}$，得

$T'=mg+m\frac{v^2}{l}=mg(3-2\cos\alpha)$，方向竖直向上。

3. （1）$v_1=\sqrt{\frac{2E_P}{m}}=\sqrt{\frac{kb^2}{m}}$；（2）$v_2=\sqrt{\frac{kb^2}{m}-\mu g\left(2b-\frac{\mu mg}{k}\right)}$。

【解析】（1）地面光滑的情况下，弹簧达到原长时，物体所受合外力为零，达到最大速度 v_1。设弹簧被压缩后的弹性弹性势能为 E_P，则 $E_P=\frac{1}{2}kb^2$。

由机械能守恒 $E_p=\frac{1}{2}mv_1^2$，所以，$v_1=\sqrt{\frac{2E_P}{m}}=\sqrt{\frac{kb^2}{m}}$。

（2）在有摩擦的情况下，当弹力与滑动摩擦力大小相等时合外力为零，物体达到最大速度 v_2。设这时与弹簧处于原长时物体的位置的距离为s，由力平衡条件 $ks=\mu mg$。

根据功和能量关系 $E_p-\mu g(b-s)-\frac{1}{2}ks^2=\frac{1}{2}mv_2^2$，解得 $v_2=\sqrt{\frac{kb^2}{m}-\mu g\left(2b-\frac{\mu mg}{k}\right)}$。

4. $(3M-m)L/4M$。

【解析】设开始时两物块的速度为 v_0，物体 B 滑到木板的右端与木板一起运动的速度为 v_1，物体 B 离墙的最短距离为 x，此时物体 B 的速度为0，木板的速度为 v_2，由动量定理得 $Mv_0-mv_0=(M+m)v_1=Mv_2$，解得 $v_1=\frac{M-m}{M+m}v_0$，$v_2=\frac{M-m}{M}v_0$。

由功能原理得 $fL=\frac{1}{2}(m+M)v_0^2-\frac{1}{2}(m+M)v_1^2$，解得 $f=\frac{2mMv_0^2}{(M+m)L}$。

所以 $v_0^2-v_2^2=2ax=2x\frac{f}{M}$，解得物体 B 离墙的最短距离 $x=(3M-m)L/4M$。

5. （1） $h = 0.15m$ ；（2） $s = 0.75m$ 。

【解析】（1）AB 段，恒力做功，由动能定理得： $FL - fL = mv_B^2/2$

圆弧段，由机械能守恒得： $mv_B^2/2 = mgh$

解之得： $h = 0.15m$ 。

（2）木块沿圆弧形槽滑回 B 端后，由动能定理得： $mv_B^2/2 = fs$ ，解之得： $s = 0.75m$ 。

第五章 冲量和动量

考试范围与要求

- 理解动量的概念,会计算一维的动量变化。
- 理解冲量的概念。
- 理解动量定理,能运用它解决军事与生活中的简单问题。
- 掌握动量守恒定律,能运用它解决军事与生活中的简单问题(限于一维情况)。
- 了解弹性碰撞和非弹性碰撞。

主要内容

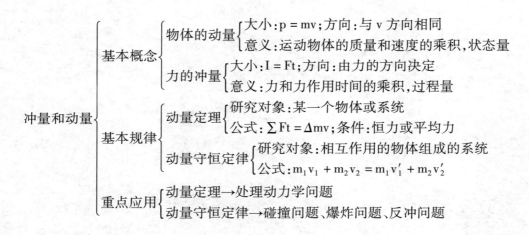

1. 冲量和动量

物体在时间 t 内持续受到恒力 $\boldsymbol{F}$ 的作用,把力 $\boldsymbol{F}$ 与时间 t 的乘积称为力的冲量,用符号 $\boldsymbol{I}$ 表示冲量,$\boldsymbol{I}=\boldsymbol{F}t$,在国际单位制中,冲量的单位是牛·米,符号 N·m。冲量是描述力对物体作用一段时间的累积效应的物理量,冲量是矢量,它的方向与力的方向一致。物体所受力的冲量不仅与力有关,还与力的作用时间有关,冲量是一个过程量,物体受到力的冲量作用是物体运动状态发生变化的原因。在打击、碰撞等现象中,物体间相互作用力通常是变力,我们可以将 $\boldsymbol{I}=\boldsymbol{F}t$ 式中的力 $\boldsymbol{F}$ 理解为变力在时间 t 内的平均作用力,得到的冲量为平均冲量。

物体质量 m 与其运动速度 $\boldsymbol{v}$ 的乘积叫作物体的动量,用符号 $\boldsymbol{p}$ 表示,$\boldsymbol{p}=m\boldsymbol{v}$,在国际单位制中,动量的单位是千克·米/秒,符号 kg·m/s。动量是描述物体机械运动状态的物理量,是矢量,动量的方向与物体运动方向一致。物体动量的大小是相对的,对于不同的参考系,同一物体的动量大小可能是不同的,在研究问题时一般选地面为参考系。

2. 动量定理

物体所受合外力的冲量等于物体动量的变化量,这个结论叫动量定理,其数学表达式为 $Ft = mv_2 - mv_1$。

应用动量定理分析、解决问题时应注意:①动量定理表达式是矢量式,力的冲量的方向与物体动量变化量的方向一致;一般来说,冲量的方向与物体动量方向不一定在同一直线上,即做直线运动的物体受力的冲量作用后有时会脱离原来的运动直线;②物体动量的变化是由受到的所有外力的冲量的矢量和决定的,应用动量定理时应对物体进行受力分析,明确物体所受外力的冲量;③力的冲量以及物体动量的变化,都是与某一过程相联系的;在应用动量定理研究某一问题时,要明确所研究的物体过程,分析该过程中物体所受外力的冲量,确定该过程初、末时刻物体的动量,这是应用动量定理解决问题的基础。

3. 动量守恒定律

相互作用的物体所组成的物体系统不受外力作用,或是系统所受合外力为零时,物体系统的总动量保持不变,这个结论叫动量守恒定律。

动量守恒定律适用于两个或两个以上相互作用的物体所组成的系统。在一维情况下,对由两个物体所组成的系统有:$m_1v_1 + m_2v_2 = m_1v_1' + m_2v_2'$。

动量守恒条件:①系统内的任何物体都不受外力作用,这是一种理想化的情形,如天空中两星球的碰撞,微观粒子间的碰撞都可视为这种情形;②系统虽然受到了外力的作用,但所受外力的合力为零,如光滑的水平面上两物体的碰撞就是这种情形,两物体所受的重力和支持力的合力为零;③系统所受的外力远远小于系统内各物体间的内力时,系统的总动量近似守恒,如抛出去的手榴弹在空中爆炸的瞬间,火药的内力远大于其重力,重力完全可以忽略不计,动量近似守恒;④系统所受的合外力不为零,即 $F_{外} \neq 0$,但在某一个方向上合外力为零($F_x = 0$ 或 $F_y = 0$),则系统在该方向上动量守恒。

动量守恒指的是总动量在相互作用过程中时刻守恒,而不是只有始末状态才守恒,实际应用时,可在这守恒的无数个状态中任选两个状态来列方程。系统的动量守恒,个体的动量不守恒,因为相互作用前后,物体的速度发生了变化。

4. 碰撞

物体间发生相互作用的时间很短,相互作用过程中的相互作用力很大,这种现象称为碰撞;例如打击、物体间撞击、微观带电粒子相互作用发生散射现象都属于碰撞。在碰撞现象中,由于作用时间短,物体间相互作用力很大,物体系统所受外力相对来说都很小,可以忽略不计,因此在处理碰撞问题时,将相互碰撞的物体系统作为研究对象,可以认为这一系统遵守动量守恒定律。

碰撞分弹性碰撞和非弹性碰撞。如果碰撞过程中机械能守恒,即为弹性碰撞;作用过程中机械能不守恒,即为非弹性碰撞;如碰撞后物体具有相同的速度,此时机械能损失最大,即为完全非弹性碰撞。

典型例题

例1 如图 5-1 所示,A、B 两小物块以平行于斜面的轻细线相连,均静止于斜面上。以平行于斜面向上的恒力拉 A,使 A、B 同时由静止起以加速度 a 沿斜面向上运动。经时间 t_1,细线突然被拉断。再经时间 t_2,B 上滑到最高点。已知 A、B 的质量分别为 m_1、m_2,细线断后拉 A 的恒力不变,求 B 到达最高点时 A 的速度。

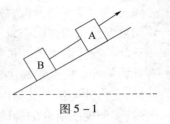

图 5-1

【分析】本题中,由于恒力大小、斜面的倾角、A、B 与斜面间的动摩擦因数均未知,故分别对 A、B 运动的每一个过程应用动量定理建立方程时有一定困难,但若以系统为研究对象,系统合外力为 $\Sigma F = (m_1+m_2)a$,且注意到,细绳拉断前后,系统所受各个外力均未变化,全过程中,B 的动量增量为零。

【解答】对系统运动的全过程,运用动量定理有 $(m_1+m_2)a(t_1+t_2)=m_1 v_A$

解出 $v_A = \dfrac{(m_1+m_2)(t_1+t_2)a}{m_1}$

【点评】需要注意的是:①动量定理的研究对象可以是一个物体,也可以是物体系统。系统所受合外力的冲量等于系统内各物体的动量增量之和。②在系统所受外力中有较多未知因数时,应用牛顿第二定律,系统的合外力应等于系统内各物体的质量与加速度的乘积之和。本题中,因 A、B 加速度相同,固有 $\Sigma F = (m_1+m_2)a$。

例2 如图 5-2 所示,质量均为 m 的 A、B 两个弹性小球,用长为 $2l$ 的不可伸长的轻绳连接。现把 A、B 两球置于距地面高 H 处(H 足够大),间距为 l。当 A 球自由下落的同时,B 球以速度 v_0 指向 A 球水平抛出。求:

(1) 两球从开始运动到相碰,A 球下落的高度;

(2) A、B 两球碰撞(碰撞时无机械能损失)后,各自速度的水平分量;

(3) 轻绳拉直过程中,B 球受到绳子拉力的冲量大小。

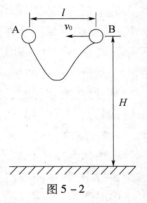

图 5-2

【分析】此题是自由落体、平抛运动、碰撞中的动量守恒、动量定理等知识点的考查,开始利用自由落体和平抛运动的等时性计算出 A 下落的高度,再利用在某一方向上的动量守恒和机械能守恒联合可求出 A、B 在碰后水平方向的速度。

【解答】(1) 设到两球相碰时 A 球下落的高度为 h,由平抛运动规律

得 $l = v_0 t, h = \dfrac{1}{2}gt^2$

联立得 $h = \dfrac{gl^2}{2v_0^2}$

(2) A、B 两球碰撞过程中,由水平方向动量守恒,得

$mv_0 = mv'_{Ax} + mv'_{Bx}$

由机械能守恒定律,得 $\dfrac{1}{2}m(v_0^2+v_{By}^2) + \dfrac{1}{2}mv_{Ay}^2 = \dfrac{1}{2}m(v'^2_{Ax}+v'^2_{Ay}) + \dfrac{1}{2}m(v'^2_{Bx}+v'^2_{By})$

式中 $v'_{Ay} = v_{Ay}, v'_{By} = v_{By}$

联立解得 $v'_{Ax} = v_0, v'_{Bx} = 0$

（3）轻绳拉直后，两球具有相同的水平速度，设为 v_{Bx}，由水平方向动量守恒，得 $mv_0 = 2mv_{Bx}$

由动量定理得 $I = mv_{Bx} = \frac{1}{2}mv_0$

例3 如图5-3所示，水平光滑地面停放着一辆小车，左侧靠在竖直墙壁上，小车的1/4圆弧轨道 AB 是光滑的，在最低点 B 与水平轨道 BC 相切，BC 的长度是圆弧半径的10倍，整个轨道处于同一竖直平面内。可视为质点的物块从 A 点的正上方某处无初速度下落，恰好落入小车圆弧轨道滑动，然后沿水平轨道滑行至轨道末端 C 恰没有滑出。已知物块到达圆弧轨道最低点 B 时对轨道的压力是物块的重力的9倍，小车的质量是物块的3倍，不考虑空气阻力和物块落入圆弧轨道时的能量损失，求：

（1）物块开始下落的位置距离水平轨道 BC 的竖直高度是圆弧半径的多少倍？

（2）物块与水平轨道 BC 间的动摩擦因数 μ 为多少？

【分析】本题是传统的机械能和动量守恒两大守恒定律还有动能定理的结合，这类型的题只要对研究过程有充分的理解，应该很容易求解。

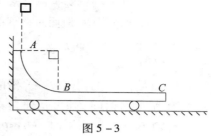

图5-3

【解答】（1）设物块的质量为 m，其开始下落的位置距离 BC 的竖直高度为 h，到达 B 点时的速度为 v，小车圆弧轨道半径为 R，由机械能守恒定律，有 $mgh = \frac{1}{2}mv^2$。

根据牛顿第二定律，有 $9mg - mg = m\frac{v^2}{R}$。

解得 $h = 4R$，即物块开始下落的位置距水平轨道 BC 的竖直高度是圆弧半径的4倍。

（2）设物块与 BC 间的滑动摩擦力的大小为 F，物块滑行到 C 点时与小车的共同速度为 v'，物块在小车上由 B 运动到 C 的过程中小车对地面的位移大小为 s，依题意，小车的质量为 $3m$，BC 长度为 $10R$，由滑动摩擦定律，有 $F = \mu mg$。

由动量守恒定律，有 $mv = (m + 3m)v'$。

对物块、小车分别应用动能定理 $-F(10R + s) = \frac{1}{2}mv'^2 - \frac{1}{2}mv^2$，

$Fs = \frac{1}{2}(3m)v'^2 - 0$，解得 $\mu = 0.3$。

强化训练

一、单项选择题

1. 以初速度 v_0 竖直向上抛出一物体，空气阻力不可忽略。关于物体受到的冲量，以下说法中错误的是（   ）。

A. 物体上升阶段和下落阶段受到重力的冲量方向相反

B. 物体上升阶段和下落阶段受到空气阻力冲量的方向相反

C. 物体在下落阶段受到重力的冲量大于上升阶段受到重力的冲量

D. 物体从抛出到返回抛出点,所受各力冲量的总和方向向下

2. 如图 5-4 所示,质量为 m 的物块以初速 v_0 沿倾角为 θ 的粗糙斜面冲上斜面,滑到 B 点速度为零,然后滑下回到 A 点。关于物块所受的冲量,下述说法中正确的是(　　)。

A. 物块上滑过程和下滑过程受到摩擦力冲量等值反向

B. 物块上滑过程和下滑过程受到重力的冲量等值同向

C. 物块从冲上斜面 A 点到返回 A 点的整个过程中所受到各外力的冲量的总和方向向下

D. 物块从冲上斜面到返回斜面底端的整个过程中合外力的冲量总和小于 $2mv_0$

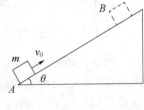

图 5-4

3. 质量为 m 的钢球自高处落下,以速率 v_1 碰地,竖直向上弹回,碰撞时间极短,离地的速度为 v_2。在碰撞过程中,地面对钢球的冲量方向和动量变化的大小为(　　)。

A. 向下,$m(v_1-v_2)$
B. 向下,$m(v_1+v_2)$
C. 向上,$m(v_1-v_2)$
D. 向上,$m(v_1+v_2)$

4. 质量为 m 的物体放在光滑的水平地面上,在与水平方向成 θ 角的拉力 F 作用下由静止开始运动,经过时间 t 速度达到 v,在这段时间内拉力 F 和重力的冲量大小分别是(　　)。

A. Ft,0
B. $Ft\cos\theta$,0
C. mv,0
D. Ft,mgt

5. 做平抛运动的物体,每秒的动量增量总是(　　)。

A. 大小相等,方向相同
B. 大小不等,方向不同
C. 大小相等,方向不同
D. 大小不等,方向相同

6. 放在光滑水平面上的 A、B 两小车中间有一被压缩的弹簧,用两手分别控制小车处于静止状态,下面说法正确的是(　　)。

A. 同时放开手后,两车的总动量为零

B. 同时放开手后,A、B 车的动量不为零,则两车的总动量不为零

C. 先放开左手,后放开右手,两车的总动量为零

D. 先放开左手,后放开右手,两车的总动量不为零,且向右

7. 如图 5-5 所示,两条形磁铁各固定在甲、乙两小车上,它们能在水平面上无摩擦地运动,甲车与磁铁的总质量为 1kg,乙车与磁铁的总质量为 0.5kg,两磁铁 N 极相对,现使两车在同一直线上相向运动,某时刻甲车的速度为 2m/s,乙车的速度为 3m/s,可以看到它们没有相碰就分开了,下列说法不正确的是(　　)。

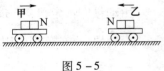

图 5-5

A. 乙车开始反向时,甲车的速度为 0.5m/s,方向不变

B. 两车相距最近时,乙车的速度为零

C. 两车相距最近时,乙车的速度为 0.33m/s,与乙车原来的速度方向相反

D. 甲车对乙车的冲量与乙车对甲车的冲量相同

8. 在高速公路上发生一起交通事故,一辆质量为 1500kg 向南行驶的长途客车迎面撞上一质量为 3000kg 的向北行驶的卡车,碰后两辆车接在一起,并向南滑行了一小段距离停止。根据测速仪的测定,长途客车碰前以 20m/s 的速度行驶,由此可判断卡车碰前的行驶速度为(　　)。

A. 小于 10m/s
B. 大于 10m/s,小于 20m/s
C. 大于 20m/s,小于 30m/s
D. 大于 30m/s,小于 40m/s

9. 在光滑水平面上,动能为 E_0、动量的大小为 p_0 的小钢球 1 与静止小钢球 2 发生碰撞,碰撞前后球 1 的运动方向相反。将碰撞后球 1 的动能和动量的大小分别记为 E_1、p_1,球 2 的动能和动量的大小分别记为 E_2、p_2,则下列关系中错误的是（　　）。

A. $E_1 < E_0$ 　　B. $p_1 < p_0$ 　　C. $E_2 > E_0$ 　　D. $p_2 > p_0$

10. 如图 5-6 所示,质量分别为 m 和 $2m$ 的 A、B 两个木块间用轻弹簧相连,放在光滑水平面上,A 靠紧竖直墙,用水平力 F 将 B 向左压,使弹簧被压缩一定长度,静止后弹簧储存的弹性势能为 E,这时突然撤去 F,关于 A、B 和弹簧组成的系统,下列说法中正确的是（　　）。

图 5-6

A. 撤去 F 后,系统动量守恒,机械能守恒
B. 撤去 F 后,A 离开竖直墙前,系统动量不守恒,机械能不守恒
C. 撤去 F 后,A 离开竖直墙后,弹簧的弹性势能最大值为 E
D. 撤去 F 后,A 离开竖直墙后,弹簧的弹性势能最大值为 $E/3$

二、填空题

1. 质量 1kg 的铁球从沙坑上方由静止释放,下落 1s 落到沙子表面上,又经过 0.2s,铁球在沙子内静止不动。假定沙子对铁球的阻力大小恒定不变,则铁球在沙坑里运动时沙子对铁球的阻力为_____ N。($g = 10\text{m/s}^2$)

2. 如图 5-7 所示,质量为 m 的小球,从距离立于地面的木桩的上表面 h 高处,由静止开始自由下落,木桩质量为 M,球与木桩相碰时间极短,相碰后以共同的速度下陷,共同的速度为_____,使木桩下陷 s 米而停止,则泥土对木桩的平均阻力 $f = $_____。

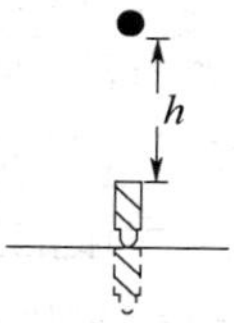

图 5-7

3. 质量为 30kg 的小孩以 8m/s 的水平速度跳上一辆静止在水平轨道上的平板车,已知平板车的质量是 80kg,则小孩跳上车后他们共同的速度为_____ m/s。

4. 抛出的手雷在最高点时水平速度为 10m/s,这时突然炸成两块,其中大块质量 300g 仍按原方向飞行,其速度测得为 50m/s,另一小块质量为 200g,则它的速度的大小为_____,方向为_____。

5. 机枪重 8kg,射出的子弹质量为 20g,若子弹的出口速度是 1000m/s,则机枪的后退速度是_____。

6. 设水的密度为 ρ,水枪口的横截面积为 S,水从水枪口喷出的速度为 v,水平直射到煤层后速度变为零,则煤层受到水的平均冲力大小为_____。

7. 子弹和木块的质量分别为 m、M,若木块固定,子弹以 v_0 水平射入,射出木块时速度为 $\frac{1}{2}v_0$。如木块放在光滑地面上不固定,设作用过程中子弹所受阻力不变,则子弹能穿透木块时,m、M 的关系为_____。

8. 云室处在磁感强度为 B 的匀强磁场中,一静止的质量为 M 的原子核在云室中发生一次 α 衰变,α 粒子的质量为 m,电量为 q,其运动轨迹在与磁场垂直的平面内。现测得 α 粒子运动的轨道半径为 R,(涉及动量问题时,亏损的质量可忽略不计)则在衰变过程中的质量亏损为_____。

9. 在核反应堆里,用石墨作减速剂,使铀核裂变所产生的快中子通过与碳核不断地碰撞而被减速。假设中子与碳核发生的是弹性正碰,且碰撞前碳核是静止的。已知碳核的质量近似为中子质量的12倍,中子原来的动能为 E_0,则经过一次碰撞后中子的能量将变为_____。

三、计算题

1. AOB 是光滑的水平轨道,BC 是半径为 R 的光滑圆弧轨道,两轨道恰好相切,如图 5-8 所示,质量为 $M(M=9m)$ 的小木块静止在 O 点,一质量为 m 的子弹以某一速度水平射入木块内未穿出,木块恰好滑到圆弧的最高点 C 处(子弹、木块均视为质点),求:

(1)子弹射入木块前的速度。

(2)若每当木块回到 O 点时,立即有相同的子弹以相同的速度射入木块,且留在其中,当第 100 颗子弹射入木块后,木块能上升多高?

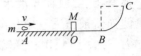

图 5-8

(3)当第 n 颗子弹射入木块后,木块上升的最大高度为 $\dfrac{R}{4}$,则 n 值为多少?

2. 有一炮竖直向上发射炮弹,炮弹的质量为 $M=6.0\text{kg}$(内含炸药的质量可以忽略不计),射出的初速度 $v_0=60\text{m/s}$。当炮弹到达最高点时爆炸为沿水平方向运动的两片,其中一片质量为 $m=4.0\text{kg}$。现要求这一片不能落到以发射点为圆心、以 $R=600\text{m}$ 为半径的圆周范围内,则刚爆炸完时两弹片的总动能至少多大?($g=10\text{m/s}^2$,忽略空气阻力)

3. 空间探测器从行星旁边绕过时,由于行星的引力作用,可以使探测器的运动速率增大,这种现象被称为弹弓效应。在航天技术中,弹弓效应是用来增大人造小天体运动速率的一种有效方法。

(1)如图 5-9 所示是弹弓效应的示意图,质量为 m 的空间探测器以相对于太阳的速度 v_0 飞向质量为 M 的行星,此时行星相对于太阳的速度为 u_0,绕过行星后探测器相对于太阳的速度为 v,此时行星相对于太阳的速度为 u,由于 v_0、v、u_0、u 的方向均可视为相互平行,试写出探测器与行星构成的系统在上述过程中"动量守恒"及"始末状态总动能相等"的方程,并在 $m \ll M$ 的条件下,用 v_0 和 u_0 来表示 v。

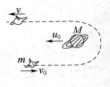

图 5-9

(2)若上述行星是质量为 $M=5.67\times10^{26}\text{kg}$ 的土星,其相对太阳的轨道速率 $u_0=9.6\text{km/s}$,而空间探测器的质量 $m=150\text{kg}$,相对于太阳迎向土星的速率 $v_0=10.4\text{km/s}$,则由于弹弓效应,该探测器绕过火星后相对于太阳的速率将增为多少?

4. 如图 5-10 所示,光滑水平面上有 A、B、C 三个物块,其质量分别为 $m_A=2.0\text{kg}$、$m_B=1.0\text{kg}$、$m_C=1.0\text{kg}$。现用一轻弹簧将 A、B 两物块连接,并用力缓慢压缩弹簧使 A、B 两物块靠近,此过程外力做功 108J,然后同时释放 A、B,弹簧开始逐渐变长,当弹簧刚好恢复原长时,C 恰以 4m/s 的速度迎面与 B 发生碰撞并粘连在一起。求:

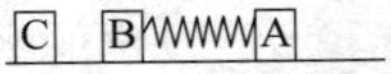

图 5-10

(1)弹簧刚好恢复原长时(B 与 C 碰撞前)A 和 B 物块速度的大小。

(2)当弹簧第二次被压缩时,弹簧具有的最大弹性势能。

【参考答案】

一、单项选择题

1. A。

【解析】物体在整个运动中所受重力方向都向下,重力对物体的冲量在上升、下落阶段方向都向下,选项 A 错。物体向上运动时,空气阻力方向向下,阻力的冲量方向也向下。物体下落时阻力方向向上,阻力的冲量方向向上,选项 B 正确。在有阻力的情况下,物体下落的时间 t_2 比上升时所用时间 t_1 大,物体下落阶段重力的冲量 mgt_2 大于上升阶段重力的冲量 mgt_1,选项 C 正确。在物体上抛的整个运动中,重力方向都向下;物体在上升阶段阻力的方向向下,在下落阶段虽然阻力的方向向上,但它比重力小;在物体从抛出到返回抛出点整个过程中,物体受到合力的冲量方向向下,选项 D 正确。

2. D。

【解析】因为物块上滑过程和下滑过程都可以认为是初速度为零的匀变速运动,它们的位移大小相同,上滑过程的加速度较大,所以物块上滑过程的时间较小,各力的冲量都是上滑过程的较小,答案 A、B 错误;设沿斜面向下为正方向,由动量定理有 $\sum Ft = mv_t - (-mv_0)$,因 $v_t < v_0$,则 $\sum Ft < 2mv_0$,所以答案 C 错误,答案 D 正确。

3. D。

【解析】钢球落地前瞬间的动量(初动量)为 mv_1,方向竖直向下。经地面作用后其动量变为 mv_2,方向竖直向上。设竖直向上为正方向,动量变化 $\Delta P = P' - P = mv_2 - (-mv_1) = m(v_1 + v_2)$,因地面对钢球的作用力竖直向上,所以其冲量方向也竖直向上。答案 D 正确。

4. D。

【解析】该题中拉力 F 的冲量等于 Ft,重力的冲量等于 mgt,合外力的冲量等于 $Ft\cos\theta$,也等于物体动量的变化量 mv。答案 D 正确。

5. A。

【解析】做平抛运动的物体只受重力作用,根据动量定理得 $mg\Delta t = \Delta P$,每秒的动量增量大小等于 mg,动量增量的方向与重力的方向相同,均竖直向下,答案 A 正确。

6. A。

【解析】系统动量守恒的条件是:系统所受的合外力为零。同时放开双手,A、B 两车只受弹簧内力,系统合外力为零,系统动量恒为零。虽然两车都有动量,但两车的动量等大、反向,总动量为零。先放开左手时,系统合外力不为零,系统动量不守恒,从两手都放开开始,系统动量守恒,但不为零。答案 A 正确。

7. B。

【解析】乙车开始反向时,其速度为零,由动量守恒得此时甲车的速度为 0.5m/s。两车相距最近时应是两者的速度相同时,由动量守恒得两车的速度均为 0.33m/s,方向向右。甲、乙冲量大小相等、方向相反。答案 A、C、D 正确,答案选 B。

8. A。

【解析】假设两车碰后静止时,根据动量守恒定律得卡车碰前的行驶速度为 10m/s。碰撞后两车向南行驶一小段时,则要求卡车碰前的动量比长途客车的动量略小,故卡车碰前的行驶速度比10m/s略小。

9. C。

【解析】两钢球在相碰过程中必同时遵守能量守恒和动量守恒。由于外界没有能量输入,而碰撞中可能产生热量,所以碰后的总动能不会超过碰前的总动能,即 $E_1 + E_2 \leq E_0$,可见 A 对、C 错;另外,A 也可写成 $\frac{p_1^2}{2m} < \frac{p_0^2}{2m}$,因此 B 也对;根据动量守恒,设球 1 原来的运动方向为正方向,有 $p_2 - p_1 = p_0$,所以 D 对。故答案选 C。

10. D。

【解析】A 离开墙前墙对 A 有弹力,这个弹力虽然不做功,但对 A 有冲量,因此系统机械能守恒而动量不守恒;A 离开墙后则系统动量守恒、机械能守恒;A 刚离开墙时刻,B 的动能为 E,动量为 $p = \sqrt{4mE}$ 向右;以后动量守恒,因此系统动能不可能为零,当 A、B 速度相等时,系统总动能最小,这时的弹性势能为 $E/3$。

二、填空题

1. 60。

【解析】铁球在竖直下落的 1s 内,受到重力向下的冲量为 mgt_1。铁球在沙子里向下运动时,受到向下的重力冲量是 mgt_2,阻力对它向上的冲量是 ft_2。取向下为正方向,整个运动过程中所有外力冲量总和为 $I = mgt_1 + mgt_2 - ft_2$。铁球开始下落时动量是零,最后静止时动量还是零。整个过程中动量的改变就是零。根据动量定理,$mgt_1 + mgt_2 - ft_2 = 0$;沙子对铁球的作用力:

$$f = \frac{mgt_1 + mgt_2}{t_2} = \frac{1 \times 10(1 + 0.2)}{0.2} \text{N} = 60\text{N}$$

2. $\frac{m\sqrt{2gh}}{m+M}$, $\frac{m^2 gh}{(M+m)s} + (M+m)g$。

【解析】 m 下落的过程中,由机械能守恒得 $mgh = \frac{1}{2}mv^2$,m 与 M 碰撞,由动量守恒得 $mv = (M+m)v'$,所以 $v' = \frac{mv}{m+M}$,m 与 M 一起下陷,由动能定理得 $(M+m)gs - fs = 0 - \frac{1}{2}(M+m)v'^2$,整理得 $f = \frac{m^2 gh}{(M+m)s} + (M+m)g$。

3. 3。

【解析】对于小孩和平板车系统,由于车轮和轨道间的滚动摩擦很小,可以不予考虑,所以可以认为系统不受外力,即对人、车系统动量守恒。跳上车前系统的总动量 $p = mv$;跳上车后系统的总动量 $p' = (m+M)V$。由动量守恒定律有 $mv = (m+M)V$,解得 $V = \frac{mv}{m+M} = \frac{30 \times 8}{30+50}$m/s = 3m/s。

4. 50m/s,与原飞行方向相反。

【解析】手雷在空中爆炸时在水平方向上可以认为系统不受外力,所以在水平方向上动量是守恒的。设原飞行方向为正方向,则 $v_0 = 10$m/s, $v_1 = 50$m/s; $m_1 = 0.3$kg, $m_2 = 0.2$kg。由系统动量守恒得 $(m_1 + m_2)v_0 = m_1 v_1 + m_2 v_2$,所以

$$v_2 = \frac{(m_1+m_2)v_0 - m_1v_1}{m_2} = \frac{(0.3+0.2)\times 10 - 0.3\times 50}{0.2}\text{m/s} = -50\text{m/s}$$

5. 2.5m/s。

【解析】在水平方向火药的爆炸力远大于此瞬间机枪受的外力(枪手的依托力),故可认为在水平方向动量守恒。即子弹向前的动量等于机枪向后的动量,总动量维持"零"值不变。设子弹速度 v,质量 m;机枪后退速度 V,质量 M。则由动量守恒有 $MV = mv$,所以 $V = \frac{mv}{M} = \frac{0.02\times 1000}{8}\text{m/s} = 2.5\text{m/s}$。

6. $\rho v^2 S$。

【解析】如图5-11所示,以水柱接触煤层的界面为研究对象,在 Δt 时间内有体积为 $V = v\Delta tS$ 的水在煤层的作用下从原来的速度 v 变为零,该体积的水的质量为 $\Delta m = \rho V = \rho v\Delta tS$,煤层对水的作用力为 F,以该部分水为研究对象,由动量定理得 $F\Delta t = \Delta mv = \rho v\Delta tSv$,所以 $F = \rho v^2 S$;煤对水的力与水对煤的力是作用力与反作用力,层受到水的平均冲力大小为 $\rho v^2 S$。

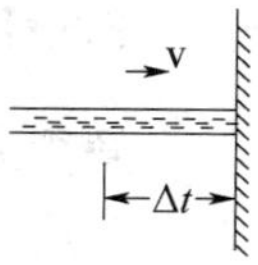

图 5 – 11

7. $M \geqslant 3m$。

【解析】当木块固定时,由动能定理得 $fd = \frac{1}{2}mv_0^2 - \frac{1}{2}m\left(\frac{v_0}{2}\right)^2 = \frac{3}{8}mv_0^2$;当木块在光滑水平面上时,系统动量守恒,设刚好穿出,$mv_0 = (M+m)v$,$fd = \frac{1}{2}mv_0^2 - \frac{1}{2}(M+m)v^2$,解之得 $M = 3m$,故子弹能射穿木块的条件为 $M \geqslant 3m$。

8. $\Delta m = \frac{M(qBR)^2}{2c^2m(M-m)}$。

【解析】该衰变放出 α 粒子在匀强磁场中做匀速圆周运动,其轨道半径为 R 与速度 v 的关系由牛顿第二定律和洛伦兹力可得 $qvB = m\frac{v^2}{R}$,核衰变过程中动量守恒,得 $0 = mv - (M-m)v'$,又衰变过程中能量来自质量亏损,即 $\Delta mc^2 = \frac{1}{2}(M-m)v'^2 + \frac{1}{2}mv^2$,联立可得 $\Delta m = \frac{M(qBR)^2}{2c^2m(M-m)}$。

9. $\frac{121}{169}E_0$。

【解析】弹性正碰遵循动量守恒和能量守恒两个规律。设中子的质量 m,碳核的质量 M。有 $mv_0 = mv_1 + Mv_2$,$\frac{1}{2}mv_0^2 = \frac{1}{2}mv_1^2 + \frac{1}{2}Mv_2^2$;由上述两式整理得 $v_1 = \frac{m-M}{m+M}v_0 = \frac{m-12m}{m+12m}v_0 = -\frac{11}{13}v_0$,则经过一次碰撞后中子的动能 $E_1 = \frac{1}{2}mv_1^2 = \frac{1}{2}m\left(-\frac{11}{13}v_0\right)^2 = \frac{121}{169}E_0$。

三、计算题

1. (1) $v = 10\sqrt{2gR}$;(2) $v_{100} = 0$;(3) $n = 11$。

【解析】(1) 子弹与木块作用,由动量守恒得 $mv = (M+m)v_1$

由 B 到 C 的过程中,由机械能守恒得 $\frac{1}{2}(M+m)v_1^2 = (M+m)gR$

整理得 $v = 10\sqrt{2gR}$

(2)第一颗子弹与木块作用，$mv = (M+m)v_1$

第二颗子弹与木块作用，$mv - (M+m)v_1 = (M+2m)v_2, v_2 = 0$

第三颗子弹与木块作用，$mv = (M+3m)v_3$

第四颗子弹与木块作用，$mv - (M+3m)v_3 = mv_4, v_4 = 0$

……

第100颗子弹与木块作用，$v_{100} = 0$

(3)木块能上升高度为 $\dfrac{R}{4}$ 时，木块获得的速度为 $\sqrt{\dfrac{gR}{2}}$

据动量守恒定律得 $mv = (M+nm)\sqrt{\dfrac{gR}{2}}$

解得 $n = 11$

2. $E_k = 6.0 \times 10^4 J$。

【解析】设炮弹上升到达最高点的高度为 H，根据匀变速直线运动规律，有

$v_0^2 = 2gH$

设质量为 m 的弹片刚爆炸后的速度为 V，另一块的速度为 v，根据动量守恒定律，有

$mV = (M-m)v$

设质量为 m 的弹片运动的时间为 t，根据平抛运动规律，有

$H = \dfrac{1}{2}gt^2, R = Vt$

炮弹刚爆炸后，两弹片的总动能

$E_k = \dfrac{1}{2}mV^2 + \dfrac{1}{2}(M-m)v^2$

解以上各式得 $E_k = \dfrac{1}{2}\dfrac{MmR^2g^2}{(M-m)v_0^2}$

代入数值得 $E_k = 6.0 \times 10^4 J$

3. (1) $v = v_0 + 2u_0$；(2) $v = 29.6 km/s$。

【解析】(1)以探测器初始时速度 v_0 的反方向为速度的正方向，有

$-mv_0 + Mu_0 = mv + Mu$

$\dfrac{1}{2}mv_0^2 + \dfrac{1}{2}Mu_0^2 = \dfrac{1}{2}mv^2 + \dfrac{1}{2}Mu^2$

得 $v = \dfrac{M-m}{M+m}v_0 + \dfrac{2M}{M+m}u_0$

因为 $m \ll M$ 所以 $v = v_0 + 2u_0$

(2)代入数据，得 $v = 29.6 km/s$。

4. (1) $v_A = 6m/s, v_B = 12m/s$；(2) $E_p' = 50J$。

【解析】(1)弹簧刚好恢复原长时，A和B物块速度的大小分别为 $v_A、v_B$，

由动量守恒定律有 $0 = m_A v_A - m_B v_B$，

此过程机械能守恒有 $E_p = \dfrac{1}{2}m_A v_A^2 + \dfrac{1}{2}m_B v_B^2$，

代入 $E_p = 108\text{J}$,解得 $v_A = 6\text{m/s}$,$v_B = 12\text{m/s}$,A 的速度向右,B 的速度向左。

(2)C 与 B 碰撞时,设碰后 B、C 粘连时速度为 v',据 C、B 组成的系统动量守恒有 $m_B v_B - m_C v_C = (m_B + m_C) v'$,

代入数据得 $v' = 4\text{m/s}$,v' 的方向向左。

此后 A 和 B、C 组成的系统动量守恒,机械能守恒,当弹簧第二次压缩最短时,弹簧具有的弹性势能最大,设为 E_p',且此时 A 与 B、C 三者有相同的速度,设为 v,则由动量守恒:$m_A v_A - (m_B + m_C) v' = (m_A + m_B + m_C) v$,

代入数据得 $v = 1\text{m/s}$,v 的方向向右。

机械能守恒:$\frac{1}{2} m_A v_A^2 + (m_B + m_C) v'^2 = E_p' + \frac{1}{2}(m_A + m_B + m_C) v^2$,

代入数据得 $E_p' = 50\text{J}$。

第六章 机械振动和机械波

考试范围与要求

- 了解简谐运动、弹簧振子、单摆的概念。
- 理解简谐运动的规律。
- 理解单摆周期公式。
- 了解受迫振动和共振。
- 了解机械波、横波和纵波的概念。
- 理解波的图像及波的传播规律;了解波在传播运动的同时也传递了能量。
- 理解波速、波长和频率(周期)的关系。
- 了解波的干涉和衍射现象。
- 了解多普勒效应。

主要内容

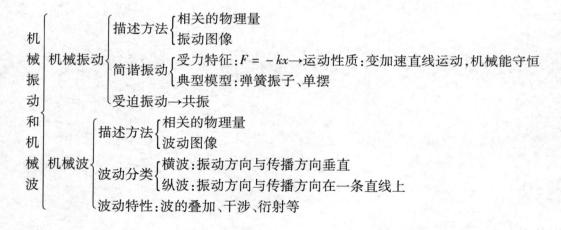

1. 机械振动和简谐运动

物体或物体的一部分在某中心位置两侧所做的往复运动叫机械振动。机械振动是机械运动中比较复杂的运动形式,具有往复性,是一种加速度大小、方向时刻改变的变速运动。

物体在受到跟偏离平衡位置的位移大小成正比,并且总是指向平衡位置的回复力的作用下的振动,叫作简谐运动,简谐运动是一种特殊的机械振动。

回复力 $F=-kx$,加速度 $a=-kx/m$,"$-$"表示方向与位移 x 方向相反,总指向平衡位置,k 是比例系数,不一定是弹簧的劲度系数;$F=-kx$ 是判定一个物体是否做简谐运动的依据。

简谐运动是一种变加速运动,在平衡位置时,速度最大,加速度为零;在最大位移处,速度为零,加速度最大。

描述简谐运动的物理量:①位移 x,由平衡位置指向振动质点所在位置的有向线段,是矢量,其最大值等于振幅;②振幅 A,振动物体离开平衡位置的最大距离,是标量,表示振动的强弱;③周期 T 和频率 f,表示振动快慢的物理量,二者互为倒数关系,即 $T=1/f$。

简谐运动的图像:①意义:表示振动物体位移随时间变化的规律,振动图像不是质点的运动轨迹;②特点:简谐运动的图像是正弦(或余弦)曲线;③应用:可直观地读取振幅 A、周期 T 以及各时刻的位移 x,判定回复力、加速度方向,判定某段时间内位移、回复力、加速度、速度、动能、势能的变化情况。

2. 单摆和弹簧振子

单摆是一种理想化模型,摆线的质量不计且不可伸长,摆球的直径比摆线的长度小得多,摆球可视为质点。单摆的回复力是重力沿圆弧切线方向并且指向平衡位置的分力;单摆的振动可看作简谐运动的条件是最大摆角 $\alpha < 5°$。

做简谐运动的单摆的周期公式为 $T = 2\pi\sqrt{\dfrac{L}{g}}$。要注意:①在振幅很小的条件下,单摆的振动周期跟振幅无关;②单摆的振动周期跟摆球的质量无关,只与摆长 L 和当地的重力加速度 g 有关;③摆长 L 指悬点到摆球重心间的距离,在某些变形单摆中,摆长 L 应理解为等效摆长,重力加速度应理解为等效重力加速度(一般情况下,等效重力加速度 g' 等于摆球静止在平衡位置时的张力与摆球质量的比值)。

弹簧振子是一种忽略摩擦和弹簧质量的理想化模型。周期和频率只取决于弹簧的劲度系数和振子的质量,与其放置的环境和放置的方式无任何关系;如某一弹簧振子做简谐运动时的周期为 T,不管把它放在地球上、月球上还是卫星中,是水平放置、倾斜放置还是竖直放置,振幅是大还是小,它的周期就都是 T。

3. 受迫振动和共振

振动系统在周期性驱动力作用下的振动叫受迫振动;受迫振动稳定时,系统振动的频率等于驱动力的频率,跟系统的固有频率无关。

当驱动力的频率等于振动系统的固有频率时,振动物体的振幅最大,这种现象叫作共振;共振的条件是驱动力的频率约等于振动系统的固有频率。

4. 机械波

机械振动在介质中的传播形成机械波。机械波传播的是振动形式和能量,质点只在各自的平衡位置附近振动,并不随波迁移;离波源近的质点带动离波源远的质点依次振动;介质中各质点的振动周期和频率都与波源的振动周期和频率相同。

波的产生条件:①要有振源(波源)做机械振动;②要有介质,利用介质间的弹性带动周围质点发生振动,使振动在介质中传播开来。两个条件缺一不可。

机械波分横波和纵波。质点振动方向与波的传播方向垂直的波叫横波,横波有凸部(波峰)和凹部(波谷);质点振动方向与波的传播方向在同一直线上的波叫纵波,纵波有密部和疏部。气体、液体和固体都能传播纵波,但气体、液体不能传播横波。

5. 波长、波速和频率

波长 λ:两个相邻的且在振动过程中对平衡位置的位移总是相等的质点间的距离叫波长,

振动在一个周期里在介质中传播的距离等于一个波长。

波速 v：波的传播速率，机械波的传播速率由介质决定，与波源无关。

频率 f：波的频率始终等于波源的振动频率，与介质无关。

三者关系：$v = \lambda f$。

6. 振动和波动的图像

简谐振动的图像是正(余)弦图像，表示振动位移 y 与时间 t 的变化关系，由图像可以求出周期、振幅、各时刻的位移大小及速度方向、加速度方向等。

波的图像表示波的传播方向上，介质中的各个质点在同一时刻相对平衡位置的位移，一般用横坐标 x 表示在波的传播方向上各个质点的平衡位置，纵坐标 y 表示某一时刻各个质点偏离平衡位置的位移，并规定在横波中位移方向向上时为正值，位移方向向下时为负值。振动图像与波动图像的比较见表 6-1。

表 6-1 振动图像与波动图像的比较

	特点	振动图像	波动图像
相同点	图像形状	正(余)弦曲线	
	纵坐标 y	任意时刻某一质点的位移	某一时刻 x 轴上任意质点的位移
	纵坐标的最大值	振幅	
不同点	描述对象	某一振动质点	x 轴上的任意质点
	物理意义	振动位移 y 与时间 t 的关系	x 轴上不同质点在某时刻的振动位移 y 的分布
	横坐标	表示时间 t	各个振动质点的平衡位置到原点的距离 x
	横坐标上、相邻的两个步调一致的点间的距离	表示周期 T	表示波长 λ
其他	频率和周期	在图像中直接读出周期 T	在图像中直接读出波长 λ，算出 $T = \lambda/v$
	两者联系	振动是波动的基础，波动是振动的传播	已知波动图像和波的方向，可以讨论各质点的振动情况

典型例题

例 1 如图 6-1 中两个单摆摆长相同，平衡时两摆球刚好接触，现将摆球 A 在两摆线所在平面内向左拉开一小角度后释放，碰撞后两摆球分开各自做简谐振动。以 m_A、m_B 分别表示摆球 A、B 的质量，则( )。

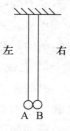

图 6-1

A. 如果 $m_A > m_B$，下一次碰撞将发生在平衡位置右侧

B. 如果 $m_A < m_B$，下一次碰撞将发生在平衡位置右侧

C. 无论两摆球的质量之比是多少，下一次碰撞都不可能在平衡位置

D. 无论两摆球的质量之比是多少，下一次碰撞都不可能在平衡位置左侧

【答案】D。

【解析】两球碰撞后都各自做简谐运动，如果 $m_A > m_B$，碰撞后 A、B 两球均从平衡位置开始向右运动，但 B 球的速度比 A 球的速度大，故两球分开各自运动。由于两个单摆摆长相同，因而 A、B 两个摆球的运动周期相同，设它们的周期为 T，这样从 A、B 两摆球刚发生碰撞的时刻经过 $T/4$ 时间，A、B 两摆球各自刚好摆动到右侧最高点，然后在重力的作用下，都从右侧各自的最高处开始往左摆动，再经过 $T/4$ 时间，刚好运动到各自的平衡位置，此时两球再次发生碰撞，所以，选项 A

错误。

如果 $m_A < m_B$，从 A、B 两摆球刚发生碰撞的时刻经过 $T/4$ 时间，A、B 两摆球都刚好摆动到左、右侧各自的最高点，然后在重力的作用下都从左、右侧各自的最高处开始左、右摆动，再经过 $T/4$ 时间，刚好运动到各自的平衡位置，此时两球再次发生碰撞，所以选项 B 也是错误的。因此，不管 $m_A > m_B$ 还是 $m_A < m_B$，即无论两摆球的质量之比是多少，下一次碰撞都发生在平衡位置，也就是说不可能发生在平衡位置右侧或左侧。所以选项 D 是正确选项。

【点评】本题较为新颖，主要考查单摆做简谐运动的周期性，与单摆周期有关的因素。本题要求熟练地运用"单摆振动周期跟振幅无关、跟摆球质量无关"的知识来分析题中给出的物理情境，并得出结论。错选 A 或 B 项的原因是没有将碰撞后两小球的运动情况与单摆的周期联系起来，这主要是由于在试题题干中，只说明两单摆的摆长相同，两摆球各自做简谐运动，而没有提及单摆的振动周期，而且在选项的表述上具有相同的迷惑性。

例 2 如图 6-2 所示，在平面 xOy 内有一沿水平轴 x 正向传播的简谐横波，波速为 3.0m/s，频率为 2.5Hz，振幅为 8.0×10^{-2}m。已知 $t=0$ 时刻 P 点质元的位移为 $y = 4.0 \times 10^{-2}$m，速度沿 y 轴正向，Q 点在 P 点右方 9.0×10^{-1}m 处，对于 Q 点的质元来说( )。

A. 在 $t=0$ 时，位移为 $y = -4.0 \times 10^{-2}$m
B. 在 $t=0$ 时，速度沿 y 轴正方向
C. 在 $t=0.1$s 时，位移为 $y = -4.0 \times 10^{-2}$m
D. 在 $t=0.1$s 时，速度沿 y 轴正方向

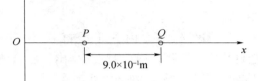

图 6-2

【答案】C。

【解析】本题考查波速、频率和波长的关系和在波的传播过程中质点的振动情况，根据质点振动方向和波的传播方向确定质点的位置。

由波速 $v=3$m/s，频率 $f=2.5$Hz，根据 $v = \lambda \cdot f$，可知 $\lambda = 1.2$m，得 PQ 间距为 $\frac{3}{4}\lambda$。由波向右传播可判断出质点 Q 在 x 轴上方，振动方向向下，再经 0.1s 即 $\frac{T}{4}$，波向右传播 $\frac{\lambda}{4}$ 的距离，质点 Q 向下振动 $\frac{T}{4}$ 的时间，由波传播的周期性可知：此时质点 Q 正位于 $y = -4.0 \times 10^{-2}$m 且向下运动，正确答案只有 C。

例 3 图 6-3(a) 所示为一列简谐横波在 $t = 20$s 时的波形图，图 6-3(b) 是这列波中 P 点的振动图线，那么该波的传播速度和传播方向是( )

A. $v = 25$cm/s，向左传播
B. $v = 50$cm/s，向左传播
C. $v = 25$cm/s，向右传播
D. $v = 50$cm/s，向右传播

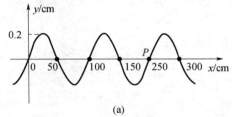

(a)

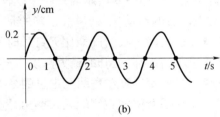

(b)

图 6-3

【答案】B。

【解析】由图 6-3(b)可知,质点 P 此时($t=0$ 时刻)正沿 y 轴向上振动,由图 6-3(a)中可判断出波向左传播,由图 6-3(b)可读出周期 $T=2s$,由图 6-3(a)可读出波长 $\lambda=100cm$,由 $v=\dfrac{\lambda}{T}$ 计算可得 $v=50cm/s$。

【点评】本题是把振动图像和波的图像结合起来进行波的传播方向的判断,要求我们对这两个图像有深刻的理解。

强化训练

一、单项选择题

1. 如图 6-4 所示,轻质弹簧下端挂重为 30N 的物体 A,弹簧伸长了 3cm,再挂重为 20N 的物体 B 时又伸长了 2cm,若将连接 A 和 B 的连线剪断,使 A 在竖直面内振动时,下面结论正确的是（　　）。

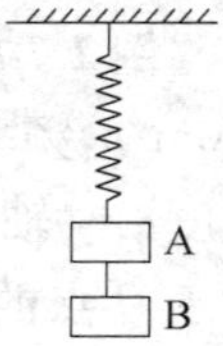

A. 振幅是 2cm　　　　　　B. 振幅是 3cm
C. 最大回复力为 30N　　　D. 最大回复力为 50N

图 6-4

2. 如图 6-5 是内燃机排气门工作简图,凸轮运转带动摇臂,摇臂将气门压下,气缸内废气排出,之后,气门在弹簧的弹力作用下复位,凸轮、摇臂、弹簧协调动作,内燃机得以正常工作。所有型号内燃机气门弹簧用法都有一个共同的特点,就是不用一只而用两只,并且两个弹簧劲度系数不同,相差还很悬殊。关于为什么要用两只劲度系数不同的弹簧,以下说法正确的是（　　）。

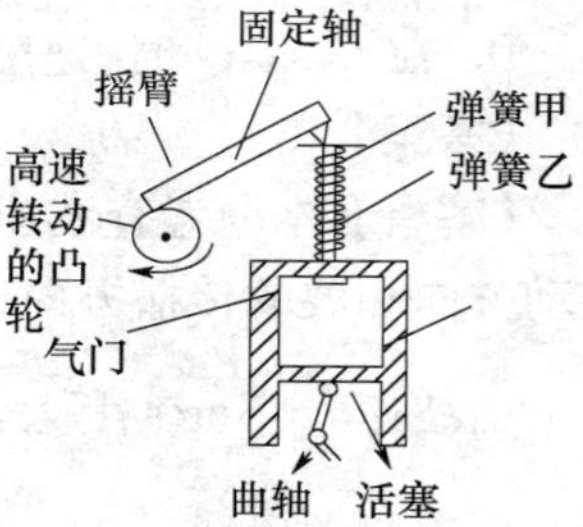

A. 一只弹簧力量太小,不足以使气门复位
B. 一只弹簧损坏之后另一只可以继续工作,提高了机器的可靠性
C. 两个弹簧一起使用,可以避免共振
D. 两个弹簧一起使用,增加弹性势能,能够使得机器更节能

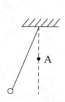

图 6-5

3. 已知悬挂在地球表面附近的摆长为 l 的单摆,摆动周期为 T,地球半径为 R,则可测得地球平均密度为（　　）。

A. $3\pi l/GRT^2$　　　　　B. $GRT^2/3\pi l$
C. $\pi l/GRT^2$　　　　　D. $\pi^2 l^2/GRT^2$

4. 细长轻绳下端拴一小球构成单摆,在悬挂点正下方 1/2 摆长处有一个能挡住摆线的钉子 A,如图 6-6 所示。现将单摆向左拉开一个小角度,然后无初速度的释放。对于以后的运动,下列说法正确的是（　　）。

A. 摆球往返运动一次的周期比无钉子时的单摆周期大
B. 摆球往左、右两侧上升的最大高度一样
C. 摆球往在平衡位置左右两侧走过的最大弧长相等
D. 摆球往在平衡位置右侧的最大摆角是左侧的两倍

图 6-6

· 68 ·

5. 公路上匀速行驶的货车受一扰动,车上货物随车厢底板上下振动但不脱离底板。一段时间内货物在竖直方向的振动可视为简谐运动,周期为 T。取竖直向上为正方向,以某时刻作为计时起点,即 $t=0$,其振动图像如图 6-7 所示,则(　　)。

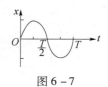

图 6-7

A. $t=\frac{1}{4}T$ 时,货物对车厢底板的压力最大

B. $t=\frac{1}{2}T$ 时,货物对车厢底板的压力最小

C. $t=\frac{3}{4}T$ 时,货物对车厢底板的压力最大

D. $t=\frac{3}{4}T$ 时,货物对车厢底板的压力最小

6. 关于机械波的概念,下列说法中正确的是(　　)。

A. 质点振动的方向总是垂直于波传播的方向

B. 简谐波沿长绳传播,绳上相距半个波长的两质点振动的位移相等

C. 任意一个振动质点每经过一个周期沿波的传播方向移动一个波长

D. 相隔一个周期的两时刻,简谐波的图像相同

7. 一列简谐横波沿 x 轴负方向传播,图 6-8(a)是 $t=1\mathrm{s}$ 时的波形图,图 6-8(b)是波中某振动质元位移随时间变化的振动图线(两图用同一时间起点),则图(b)可能是图(a)中哪个质元的振动图线?(　　)

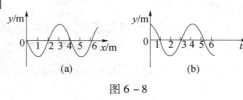

图 6-8

A. $x=0$ 处的质元　　　　B. $x=1\mathrm{m}$ 处的质元

C. $x=2\mathrm{m}$ 处的质元　　　　D. $x=3\mathrm{m}$ 处的质元

8. 一列简谐波沿一直线向左运动,当直线上某质点 a 向上运动到达最大位移时,a 点右方相距 $0.15\mathrm{m}$ 的 b 点刚好向下运动到最大位移处,则这列波的波长可能是(　　)。

A. $0.6\mathrm{m}$　　　　B. $0.5\mathrm{m}$

C. $0.2\mathrm{m}$　　　　D. $0.1\mathrm{m}$

9. 一列平面简谐波,波速为 $20\mathrm{m/s}$,沿 x 轴正方向传播,在某一时刻这列波的图像如图 6-9 所示,则下列描述错误的是(　　)。

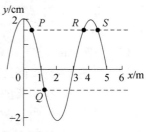

图 6-9

A. 这列波的周期是 $0.2\mathrm{s}$

B. 质点 P、Q 此时刻的运动方向都沿 y 轴正方向

C. 质点 P、R 在任意时刻的位移都相同

D. 质点 P、S 在任意时刻的速度都相同

10. 一简谐机械波沿 x 轴正方向传播,周期为 T,波长为 λ。若在 $x=0$ 处质点的振动图像如图 6-10 所示,则该波在 $t=T/2$ 时刻的波形曲线为图 6-11 中的(　　)。

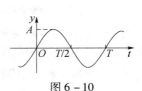

图 6-10

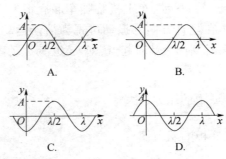

图 6-11

11. 如图 6-12 所示，沿 x 轴正方向传播的一列横波在某时刻的波形图为一正弦曲线，其波速为 200m/s，则有（   ）。

A. 图中质点 b 的加速度在减小

B. 从图示时刻开始，经 0.01s 质点 a 通过的路程为 4cm，相对平衡位置的位移为零

C. 若此波遇到另一列波，并产生稳定的干涉现象，则另一列波的频率为 50Hz

D. 若产生明显的衍射现象，该波所遇到障碍物的尺寸一般不小于 200m

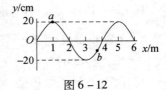

图 6-12

12. 一列波长大于 1m 的横波沿着 x 轴正方向传播，处在 $x_1=1$m 和 $x_2=2$m 的两质点 A、B 的振动图像如图 6-13 所示，由此可知（   ）。

A. 波长为 $\dfrac{4}{3}$m

B. 波速为 1m/s

C. 3s 末 A、B 两质点的位移相同

D. 1s 末 A 点的振动速度大于 B 点的振动速度

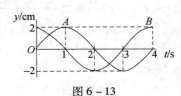

图 6-13

13. 在水波槽的衍射试验中，若打击水面的振子振动的频率是 5Hz，水波在水波槽中的传播速度为 0.05m/s，为观察到显著的衍射现象，小孔的直径应为（   ）。

A. 10cm   B. 5cm

C. 大于 1cm   D. 小于 1cm

14. 如图 6-14 所示，两列沿相反方向传播的振幅和波长都相同的半波（图(a)），在相遇的某一时刻（图(b)），两列波"消失"，此时图中 a、b 质点的振动方向是（   ）。

A. a 向上，b 向下   B. a 向下，b 向上

C. a、b 都静止   D. a、b 都向上

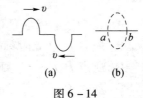

图 6-14

15. 如图 6-15 所示，从入口 S 处送入某一频率的声音，通过左右两条管道路径 SAT 和 SBT 声音传到了出口 T 处，并可以从 T 处监听声音，右侧的 B 管可以拉出或推入以改变 B 管的长度，开始时左右两侧管道关于 S、T 对称，从 S 处送入某一频率的声音后，将 B 管逐渐拉出，当拉出的长度为 l 时，第一次听到最低的声音，设声速为 v，则该声音的频率为（   ）。

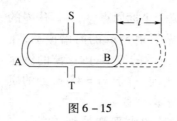

图 6-15

A. $\dfrac{v}{8l}$ B. $\dfrac{v}{4l}$ C. $\dfrac{v}{2l}$ D. $\dfrac{v}{l}$

16. 两列波长相同的水波发生干涉现象,若在某一时刻,P 点处恰好是两列波的波峰相遇,Q 点处是两列波的波谷相遇,则（　　）。

  A. P 点振动加强,Q 点振动减弱

  B. P、Q 两点振动周期不相同

  C. P、Q 两点振动都加强

  D. P、Q 两点始终处在最大位移或最小位移处

17. 人体内部器官的固有频率为 4～12Hz,1986 年,法国次声波实验室次声泄露,造成 30 多名农民在田间突然死亡,出现这一现象的主要原因是（　　）。

  A. 次声传播的速度快

  B. 次声频率和人体内部器官固有频率相同,由于共振造成器官受损而死亡

  C. 人们感觉不到次声,次声可不知不觉地杀死人

  D. 次声波穿透能力强,穿过人体时造成伤害

18. 公路巡警开车在高速公路上以 100km/h 的恒定速度巡查,在同一车道上巡警车向前方的一辆轿车发出一个已知频率的电磁波,如果该电磁波被那辆轿车反射回来时,巡警车接收到的电磁波频率比发出时低,说明那辆轿车的车速（　　）。

  A. 大于 100km/h   B. 小于 100km/h

  C. 等于 100km/h   D. 无法确定

二、填空题

1. 如图 6-16 所示,固定圆弧轨道弧 AB 所含度数小于 5°,末端切线水平。两个相同的小球 a、b 分别从轨道的顶端和正中由静止开始下滑,比较它们到达轨道底端所用的时间 t_a _____ t_b（填" > "" = "或" < "）。

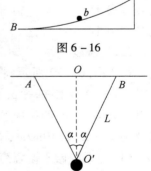

图 6-16

2. 如图 6-17 所示,两根长为 L 的细线下端拴一质量为 m 的小球,两绳夹角 2α,今使摆球在垂直纸面的平面内做小幅度摆动,则其周期为_____。

3. 有一摆钟,冬天计时准确,到夏天每昼夜要慢 14s,则冬天与夏天摆长之比为_____。

4. 如图 6-18 所示是一列沿 x 轴正方向传播的简谐横波在 $t=0$ 时刻的波形图,已知波的传播速度 $v=2$m/s,则 $x=1.0$m 处质点的振动函数表达式为_____;$x=2.5$m 处质点在 0～4.5s 内通过的路程为_____及 $t=4.5$s 时的位移为_____。

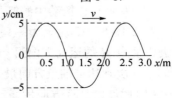

图 6-18

5. 弹性绳沿 x 轴放置,左端位于坐标原点,用手握住绳的左端,当 $t=0$ 时使其开始沿 y 轴做振幅 8cm 的简谐振动,在 $t=0.25$s 时,绳上形成如图 6-19 所示的波形,则该波的波速为_____cm/s;在 $t=$_____s 时,位于 $x_2=45$cm 处的质点 N 恰好第一次沿 y 轴正向通过平衡位置。

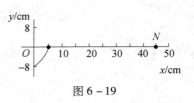

图 6-19

6. 如图 6-20 所示,一根张紧的水平弹性绳上的 a、b 两点,相距 14m,b 点在 a 点的右方,当一列简谐横波沿此绳向右传播时,若 a 点的位移位于正向最大时,b 点的位移恰好为零,且向下运动,经过 1s 后,a 点的位移为零,且向下运动,而 b 点的位移恰好达到负向最大位移,则这列简谐波的波速可能为_____。

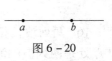

图 6-20

7. 从甲地向乙地发出频率为 50Hz 的声波,恰好在甲、乙两地间形成一列有若干个完整的波形的波;若将声波的频率提高到 70Hz,则两地间完整的波形的个数增加了 4 个。已知声波的波速为 340m/s,求甲、乙两地间的距离为_____。

8. 人类耳朵能听到的声波频率是 20～20000Hz,频率低于 20Hz 的声波叫次声波,高于 20000Hz 的称为超声波。次声波有很强的穿透力,它会与人体肌肉、内脏器官固有的振动频率发生共振,产生较大的振幅和能量,从而造成人体结构巨大破坏甚至死亡。美国专家研制出一种次声波炸弹,专门对付抢劫犯,只要控制好次声波的强度,就能在几秒钟之内,使人昏迷又不至于丧命,这是对付劫持人质的劫机犯的最佳武器,则人耳能听到的声波波长的范围是_____。假设人体单位面积上接收到能量为 e 的次声波,就会造成死亡,今有一颗爆炸能量为 E(转化为次声波的效率为 η)在人的正上方 h 处爆炸,要保证此人安全,对 h 的要求为 h _____。

9. 图 6-21 是不同频率的水波通过相同的小孔所能到达的区域的示意图,_____情况中水波的频率最大;_____情况中水波的频率最小。

图 6-21

三、计算题

1. 如图 6-22 所示,将质量为 $m_A=100$g 的平台 A 连接在劲度系数 $k=200$N/m 的弹簧上端,弹簧下端固定在地上,形成竖直方向的弹簧振子,在 A 的上方放置 $m_B=m_A$ 的物块 B,使 A、B 一起上下振动,弹簧原长为 5cm,A 的厚度可忽略不计,g 取 10m/s²,求:

(1) 当系统做小振幅简谐振动时,A 的平衡位置离地面 C 多高?

(2) 当振幅为 0.5cm 时,B 对 A 的最大压力有多大?

(3) 为使 B 在振动中始终与 A 接触,振幅不能超过多大?

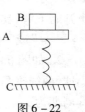

图 6-22

2. 如图 6-23 所示为一列简谐波在 $t_1=0$ 时刻的图像。此时波中质点 M 的运动方向沿 y 轴负方向,且 $t_2=0.55$s 时质点 M 恰好第 3 次到达 y 轴正方向最大位移处,试求:

(1) 此波沿什么方向传播?

(2) 波速是多大?

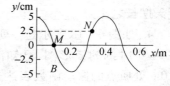

图 6-23

(3) 从 $t_1=0$ 至 $t_3=1.2s$,质点 N 运动的路程和相对于平衡位置的位移分别是多少?

3. 一列横波如图 6-24 所示,波长 $\lambda=8m$,实线表示 $t_1=0$ 时刻的波形图,虚线表示 $t_2=0.005s$ 时刻的波形图,则:

(1) 波速多大?

(2) 若 $2T>t_2-t_1>T$,波速又为多大?

(3) 若 $T<t_2-t_1$,并且波速为 $3600m/s$,则波向哪个方向传播?

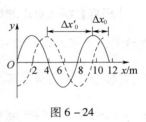

图 6-24

【参考答案】

一、单项选择题

1. A。

【解析】物体 A 振动的平衡位置是弹簧挂上 A 静止的位置,挂上物体 B 后伸长 2cm,即是 A 振动的振幅。因为 $kx_1=m_A g$,所以 $k=10N/cm$,最大回复力 $F=kx_2=10\times 2N=20N$,只有答案 A 正确。

2. C。

【解析】外部摇臂带动内部一系列装置工作时,会对气缸产生作用。为防止出现共振现象,用两根劲度系数不同的弹簧一起工作,使外部振动频率很难与气缸本身的固有频率一致,可以避免共振发生,故选 C。

3. A。

【解析】单摆周期 $T=2\pi\sqrt{\dfrac{l}{g}}$ ……①

地球表面重力约等于万有引力 $mg=G\dfrac{Mm}{R^2}$ ……②

又 $M=\dfrac{3}{4}\pi R^3\cdot\rho$ ……③

由①、②、③式可得 $\rho=\dfrac{3\pi l}{GRT^2}$,答案 A 正确。

4. B。

【解析】根据单摆做简谐运动的周期公式:$T=2\pi\sqrt{\dfrac{L}{g}}$ 可以知道,T 与 $\sqrt{L}$ 成正比,摆长减小,周期变小,故 A 选项错误。摆球在摆动的过程中,空气的阻力很小可以忽略,悬线拉力不做功,只有重力做功,机械能守恒,摆球再左、右两侧上升的最大高度一样,故 B 选项正确。假若无钉子,摆球摆至右侧最高点 B,与初位置对称,有钉子摆球摆至右侧最高点 C,C、B 在同一水平线上,由图 6-25 几何关系知 $\theta_2=2\alpha<2\theta_1$,故 D 项错。摆球在平衡位置左侧走过的最大弧长大于在右侧走过的最大弧长,C 选项错。正确答案为 B。

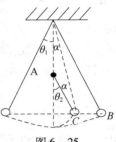

图 6-25

5. C。

【解析】物体对车厢底板的压力与物体受到的支持力大小相等。当物体的加速度向上时，支持力大于重力；当物体的加速度向下时，支持力小于重力。$t=\frac{1}{4}T$ 时，货物向下的加速度最大，货物对车厢底板的压力最小。$t=\frac{1}{2}T$ 时，货物的加速度为零，货物对车厢底板的压力等于重力大小。$t=\frac{3}{4}T$ 时，货物向上的加速度最大，则货物对车厢底板的压力最大，答案选 C。

6. D。

【解析】对横波来说，质点振动的方向与波传播的方向垂直；对纵波来说，质点振动的方向与波传播的方向平行。相距半个波长的两个质点振动情况完全相反，其位移大小总是相等，方向总是相反。波动中质点不会随波逐流，只是在平衡位置附近做往复运动。

7. A。

【解析】(a)图是在 $t=1s$ 时的波动图像，(b)图是振动图像。由(b)图可知，$t=1s$ 时质点处于平衡位置且向下振动，由(a)图可知，处于平衡位置的有 $x=0$、$x=2m$、$x=4m$ 和 $x=6m$ 的质点，又波沿 x 轴负方向传播，则 $x=0$、$x=4m$ 处质点向下振动，答案 A 正确。

8. D。

【解析】由波的图像 6—26 可知，当质点 a 向上运动到达最大位移时，b 点刚好向下运动到最大位移处，则 a、b 间至少有 0.5λ，所以，$0.15m=(n+0.5)\lambda$，四个选项中只有 D 选项符合。

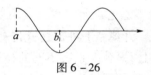

图 6—26

9. C。

【解析】由波动图像可知波长为 $\lambda=4m$，由 $\lambda=vT$ 得波的周期 $T=\lambda/v=0.2s$，选项 A 正确；由波沿 x 轴正方向传播可知 P、Q 此时刻的运动方向都沿 y 轴正方向，选项 B 正确；由波动图像可知 P、S 两点相位相同，在任意时刻的位移、速度都相同，选项 C 错误，D 正确，答案选 C。

10. A。

【解析】根据振动图像，可知 $x=0$ 处的质点，在 $t=T/2$ 时刻在平衡位置，向下振动，只有选项 A 中波的图像在 $x=0$ 处的质点满足条件，故选 A。

11. C。

【解析】判断 A 项可先由"上下坡法"得出质点 b 此时的运动方向向下，即正在远离平衡位置，回复力增大，加速度增大，A 错误；由图 6—12 可得波长为 $4m$，只要障碍物的尺寸不大于 $4m$ 或相差不大，就能产生明显的衍射现象，所以 D 错误；根据波长、波速和频率的关系得 $f=\frac{v}{\lambda}=50Hz$，所以，若该波遇到另一列波发生稳定的干涉现象，则另一列波的频率必定与这列波频率相同，为 $50Hz$，C 正确；另外由频率得这列波的周期为 $0.02s$，经过 $0.01s$ 后，质点 a 应运动到负方向最大位移处，通过的路程为 $4cm$，相对平衡位置的位移为 $-2cm$，B 错误，选 C。

12. A。

【解析】由 A、B 两质点的振动图像及传播可画出 $t=0$ 时刻的波动图像如图 6—27 所示，由此可得 $\lambda=\frac{4}{3}m$，A 选项正确；由振动图像得周期 $T=4s$，故 $v=\frac{\lambda}{T}=\frac{4}{3\times 4}m/s=\frac{1}{3}m/s$，B 选项错误；由振动图像

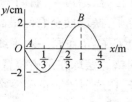

图 6—27

3s末A点位移为-2cm，B点位移为0，故C选项错误；由振动图像知1s末A点处于波峰，振动速度为零，1s末B点处于平衡位置，振动速度最大，故D选项错误。

13. D。

【解析】在水槽中激发的水波的波长 $\lambda = v/f = 0.05/5 = 0.01\text{m} = 1\text{cm}$，要求在小孔后产生显著的衍射现象，应取小孔的尺寸小于波长，所以答案选D。

14. B。

【解析】根据波的传播方向和质点振动方向之间的关系，可知在两列波相遇"消失"的时刻，向右传播的上侧波使质点 a 向下振动，使质点 b 向上振动，向左传播的下侧波使质点 a 向下振动，使质点 b 向上振动，根据波的叠加原理，可知质点 a 向下振动，质点 b 向上振动，只有B项正确。

15. B。

【解析】两列声波在出口T处发生干涉，要第一次听到最低的声音，需满足 $2l = \dfrac{\lambda}{2}$，又因 $\lambda = \dfrac{v}{f}$ 所以 $f = \dfrac{v}{4l}$。

16. C。

【解析】产生波的干涉现象时，波峰与波峰以及波谷与波谷相遇处的振动都是加强的，另外，频率相同是产生波的干涉现象的必要条件，从而各点的振动频率均相同，因而振动周期也相同，由于各质点围绕各自的平衡位置都在不断地振动，不可能始终处于最大或最小位移处，综上所述，C为正确的选项。

17. B。

【解析】次声波的频率较低，与人体内的器官的固有频率接近，所以容易使人体内的器官发生共振而受到损伤。机械波传播的速度与介质有关，超声波、次声波在空气中的速度都是340m/s左右。

18. A。

【解析】用多普勒效应解释现象。巡警车接收到的频率低了，即观察者接收到的频率低，说明轿车和巡警车正在相互远离，而巡警车速度恒定，因此可以判定轿车速度比巡警车大，故选A。

二、填空题

1. $t_a = t_b$。

【解析】两小球的运动都可看作简谐运动的一部分，时间都等于1/4周期，而周期与振幅无关，所以 $t_a = t_b$。

2. $T = 2\pi\sqrt{\dfrac{L\cos\alpha}{g}}$。

【解析】题示单摆可以看作是以 AB 的中心为悬点，OO' 的长为摆长的单摆，即等效摆长为 $l = L\cos\alpha$，故此摆周期 $T = 2\pi\sqrt{\dfrac{L\cos\alpha}{g}}$。

3. 0.9997。

【解析】关键是要知道钟摆不管走得准还是不准，摆做一次全振动，钟针在盘上走的格数是一样的,如果表达的时间与摆的周期相同,则钟准确;如摆的周期 T 大于表达时间,则钟偏慢;如果钟的周期 T 小于表达时间,则钟走得偏快。设钟摆摆一次计时 t 秒,则冬季一昼夜摆的振动次数为 n_1,摆的周期 $T_1=t$,$n_1=\dfrac{24\times 60\times 60}{t}=\dfrac{86400}{t}$;夏季一昼夜钟的记时数为 $(86400-14)\text{s}$,摆的振动次数为 n_2,摆的周期为 T_2,$n_2=\dfrac{86400-14}{t}$,$T_2=\dfrac{86400}{n_2}\approx\dfrac{86400t}{86400-14}$,摆周期公式 $T=2\pi\sqrt{\dfrac{l}{g}}$,可知 $T\propto\sqrt{l}$,故 $\dfrac{l_1}{l_2}=\left(\dfrac{T_1}{T_2}\right)^2=0.9997$。

4. $y=5\sin(2\pi t)\text{cm}$,90cm,-5cm。

【解析】波长 $\lambda=2.0\text{m}$,周期 $T=\lambda/v=1.0\text{s}$,振幅 $A=5\text{cm}$,则 $y=5\sin(2\pi t)\text{cm}$;$n=t/T=4.5$,则 4.5s 内路程 $s=4nA=90\text{cm}$;$x=2.5\text{m}$ 质点在 $t=0$ 时位移为 $y=5\text{cm}$,则经过 4 个周期后与初始时刻相同,经 4.5 个周期后该质点位移 $y=-5\text{cm}$。

5. 20,2.75。

【解析】由图 6-19 可知,$A=8\text{cm}$,$T=4t=1\text{s}$,$\lambda=20\text{cm}$,所以波速 $v=\dfrac{\lambda}{T}=\dfrac{20}{1}\text{cm/s}=20\text{cm/s}$,绳上的每个质点刚开始振动的方向是沿 y 轴负方向,故波传到 N 点所用的时间为 $t_1=\dfrac{x_2}{v}=\dfrac{45}{20}\text{s}=2.25\text{s}$,所以质点 N 第一次沿 y 轴正向通过平衡位置时,$t=t_1+\dfrac{T}{2}=2.75\text{s}$。

6. $v=\dfrac{14(4m+1)}{4n+3}\text{m/s}$(其中 $m,n=0,1,2,3\cdots$)。

【解析】设简谐横波的波长、周期分别为 λ 和 T,由已知条件有

$s_{ab}=\left(n+\dfrac{3}{4}\right)\lambda$ ……①

$t=\left(m+\dfrac{1}{4}\right)T$ ……②

简谐波的波速 $v=\dfrac{\lambda}{T}$ ……③

将 $s_{ab}=14.0\text{m}$ 和 $t=1\text{s}$ 代入①、②、③式解得 $v=\dfrac{14(4m+1)}{4n+3}\text{m/s}$(其中 $m,n=0,1,2,3,\cdots$)。

7. $S=68\text{m}$。

【解析】设两地的距离为 S,声波的频率为 50Hz 时波长为 λ_1,声波的频率为 70Hz 时波长为 λ_2,$\lambda_1=\dfrac{v}{f_1}=\dfrac{340}{50}$,$\lambda_2=\dfrac{v}{f_2}=\dfrac{340}{70}$,$S=n_1\lambda_1=n_2\lambda_2$ 即:$n_1=\dfrac{S}{\lambda_1}$,$n_2=\dfrac{S}{\lambda_2}$。$4=n_2-n_1=\dfrac{S}{\lambda_2}-\dfrac{S}{\lambda_1}=S\left(\dfrac{70-50}{340}\right)$,$S=17\times 4=68(\text{m})$。

8. $1.7\times 10^{-2}\sim 17\text{m}$;$h>\sqrt{\dfrac{E\eta}{4\pi e}}$。

【解析】由 $\lambda=\dfrac{v}{f}$ 可得:$\lambda_1=\dfrac{340}{20}\text{m}=17\text{m}$,$\lambda_2=\dfrac{340}{20000}\text{m}=1.7\times 10^{-2}\text{m}$,即人耳能听到的声波波长范围为 $1.7\times 10^{-2}\sim 17\text{m}$。炸弹爆炸转化为次声波的能量为 $E_1=\eta E$,在半径为 h 的球表

面,单位面积的能量为 $e' = \dfrac{\eta E}{4\pi h^2} < e$,所以 $h > \sqrt{\dfrac{E\eta}{4\pi e}}$。

9. C,A。

【解析】三种情况中,A 的衍射现象最显著,说明孔径与波长之比 d/λ 最小;三孔是相同的,即 d 相同,由此可得:A 情况中的波长最大,在同种介质水中,波速 v 是相同的,由 $f = v/\lambda$ 可知,A 情况中的水波频率 f 最小。C 中的频率最大。

三、计算题

1. (1)4cm;(2)1.5N;(3)1cm。

【解析】(1)振幅很小时,A、B 间不会分离,将 A 与 B 整体作为振子,当它们处于平衡位置时,根据平衡条件得

$$kx_0 = (m_A + m_B)g$$

解得形变量:

$$x_0 = \dfrac{(m_A + m_B)g}{k} = \dfrac{(0.1 + 0.1) \times 10}{200}\text{m} = 0.01\text{m} = 1\text{cm}$$

平衡位置距离地面高度:

$$h = l_0 - x_0 = (5 - 1)\text{cm} = 4\text{cm}$$

(2)当 A、B 运动到最低点时,有向上的最大加速度,此时 A、B 间相互作用力最大,设振幅为 A_0。

最大加速度:

$$a_m = \dfrac{k(A_0 + x_0) - (m_A + m_B)g}{m_A + m_B}$$

$$= \dfrac{kA_0}{m_A + m_B} = \dfrac{200 \times 0.005}{0.1 + 0.1}\text{m/s}^2 = 5\text{m/s}^2$$

取 B 为研究对象,有 $N - m_B g = m_B a_m$。

得 A、B 间相互作用力 $N = m_B g + m_B a_m = m_B(g + a_m) = 0.1 \times (10 + 5)\text{N} = 1.5\text{N}$。

由牛顿第三定律知,B 对 A 的最大压力大小为 $N' = N = 1.5\text{N}$。

(3)为使 B 在振动中始终与 A 接触,在最高点时相互作用力应满足:$N \geq 0$。

取 B 为研究对象,$m_B g - N = m_B a$,当 $N = 0$ 时,B 振动的加速度达到最大值,且最大值 $a'_m = g = 10\text{m/s}^2$(方向竖直向下)。

因 $a'_{mA} = a'_{mB} = g$,表明 A、B 仅受重力作用,此刻弹簧的弹力为零,弹簧处于原长,最大振幅 $A' = x_0 = 1\text{cm}$。振幅不能大于 1cm。

2. (1)沿 x 轴负方向;(2)2m/s;(3)120cm,2.5cm。

【解析】(1)此波沿 x 轴负方向传播。

(2)在 $t_1 = 0$ 到 $t_2 = 0.55$s 这段时间时,质点 M 恰好第 3 次到达沿 y 轴正方向的最大位移处,则有:$\left(2 + \dfrac{3}{4}\right)T = 0.55$s,得 $T = 0.2$s。

由图像得简谐波的波长为 $\lambda = 0.4$m,则波速 $v = \dfrac{\lambda}{T} = 2$m/s。

(3)在 $t_1 = 0$ 至 $t_3 = 1.2$s 这段时间,波中质点 N 经过了 6 个周期,即质点 N 回到始点,所以

走过的路程为 $s = 6 \times 5 \times 4 \text{cm} = 120\text{cm}$。

相对于平衡位置的位移为 2.5cm。

3. (1) $400(4n+1)\text{m/s}(n=0,1,2,\cdots)$，$400(4n+3)\text{m/s}(n=0,1,2,\cdots)$；(2) 2000m/s，2800m/s；(3) 沿 x 轴正方向传播。

【解析】(1) 若波沿 x 轴正方向传播 $t_2 - t_1 = \dfrac{T}{4} + nT$，得 $T = \dfrac{0.02}{4n+1}\text{s}$

波速 $v = \dfrac{\lambda}{T} = 400(4n+1)\text{m/s}(n=0,1,2,\cdots)$

若波沿 x 轴负方向传播，$t_2 - t_1 = \dfrac{3}{4}T + nT$，得 $T = \dfrac{0.02}{4n+3}\text{s}$

波速 $v = \dfrac{\lambda}{T} = 400(4n+3)\text{m/s}(n=0,1,2,\cdots)$

(2) 若波沿 x 轴正方向传播 $t_2 - t_1 = \dfrac{T}{4} + T$，$T = 0.004\text{s}$

所以波速 $v = \dfrac{\lambda}{T} = 2000\text{m/s}$

若波沿 x 轴负方向传播 $t_2 - t_1 = \dfrac{3T}{4} + T$，$T = \dfrac{0.02}{7}\text{s}$

所以速度 $v = \dfrac{\lambda}{T} = 2800\text{m/s}$

(3) 令 $v = 400(4n+1)\text{m/s} = 3600\text{m/s}$

得 $n = 2$，所以波速 3600m/s，符合沿 x 轴正方向传播的情况。

若令 $v = 400(4n+3)\text{m/s} = 3600\text{m/s}$

则 n 不为整数值，所以波只能沿 x 轴正方向传播。

第七章 热 学

考试范围与要求

- 理解分子动理论的基本观点和实验依据。
- 了解阿伏加德罗常数。
- 了解温度、内能的概念。
- 了解固体的微观结构、晶体和非晶体的概念。
- 了解液体的表面张力现象。
- 理解气体实验定律、理想气体的状态方程,能运用它们解决生活中的简单问题。
- 了解能量转换与守恒定律,理解热力学第一定律。
- 了解热力学第二定律,知道热力学第二定律的两种不同表述。

主要内容

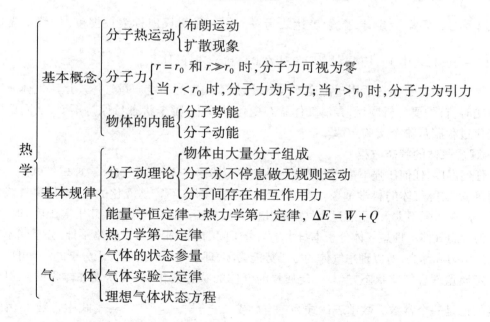

1. 气体的状态参量

描述气体状态的宏观物理量称为气体的状态参量。对于一定质量气体的状态,用体积、温度和压强三个参量描述。

体积:气体的体积是表示气体所占空间大小的物理量,是气体的几何参量。从微观角度看,它表示气体分子做无规则热运动所能达到的空间。气体所占空间远远大于气体分子体积的总和,气体的体积等于储存它的容器的容积。

温度:表示物体冷热程度的物理量,是气体的热学参量。从微观角度看,它是物体内大量分子无规则热运动平均动能的标志。通常用摄氏温标和热力学温标表示温度。用摄氏温标表示的温度叫作摄氏温度,用符号 t 表示,单位是摄氏度,符号是℃。用热力学温标表示的温度叫作热力学温度,用符号 T 表示,单位是开(开尔文),符号是 K,开是国际单位制中七个基本单位之一。两种温度数值间的关系是 $T = t + 273.15$,可近似写作 $T = t + 273$。

压强:气体的压强是表示容器器壁单位面积上所受气体压力大小的物理量,是气体的力学参量。气体压强是由于气体内部大量分子无规则热运动频繁碰撞器壁而产生的,其大小取决于单位时间内,在单位面积器壁上气体分子碰撞的次数和每次碰撞产生的平均冲量。

2. 气体实验三定律

玻意耳定律:一定质量的气体,在温度保持不变的条件下,压强与体积成反比,称为玻意耳定律,数学表达式为 $pV = C$ 或 $p_1V_1 = p_2V_2$。

查理定律:一定质量的气体,在体积保持不变的条件下,温度每升高(或降低)1℃,增加(或减小)的压强等于它在 0℃ 时压强的 1/273。这一实验定律称为查理定律。数学表达式为 $p_t = p_0\left(1 + \dfrac{t}{273}\right)$,式中 p_0, p_t 分别表示气体在 0℃ 和 t℃ 时的压强。用热力学温标替代摄氏温标,有 $\dfrac{p_1}{p_2} = \dfrac{T_1}{T_2}$。即一定质量的气体,在体积不变时,它的压强跟热力学温度成正比。

盖·吕萨克定律:一定质量的气体,在压强不变的条件下,它的体积跟热力学温度成正比,这一规律称盖·吕萨克定律,数学表达式为 $\dfrac{V_1}{V_2} = \dfrac{T_1}{T_2}$。用摄氏温标表述温度时,数学表达式为 $V_t = V_0\left(1 + \dfrac{t}{273}\right)$,式中 V_0, V_t 分别表示气体在 0℃ 和 t℃ 时的体积。

气体三个实验定律只适用于温度不太低、压强不太大的一定质量气体。运用气体三个实验定律解题时,首先要分析题意,弄清气体状态变化过程中,哪个状态量保持不变,从而确定气体状态变化过程服从哪个实验定律。

3. 理想气体的状态方程

在任何温度、任何压强下都严格遵守气体实验定律的气体叫理想气体。理想气体是一种理想化模型,是对实际气体的科学抽象。实际气体,特别是那些不容易液化的气体,如氢气、氧气、氮气、氦气等,在压强不太大(不超过大气压的几倍)、温度不太低(不低于负几十摄氏度)时,可以近似地视为理想气体。理想气体分子本身大小与分子间的距离相比可以忽略不计,分子间不存在相互作用的引力和斥力,所以理想气体的分子势能为零,理想气体的内能等于分子的总动能。

一定质量理想气体状态方程:一定质量的气体的状态变化时,其压强和体积的乘积与热力学温度的比是一个常数。数学表达式为 $\dfrac{pV}{T} = C$ 或 $\dfrac{p_1V_1}{T_1} = \dfrac{p_2V_2}{T_2} = \cdots = \dfrac{p_nV_n}{T_n}$,式中常数 C 由气体的种类或气体的质量决定,或者说这个常数由物质的量决定,与其他参量无关。

任意质量理想气体状态方程:任意质量理想气体状态方程又称为克拉珀龙方程,即 $\dfrac{pV}{T} = \dfrac{M}{\mu}R$。式中 M 为气体质量,μ 为气体的摩尔质量,R 是与气体性质无关的常量。

4. 分子动理论

分子动理论有如下三个要点。

第一,物体是由大量分子组成的,分子之间有空隙。分子直径的数量级是 10^{-10} m,用油膜法可粗略地测定分子的直径。1mol 的任何纯物质中含有 6.02×10^{23} 个微粒,这个数值叫作阿伏伽德罗常量,它是联系宏观量与微观量的桥梁。物体的可压缩性说明分子间有空隙。

第二,分子不停地做无规则运动,其激烈程度与物体温度有关,故称为分子热运动。证实分子热运动的实验是扩散现象和布朗运动。扩散现象是由分子的运动而形成的,布朗运动是悬浮在液体内的微小固体颗粒的运动,是由于液体分子对悬浮颗粒碰撞不平衡所引起的,它是液体分子无规则运动的反映。

第三,分子间存在着相互作用的引力和斥力。分子间的引力和斥力同时存在,并且都随分子间距离的增大而减小,斥力要比引力减小得更快。实际表现出的分子力是分子引力和斥力的合力,当 $r=r_0$(数量级为 10^{-10}m)时,引力和斥力相平衡,分子力为零;当 $r<r_0$ 时,分子力表现为斥力;当 $r>r_0$ 时,分子力表现为引力;当 $r\gg r_0$ 时,引力、斥力都几乎减为零,分子力可视为零。

5. 内能

分子动能:分子热运动所具有的动能叫作分子动能。同一温度下,每个分子的动能并不相同,但分子的平均动能是确定的,因此,温度是分子平均动能的标志。

分子势能:分子间存在着由它们相对位置决定的势能。在分子间距离 $r>r_0$ 的范围,分子力表现为引力,所以当 r 减小时,引力做正功,分子势能减少;而分子间距离在 $r<r_0$ 的范围内,分子力表现为斥力,当 r 减小时,斥力做负功,分子势能增加;在 $r=r_0$ 时,分子势能最小。

物体内所有分子热运动的动能和分子势能的总和称为物体的内能。物体内能大小与其中分子的平均动能和分子势能,以及物体包含的分子个数有关。从宏观的角度看,决定物体内能大小的因素有:温度、体积和摩尔数。对于一定质量的某种物质构成的物体,其内能是状态的单值函数,与状态变化的路径无关。内能是状态量。理想气体分子除碰撞外无相互作用,即分子间无相互作用力。理想气体的内能仅是所有分子动能的总和,其大小只与温度和摩尔数有关,与气体体积无关。对一定质量的理想气体,内能仅由温度决定,温度升高,内能增大;温度降低,内能减少。

内能与机械能不同:机械能是物体作为一个整体运动所具有的能量,它的大小与机械运动有关。内能是物体内部所有分子做无规则运动的动能和相互作用动能的总和。内能大小与分子做无规则运动快慢及分子作用有关。这种无规则运动是分子在物体内的运动,而不是物体的整体运动。

改变内能的方法有做功和热传递。做功改变内能的实质是内能和其他形式的能的相互转化。热传递是热量从高温物体向低温物体,或从同一物体的高温部分向低温部分传递的现象,条件是有温度差,传递方式是传导、对流和辐射。热传递传递的是内能(热量),而不是温度,热传递的实质是内能的转移。由于它们改变内能上产生的效果相同,所以说做功和热传递改变物体内能上是等效的;但做功和热传递改变内能的实质不同,前者能的形式发生了变化,后者能的形式不变。

6. 能量守恒定律与热力学定律

能量既不能凭空产生,也不能凭空消失,它只是从一种形式转化为另一种形式,或者从一个物体转移到另一个物体,这就是能量守恒定律。这里所说的能量具有多样性,物体运动具有机械能、分子运动具有内能、电荷具有电能、原子核内部的运动具有原子能等,不同的能量形式与不同的运动形式相对应。

能量转化与守恒是分析解决问题的一个极为重要的方法,它比机械能守恒定律更普遍。例如物体在空中下落受到阻力时,物体的机械能不守恒,但包括内能在内的总能量是守恒的。

热力学第一定律是能量转化和守恒定律在热力学中的具体表述,内容为:物体(或物体系)在状态变化过程中,内能的增量等于这个过程中外界对物体做的功和传递给物体的热量总和,其数学表达式为 $\Delta E = W + Q$;规定:物体内能增加时,$\Delta E > 0$;外界对物体做功时,$W > 0$;物体吸热时 $Q > 0$。

热力学第一定律所表达的物理意义是:对物体来说,从外界吸热或外界对它做功,都是获得能量的过程,并通过能的转换,以内能的形式存于物体中。向外界放热或对外界做功,都是物体付出能量,消耗内能转化为其他形式能或传递给其他物体能量的过程。物体获得能量小于付出能量时,内能减少以补充付出所需,总能量守恒。

热力学第二定律的两种表述:①不可能使热量由低温物体传递到高温物体而不引起其他变化,这是按照热传导的方向性来表述的,称为克劳修斯表述。②不可能从单一热源吸收热量并把它全部用来做功,而不引起其他变化;也可表述为:第二类永动机是不可能制成的,该表述称为开尔文表述。

热力学第二定律的两种表述看上去似乎没有什么联系,然而实际上它们是等效的,即由其中一个可以推导出另一个。

典型例题

例1 将两个分子靠得很近后,由静止开始释放,在远离的过程中有(　　)。

A. $r < r_0$ 时,分子势能不断增大,动能不断减小

B. $r = r_0$ 时,分子势能最小,动能最大

C. $r > r_0$ 时,分子势能不断减小,动能不断增加

D. r 具有最大值时,分子动能为零,分子势能最大

【解析】由分子间的作用力的知识可知,当 $r > r_0$ 时,分子力表现为引力,分子势能随着距离的增大而增大;当 $r < r_0$ 分子力表现为斥力,分子势能随着分子间的距离增大而减小;所以当 $r = r_0$ 时,分子势能最小,动能最大;故 A、C、D 错,B 对,答案选 B。

例2 某学生在用"油膜法估测分子大小"的实验中,计算结果明显偏大,可能是由于_____。

A. 油未完全散开

B. 油中含有大量酒精

C. 计算油膜面积时,多算了所有不足一格的方格

D. 求每滴体积时,1mL 的溶液的滴数错误的多记了 10 滴

【解析】用油膜法估测分子直径,是利用油的体积与形成的单分子油膜的面积的比值估算分子直径的,分子直径值明显偏大可能的原因有二:一是油体积测量值偏大;二是油膜面积测量值偏小。油未完全散开和舍去不足一格的方格均会造成油膜面积测量值偏小的结果,故 A 正确,C 错误;油中酒精更易溶于水,故不会产生影响,B 项错;而 D 项计算每滴溶液中所含油的体积偏小,会使分子直径估算值偏小,D 项错;答案选 A。

例3 如图 7-1 所示,粗细均匀,两端开口的 U 形管竖直放置,管的内径很小,水平部分

BC 长 14cm。一空气柱将管内水银分隔成左右两段。大气压强相当于高为 76cm 水银柱的压强。

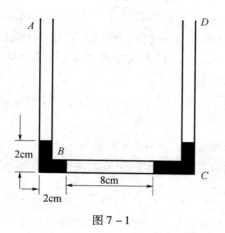

图 7－1

(1) 当空气柱温度为 $T_0 = 273$K，长为 $l_0 = 8$cm 时，BC 管内左边水银柱长 2cm，AB 管内水银柱长也是 2cm，则右边水银柱总长是多少？

(2) 当空气柱温度升高到多少时，左边的水银恰好全部进入竖直管 AB 内？

(3) 当空气柱温度为 490K 时，两竖直管内水银柱上表面高度各为多少？

【分析】气柱的变化情况：状态 I：$p_1 = p_0 + 2$，$V_1 = 8$ S，$T_1 = T_0$，左管水银恰好全部进入竖直管中，右边竖直 CD 内水银柱高度也是 4 cm，状态 II：$p_2 = p_0 + 4$，$V_2 = 12$ S，$T_2 = ?$ 以后温度继续升高，但因左边管内水银柱长度不再变化，因此做等压变化，状态 III：$p_3 = p_2$，$V_3 = ?$ $T_3 =$ 490 K，列方程即可求解。

【解答】(1) U 形管两端均开口，所以两竖直管内水银面高度应相同，即

右边竖直管内水银柱高度为 $h_0 = 2$cm

右边水平管内水银柱长度为 $14 - l_0 - 2 = 4$cm

右边水银柱总长为 2cm $+ 4$cm $= 6$cm

(2) 左边的水银全部进入竖直管内时，两竖直管内水银柱高度均为 $h_1 = 4$cm。

此时，右边水平管内水银柱长度为 2cm，所以空气柱长为 $l_1 = 14$cm $- 2$cm $= 12$cm

$$\frac{(p_0 + h_0)l_0}{T_0} = \frac{(p_0 + h_1)l_1}{T_1}$$

所以 $T_1 = T_0 \frac{(p_0 + h_1)L_1}{(p_0 + h_0)L_0} = 273 \times \frac{80 \times 12}{78 \times 8}$K $= 420$K

(3) 设温度为 $T_2 = 490$K 时，空气柱长为 l_2，等压过程 $\frac{l_1}{T_1} = \frac{l_2}{T_2}$

所以 $l_2 = T_2 \frac{l_1}{T_1} = 490 \times \frac{12}{420}$cm $= 14$cm

其中有 2 cm 气柱进入左边竖直管内，所以右管内水银面高度为 $h_1 = 4$cm

左边管内水银面高度为 $h_2 = 4$cm $+ 2$cm $= 6$cm。

【点评】本题考查对气体状态变化的分析，要求能准确找出被封气柱在各个阶段的各个状态参量的变化特点，需要有较强的综合分析能力和推理、计算能力。

【例4】 如图7-2所示,在水平面上固定一个气缸,缸内有一质量为 m 的活塞封闭一定质量理想气体,活塞与缸壁间无摩擦且无漏气,活塞到缸底距离为 L,今有质量为 M 的重物自活塞上方 h 高处自由下落至活塞上,碰撞时间极短,碰撞后粘合在一起向下运动,在向下运动过程中可达最大速度 v,求活塞向下移动至达最大速度过程中,封闭气体对活塞所做功。(设温度保持不变,外界大气压强为 p_0)

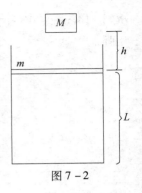

图7-2

【解析】 设 M 与 m 碰撞后获得共同速度 v_0,由自由落体运动和动量守恒得

$$v_0 = M\sqrt{2gh}/(M+m)$$

当活塞 m 与 M 作为一整体受力平衡时,获最大速度 v,取气体为研究对象,由波马定律有

$$\left(p_0 + \frac{mg}{S}\right)L = \left(p_0 + \frac{M+m}{S}g\right)L'$$

由上式可得 L',$(L-L')$ 为活塞移动距离,活塞移动过程中重力做功,大气压力做功,缸内气体压力做负功,由动能定理得

$$(M+m)g(L-L') + p_0 \cdot s(L-L') + W = \frac{1}{2}(M+m)v^2 - \frac{1}{2}(M+m)\left(\frac{M\sqrt{2gh}}{M+m}\right)^2$$

可得 $W = \frac{1}{2}(M+m)v^2 - mg\left(\frac{Mh}{M+m} + L\right)$

强化训练

一、单项选择题

1. 只要知道下列哪一组物理量,就可以估算出气体中分子间的平均距离( )。
   A. 阿伏加德罗常数、该气体的摩尔质量和密度
   B. 阿伏加德罗常数、该气体的摩尔质量和质量
   C. 阿伏加德罗常数、该气体的质量和体积
   D. 该气体的密度、体积和摩尔质量

2. 在下列叙述中不正确的是( )。
   A. 物体的温度越高,分子热运动越剧烈,分子平均平动动能越大
   B. 布朗运动就是液体分子的热运动
   C. 一切达到热平衡的系统一定具有相同的温度
   D. 分子间的距离 r 存在某一值 r_0,当 $r < r_0$ 时,斥力大于引力,当 $r > r_0$ 时,引力大于斥力

3. 根据分子动理论,物质分子间距为 r_0 时分子所受引力与斥力相等,以下关于分子势能的说法正确的是( )。
   A. 当分子距离是 r_0 时,分子具有最大势能,距离变大时分子势能变小
   B. 当分子距离是 r_0 时,分子具有最小势能,距离减小时分子势能变大
   C. 分子距离增大,分子势能增大,分子距离越小,分子势能越小
   D. 分子距离越大,分子势能越小,分子距离越小,分子势能越大

4. 对于如下几种现象的分析,说法正确的是( )。
   A. 物体的体积减小温度不变时,物体内能一定减小
   B. 用显微镜观察悬浮微粒的布朗运动,观察到的是液体中分子的无规则运动
   C. 利用浅层和深层海水的温度差可以制造一种热机,将海水的一部分机械能转化为内能
   D. 打开香水瓶后,在较远的地方也能闻到香味,这表明香水分子在不停地运动

5. 如图 7-3 所示,厚壁容器一端通过胶塞插进一支灵敏温度计和一根气针;另一端有可移动的胶塞(用卡子卡住),用打气筒慢慢向容器内打气,增大容器内的压强。当容器内压强增到一定程度时,打开卡子,在气体把胶塞推出的过程中( )。
   A. 温度计示数升高 B. 气体内能增加   C. 气体内能不变   D. 气体内能减小

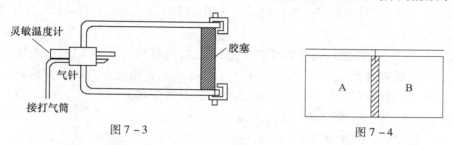

图 7-3   图 7-4

6. 如图 7-4 所示,长方体绝热容器被一质量为 m 的导热活塞分隔成容积相等的 A、B 两个气室,活塞与器壁无摩擦紧密接触,现用销钉固定,分别向 A 和 B 中充入等质量的氢气和氧气,经一段时间后,拔出销钉,在一段很短的时间内,设 A 中气体内能变化大小为 ΔE_A,B 中气体内能变化大小为 ΔE_B,则( )。
   A. 活塞向 A 移动   B. $\Delta E_A = \Delta E_B$
   C. $\Delta E_A > \Delta E_B$ D. $\Delta E_A < \Delta E_B$

7. 一定质量 0℃的冰熔化成 0℃的水时,其分子动能 E_k 和分子势能 E_p 的变化情况是( )。
   A. E_k 变大,E_p 变大   B. E_k 变小,E_p 变小
   C. E_k 不变,E_p 变大   D. E_k 不变,E_p 变小

8. 把一定的热量传给一定量的气体,则( )。
   A. 该气体的内能一定增加   B. 该气体的内能有可能减小
   C. 该气体的压强一定不会减小   D. 该气体的体积一定不会减小

9. 下列说法正确的是( )。
   A. 物体放出热量,温度一定降低
   B. 物体内能增加,温度一定升高
   C. 热量能自发地从低温物体传给高温物体
   D. 热量能自发地从高温物体传给低温物体

10. 下列说法正确的是( )。
    A. 物体的分子热运动动能的总和就是物体的内能
    B. 对于同一种气体,温度越高,分子平均动能越大
    C. 要使气体分子的平均动能增大,外界必须向气体传热
    D. 一定质量的气体,温度升高时,分子间的平均距离一定增大

11. 对于一定质量的理想气体,不可能发生的过程是(　　)。
   A. 气体的压强增大、温度升高,气体对外界做功
   B. 气体的压强增大、温度不变,气体对外界放热
   C. 气体的压强减小、温度降低,气体从外界吸热
   D. 气体的压强减小、温度升高,外界对气体做功

12. 对于一定质量的理想气体,下列说法正确的是(　　)。
   A. 如果体积 V 减小,气体分子在单位时间内作用于器壁单位面积的总冲量一定增大
   B. 如果压强 p 增大,气体分子在单位时间内作用于器壁单位面积的总冲量一定增大
   C. 如果温度 T 不变,气体分子在单位时间内作用于器壁单位面积的总冲量一定不变
   D. 如果密度不变,气体分子在单位时间内作用于器壁单位面积的总冲量一定不变

二、填空题

1. 如图 7-5 所示,粗细均匀的直玻璃管竖直放置,内有长为 h 的水银柱,封闭着一段空气柱,水银密度为 ρ,外界大气压强为 p_0,求下列两种情况下封闭在管内的气体压强。(1)当玻璃管匀速下降时,封闭在管内的气体压强为_____;(2)当玻璃管自由下落时,封闭在管内的气体压强为_____。

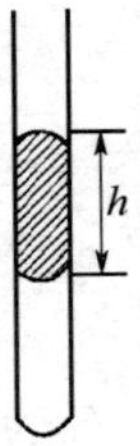

2. 液态二氧化硫的密度是 $1.4 \times 10^3 \text{kg/m}^3$。标准状况下气态二氧化硫的密度是 2.9kg/m^3。试估算气态二氧化硫的分子间距约为其分子直径的_____倍。

图 7-5

3. 某油轮在英吉利亚海峡触礁,使大约八万吨原油溢出,污染了英国一百多千米的海岸线,使 25000 千只海鸟死亡。石油流入海中,危害极大。在海洋中泄漏 1t 原油可覆盖 12km^2 的海面,则油膜的厚度约是分子直径的_____倍。(设原油的密度为 $0.91 \times 10^3 \text{kg/m}^3$,保留一位有效数字)

4. 直立的绝热的直圆桶容器,中间用隔板分成容积相同的两部分。上部充有密度较小的气体,下部充有密度较大的气体。两部分气体的初温相同,且不发生化学反应。设法抽去隔板,经过足够长的时间后,则气体的温度将_____。(填:升高、降低或不变)

5. 如图 7-6 所示,某种自动洗衣机进水时,洗衣机缸内水位升高,与洗衣缸相连的细管中会封闭一定质量的空气,通过压力传感器感知管中的空气压力,从而控制进水量。

(1)当洗衣缸内水位缓慢升高时,设细管内空气温度不变,则被封闭的空气_____。

图 7-6

   A. 分子间的引力和斥力都增大
   B. 分子的热运动加剧
   C. 分子的平均动能增大
   D. 体积变小,压强变大

(2)若密闭的空气可视为理想气体,在上述(1)中空气体积变化的过程中,外界对空气做了 0.6J 的功,则空气_____(选填"吸收"或"放出")了_____J 的热量;当洗完衣服缸内水位迅速降低时,则空气的内能将_____(选填"增加"或"减小")。

(3)若密闭的空气体积 $V=1\text{L}$,密度 $\rho=1.29\text{kg/m}^3$,平均摩尔质量 $M=0.029\text{kg/mol}$,阿伏加德罗常数 $N_A=6.02\times10^{23}\text{mol}^{-1}$,则该气体分子的总个数约为_____个。

6. (1)如图 7-7 所示,把一块洁净的玻璃板吊在橡皮筋的下端,使玻璃板水平地接触水

面,如果你想使玻璃板离开水面,必须用比玻璃板重力_____的拉力向上拉橡皮筋,原因是水分子和玻璃的分子间存在_____作用。

(2)往一杯清水中滴入一滴红墨水,一段时间后,整杯水都变成了红色,这一现象在物理学中称为_____现象,是由于分子的_____而产生的,这一过程是沿着分子热运动的无序性_____的方向进行的。

图 7-7

7. 如图 7-8 所示,绝热容器内装有某种理想气体,一无摩擦透热活塞将其分为两部分。初始状态 $T_A = 127℃$,$T_B = 207℃$,$V_B = 2V_A$,活塞处于平衡状态;经过足够长的时间后,两边温度相等时,活塞静止,此时两部分气体的体积之比 $V'_A : V'_B = $ _____。

图 7-8

三、计算题

1. 有一个排气口直径为 2.0mm 的压力锅,如图 7-9(a)所示,排气口上用的限压阀 G 的质量为 34.5g,根据图 7-9(b)所示的水的饱和蒸气压跟温度关系的曲线,求当压力锅煮食物限压阀放气时(即限压阀被向上顶起时)锅内最高能达到的温度。

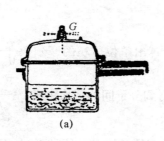
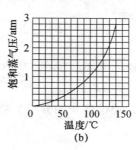

图 7-9

2. 如图 7-10 所示,一定质量的理想气体从状态 A 变化到状态 B,再由 B 变化到 C。已知状态 A 的温度为 300K。

(1)求气体在状态 B 的温度;

(2)由状态 B 变化到状态 C 的过程中,气体是吸热还是放热?简要说明理由。

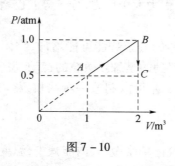

图 7-10

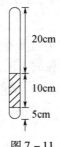

图 7-11

3. 有一种测温仪其结构原理如图 7-11 所示。粗细均匀的两端封闭的竖直玻璃管内有一段长为 10cm 的水银将管内气体分隔成上下两部分,上部分气柱长 20cm,下部分气柱长 5cm,已知上部分气体的压强为 50cmHg,今将下部分气体插入待测液体中(上部分仍在原环境中),这时水银柱向上移动了 2cm,问这液体的温度是环境温度的几倍?

4. 用图 7-12 所示的容积计测量某种矿物的密度,测量数据和步骤如下:

(1)打开阀门 K,使管 A、容器 C、B 和大气相通,上下移动 D 使水银面在 n 处;

(2) 关闭 K，向上举 D 使水银面达到 m 处，这时 B、D 两管内水银面高度差 $h_1 = 12.5$ cm；

(3) 打开 K，把 400g 矿物投入 C，使水银面对齐 n，然后关闭 K；

(4) 往上举 D，使水银面重新到达 m 处，这时 B、D 两管内水银面高度差 $h_2 = 23.7$ cm，m 处以上容器 C 和管 A（不包括 B）的总体积是 1000cm³。求矿物的密度。

5. 在地球表面上，横截面积为 3×10^{-2} m² 的圆筒内装 0.6kg 的水，太阳光垂直照射了 2min，水温升高了 1℃。设大气顶层的太阳能只有 45% 到达地面，设太阳与地球表面之间的平均距离为 1.5×10^{11} m，试估算出太阳的全部辐射功率。

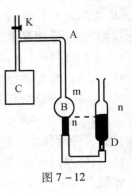

图 7-12

【参考答案】

一、单项选择题

1. A。

【解析】由气体的摩尔质量 M_m 和密度 ρ 可以计算出单位体积的摩尔数 $\frac{\rho}{M_m}$，乘以阿伏加德罗常数 N_A 可以算出单位体积的分子个数 $\frac{N_A \rho}{M_m}$，即可得到分子间的平均距离 $\sqrt[3]{\frac{M_m}{N_A \rho}}$。

2. B。

【解析】物体的温度越高，分子热运动越剧烈，分子平均平动动能越大，A 正确；布朗运动是悬浮粒子的不规则运动，B 错误；一切达到热平衡的系统一定具有相同的温度，C 正确；分子间的距离 r 存在某一值 r_0，当 $r < r_0$ 时，斥力大于引力，当 $r > r_0$ 时，引力大于斥力，D 正确；答案选 B。

3. D。

【解析】当分子距离是 r_0 时，分子所受引力与斥力相等，分子具有最小势能；距离减小时，斥力大于引力，分子势能变大；分子距离增大，引力大于斥力，分子势能也增大。

4. D。

【解析】物体体积减小温度不变时，物体的分子势能可能增加，物体内能可能增加，答案 A 错；用显微镜观察悬浮微粒的布朗运动，观察到的是悬浮微粒的运动，说明液体分子在做无规则运动，答案 B 错；利用浅层和深层海水的温度差可以制造一种热机，将海水的一部分内能转化为机械能，C 错误；正确答案是 D。

5. D。

【解析】在气体把胶塞推出的过程中，气体膨胀做功，内能减少，温度降低，答案 D 正确。

6. C。

【解析】由于 A、B 两个气室容积相等，所以向 A 和 B 中充入等质量的氮气和氧气经一段时间后，两部分气体温度相同，但 A 中气体压强大，所以拔出销钉后活塞向 B 移动，A 项错误；拔出销钉，在一段很短的时间内 A 气体对活塞的作用力大于 B 气体对活塞的作用力，所以 A 对活塞做功 W_1 大于活塞对 B 做功 W_2，而短时间内两部分气体可以认为没有通过活塞进行热交换，所以根据热力学第一定律可以确定 A 中气体内能变化大小 ΔE_A 大于 B 中气体内能变化大小 ΔE_B，C 正确。

7. C。

【解析】一定质量0℃的冰熔化成0℃的水,温度不变,分子的平均动能不变,则E_k不变;熔化过程中需要吸热,且冰熔化为水时,体积减小,外界对系统做正功,故系统内能增加,则E_p增大。

8. B。

【解析】气体吸收一定的热量,可能同时对外做功。若气体吸收的热量小于气体对外做的功,则内能将减少,所以A错误,B正确。气体吸收热量,可能同时对外做功,则气体体积将增大,气体分子密集程度变小,所以气体压强可能减小,C、D均错误。

9. D。

【解析】由热力学第一定律可知:物体内能的变化与热传递和做功情况有关,所以物体放出热量,其内能不一定降低,温度也不一定降低,A错误;温度是物体平均分子动能的标志,而物体的内能包括分子动能与分子势能,内能增加时,因为分子势能变化情况未知,故温度不一定升高,B错误;热量能够自发地由高温物体向低温物体传递,C错误,D正确。

10. B。

【解析】物体内能是指分子动能和势能总和,故A错误;温度是物体分子平均动能的标志,温度越高,分子平均动能越大,故B正确;改变物体的内能有两种方式,而不仅是向气体传热,还可以对气体做功,故C错误;对于一定质量的气体来说,分子间的距离只取决于气体的体积,故D错误;答案选B。

11. D。

【解析】本题综合考查了理想气体状态方程和热力学第一定律的应用;由理想气体状态方程$\frac{pV}{T}=nR$知,压强增大、温度升高时,气体的体积可以增大而对外界做正功,A正确;由理想气体状态方程$\frac{pV}{T}=nR$知,气体的压强增大、温度不变时,气体体积将减小,外界对气体做正功而内能不变,气体必对外界放热,B正确;由理想气体状态方程$\frac{pV}{T}=nR$知,气体的压强减小、温度降低时,体积可能增大,气体对外界做功,气体从外界吸热,C正确;由理想气体状态方程$\frac{pV}{T}=nR$知,气体的压强减小、温度升高时,体积增大,气体对外界做功,D错误。

12. B。

【解析】对于一定质量的理想气体,当体积V减小时,由理想气体状态方程$\frac{pV}{T}=nR$可知,气体分子压强(在单位时间内作用于器壁单位面积的总冲量)不一定增大,A不正确,B正确;当温度T不变时,压强和体积可以同时改变,C不正确;由理想气体状态方程$\frac{pV}{T}=nR$可得$\frac{p}{T}=\frac{\rho}{M}R$,当密度不变时,气体的压强和温度可以同时变化,D不正确。

二、填空题

1. (1) $p_0+\rho gh$;(2) p_0。

【解析】(1)以水银柱为研究对象,受力分析,当玻璃匀速下降时,则有$p_0S+\rho hSg-p_气S=0$,所以$p_气=p_0+\rho gh$。

(2) 当玻璃管自由下落时,由牛顿第二定律得 $p_0S + \rho hSg - p_汞 S = \rho hSg$,所以 $p_汞 = p_0$。

2. 7.8 倍。

【解析】设气态二氧化硫的分子间距约为其分子直径的 N 倍,$N = \left(\dfrac{1.4 \times 10^3}{2.9}\right)^{\frac{1}{3}} \approx 7.8$。

3. 9×10^2。

【解析】由 $\dfrac{m}{\rho} = S \times h$ 可得,倍数 = $\dfrac{h}{10^{-10}} = 9 \times 10^2$。

4. 降低。

【解析】抽去隔板,经过足够长的时间后,气体混合均匀,重心升高,机械能增加,因为是绝热的密闭的直圆桶容器,与外界没有能量交换,由能量守恒知,混合气体的内能应该减少,温度将降低。

5. (1) AD;(2) 放出,0.6,减小;(3) $N \approx 3 \times 10^{22}$。

【解析】(2) 由热力学第一定律可知,温度不变,内能不变,外界对气体做了多少功,气体就要放出多少热量;当洗完衣服缸内水位迅速降低时,气体要对外界做功,气体来不及与外界交换热量,则空气的内能将减小;(3) 物质的量 $n = \dfrac{\rho V}{M}$,分子总数 $N = nN_A = \dfrac{\rho V}{M}N_A$,代入数据得 $N = 2.68 \times 10^{22} \approx 3 \times 10^{22}$。

6. (1) 大,引力;(2) 扩散,无规则热运动,增大。

7. 3:5。

【解析】对两部分气体分别应用理想气体状态方程 $\dfrac{pV}{T} = nR$,可得

$\dfrac{pV_A}{T_A} = \dfrac{p'V'_A}{T'}$ ……①

$\dfrac{pV_B}{T_B} = \dfrac{p'V'_B}{T'}$ ……②

将数据 $T_A = 127℃, T_B = 207℃, V_B = 2V_A$ 代入①、②式联立可得 $V'_A : V'_B = 3:5$。

三、计算题

1. 122℃。

【解析】根据所给的条件,首先求得在限压阀顶起时,压力锅内的最大压强,然后通过曲线,求出锅内最高能达到的温度。

由已知条件,设标准大气压为 p_0,G 为限压阀重量,d 为排气口直径,锅内最高压强为 p,p 为所求。

限压阀被顶起时,压力锅内最大压强应为

$$p = p_0 + \dfrac{G}{(1/4)\pi d^2} = 1\text{atm} + \dfrac{34.5 \times 10^{-3} \times 10}{\dfrac{1}{4}\pi \times (2.0 \times 10^{-3})^2}\text{Pa} = 1\text{atm} + 1.08\text{atm} \approx 2.1\text{atm}$$

由图乙查得锅内温度为 122 ℃左右。

2. (1) $T_B = 1200K$;(2) 放热。

【解析】(1) 由理想气体的状态方程 $\dfrac{P_A V_A}{T_A} = \dfrac{P_B V_B}{T_B}$

得气体在状态 B 的温度 $T_B = \dfrac{p_B V_B T_A}{p_A V_A} = 1200\text{K}$。

（2）由状态 $B \to C$，气体做等容变化，由查理定律得 $\dfrac{P_B}{T_B} = \dfrac{P_C}{T_C}$，$T_C = \dfrac{P_C}{P_B} T_B = 600\text{K}$。

故气体由 B 到 C 为等容变化，不做功，但温度降低，内能减小，根据热力学第一定律，$\Delta U = W + Q$，可知气体要放热。

3. 1.53 倍。

【解析】对上部分气柱应用理想气体状态方程 $\dfrac{pV}{T} = nR$ 可得

$50\text{cmHg} \times 20S\text{cm} = 20S\text{cm} \times p'_\text{上}$，解得 $p'_\text{上} = \dfrac{500}{9}\text{cmHg}$

所以 $p'_\text{下} = p'_\text{上} + 10\text{cmHg} = \dfrac{590}{9}\text{cmHg}$

对下部分气柱应用理想气体状态方程 $\dfrac{pV}{T} = nR$ 可得

$\dfrac{60\text{cmHg} \times 5S\text{cm}}{T_0} = \dfrac{7S\text{cm} \times \dfrac{590}{9}\text{cmHg}}{T'}$，解得 $\dfrac{T'}{T_0} = 1.53$

4. 846kg/m^3。

【解析】矿物投入之前，对容器 C、B 和管 A 的气体应用状态方程 $\dfrac{pV}{T} = nR$ 可得

$$p_0(V_{CA} + V_B) = (p_0 + 12.5)V_{CA} \quad \cdots\cdots ①$$

矿物投入之后，对容器 C、B 和管 A 的气体应用状态方程 $\dfrac{pV}{T} = nR$ 可得

$$p_0(V_{CA} + V_B - V_\text{物}) = (p_0 + 23.7)(V_{CA} - V_\text{物}) \quad \cdots\cdots ②$$

联立解①、②式得 $V_\text{物} = \dfrac{112}{237} V_{CA}$

所以矿物的密度 $\rho_\text{物} = \dfrac{m_\text{物}}{V_\text{物}} = 846\text{kg/m}^3$

5. $4.4 \times 10^{26}\text{W}$。

【解析】圆筒内水吸收内能 $\Delta E = cm\Delta t = 4.2 \times 10^3 \times 0.6 \times 1\text{J} = 2.52 \times 10^3\text{J}$

太阳辐射球面的面积 $S = 4\pi R^2 = 4 \times 3.14 \times (1.5 \times 10^{11})^2 \text{m}^2 = 2.826 \times 10^{23}\text{m}^2$

太阳辐射的总能量为 $E = \dfrac{\Delta E}{\eta} \times \dfrac{S}{S_0} = \dfrac{2.52 \times 10^3}{45\%} \times \dfrac{2.826 \times 10^{23}}{3 \times 10^{-2}}\text{J} = 5.2752 \times 10^{28}\text{J}$

太阳的全部辐射功率为 $P = \dfrac{E}{t} = \dfrac{5.2752 \times 10^{28}}{120}\text{W} = 4.4 \times 10^{26}\text{W}$

第八章 电 场

考试范围与要求

- 了解物质的电结构。
- 理解点电荷的概念、理解电荷守恒定律，能运用它们解决军事与生活中的简单问题。
- 理解静电场的概念、理解电场线的概念，理解库仑定律，能运用它们解决军事与生活中的简单问题。
- 理解电场强度的概念，会根据电场强度的定义式进行有关的计算。
- 了解点电荷场强的计算式，了解电场的叠加原理，能进行简单的计算。
- 了解静电感应产生的原因；理解静电平衡时导体内部的场强处处为零，电荷只分布在导体的外表面上；了解静电屏蔽及其应用。
- 理解电势的概念、电势差的概念、等势面的概念、电势能的概念。
- 理解匀强电场中电势差与电场强度的关系、理解带电粒子在匀强电场中的运动规律，能运用它们解决军事与生活中的简单问题。
- 理解电容的概念、理解平行板电容器的电容公式，能运用它们解决军事与生活中的简单问题。
- 了解电场能的概念，了解电容器充电和放电时能量的转化。

主要内容

电场
- 基本定律
  - 库仑定律：$F = \dfrac{kq_1q_2}{r^2}$
  - 电荷守恒定律
- 力的性质
  - 场强
    - 定义式：$E = F/q$（方向：正电荷的受力方向）
    - 真空中点电荷：$E = \dfrac{kq}{r^2}$
    - 匀强电场：$E = U/d$
    - 特点：不变性；相异性
  - 电场力
    - $F = Eq$（任何电场）
    - $F = k\dfrac{q_1q_2}{r^2}$（真空中点电荷）
- 能的性质
  - 电势差
    - 电势：$U = W_{A0}/q = \varepsilon_A/q$ 标量，等势面
    - 电势差：$U_{ab} = U_a - U_b = \dfrac{W_{ab}}{q}$；特例：$U = Ed$（匀强电场）
  - 电场力做功
    - 特点：与路径无关
    - 求法：$W = Uq$（适用任意电场）；$W = Fs\cos\alpha$（匀强电场）
    - 正负功：正功（正顺负逆），负功（正逆负顺）
  - 电势能
    - 定义：$\varepsilon = qU$
    - 与 W 的关系：作正功电势能减小，作负功电势能增加；$\Delta\varepsilon = -W_{电}$
- 力能性质综合应用
  - 带电粒子在电场中：①平衡；②直线加速；③偏转
  - 电场中导体：静电感应；静电平衡；静电屏蔽
  - 电容器：电容 $C = \dfrac{q}{U}$

1. 电荷与电量

自然界只存在两种电荷。用丝绸摩擦过的玻璃棒上带的电荷叫作正电荷，用毛皮摩擦过的硬橡胶棒上带的电荷叫作负电荷。两种物质摩擦后所带的电荷种类是相对的。电荷的多少叫电量，在 SI 制中，电量的单位是 C(库)。

元电荷是指一个电子所带的电量 $e = 1.6 \times 10^{-19}$ C。点电荷是指不考虑形状和大小的带电体。检验电荷是指电量很小的点电荷，当它放入电场后不会影响该电场的性质。

2. 电场与电场强度

电场是物质的一种特殊形态，它存在于电荷的周围空间，电荷间的相互作用通过电场发生。电场的基本特性是它对放入其中的电荷有电场力的作用。电场强度是反映电场的力的性质的物理量。

描述电场强度有以下几种方法。

其一，用公式法定量描述。定义式为 $\boldsymbol{E} = \boldsymbol{F}/q$，适用于任何电场。真空中的点电荷的场强为

$E = kq/r^2$。匀强电场的场强为 $E = U/d$。要注意理解：①场强是电场的一种特性，与检验电荷存在与否无关；②E 是矢量，它的方向即电场的方向，规定场强的方向是正电荷在该点受力的方向；③注意区别三个公式的物理意义和适用范围；④几个电场叠加计算合场强时，要按平行四边形法则求其矢量和。

其二，用电场线形象描述：电场线的密（疏）程度表示场强的强（弱）。电场线上某点的切线方向表示该点的场强方向。匀强电场中的电场线是方向相同、距离相等的互相平行的直线。要注意：①电场线是使电场形象化而假想的线；②电场线起始于正电荷而终止于负电荷；③电场中任何两条电场线都不相交。电场力是电荷间通过电场相互作用的力。正（负）电荷受力方向与 E 的方向相同（反）。图 8-1 是几种常见的电场线。

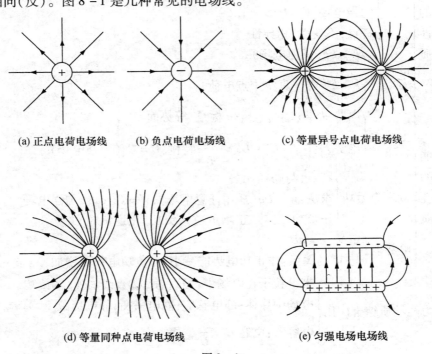

图 8-1

3. 电势能与电势

电势能是电荷在电场中具有的势能。要注意理解：①电荷在电场中某点的电势能在数值上等于把电荷从这点移到电势能为零处电场力所做的功；②电势能是相对的，通常取电荷在无限远处的电势能为零，这样电势能就有正负；③电场力对电荷所做的正（负）功总等于电荷电势能的减少（增加），即 $W_{AB} = \varepsilon_A - \varepsilon_B$；④电场力移动电荷做功，只跟电荷的始、末位置有关，跟具体路径无关。

电势是反映电场的能的性质的物理量，描述电势有以下几种方法。

（1）用公式法定量描述：电场中某点的电势定义为 $U = \varepsilon/q$。要注意理解：①电势是电场的一种特性，与检验电荷存在与否无关；②在 SI 制中的单位是伏特（V），$1V = 1J/C$；③电势是相对的，通常取无限远处（或大地）的电势为零，这样电势就有正负；④电势是标量，几个电场叠加计算合电势时，只需求各个电场在该点产生的电势的代数和。

（2）用等势面形象描述：任意两个等势面不能相交。等势面与电力线垂直。不同等势面的电势沿电场线方向逐渐降低。任何相邻两等势面间的电势差相等，场强大（小）的地方等势面间的距离小(大)。在同一等势面上的任何两点间移动电荷时,电场力不做功。在匀强电场中的等势面是一组与电力线垂直的平面。

电势差指电场中两点间的电势的差值,有时又叫作电压,表示为 $U_{AB} = U_A - U_B$。注意:①电场中两点间的电势差值是绝对的。电场中某点的电势实际上是指该点与无穷远处间的电势差;②电势差有正负,$U_{AB} = -U_{BA}$。

4. 电容器与电容

电容器的电容定义为 $C = Q/U$。注意理解:①电容是表征电容器特性的物理量。对于给定的电容器,C 一定;②电容器所带电量指每个导体(或极板)所带电量的绝对值;③电容器的电容只跟它的结构(两个导体的大小、形状、相对位置)、介质性质有关,而与它所带的电量 q 和电势差 U 无关;④平行板电容器的电容 $C = \varepsilon S/d$,表示 C 与介电常数 ε 成正比,跟正对面积 S 成正比,跟极板间的距离 d 成反比;⑤电容器的额定电压应低于击穿电压。

5. 电荷守恒定律和库仑定律

电荷守恒定律揭示了在电荷的分离和转移过程中总量保持不变的规律。要注意它在中和现象、三种起电(接触起电、摩擦起电、感应起电)过程、静电感应现象中的应用。

库仑定律反映了电荷间相互作用力的规律。可表示 $F = kq_1q_2/r^2$,其中静电力恒量 $k = 9 \times 10^9 \text{N} \cdot \text{m}^2/\text{c}^2$。要注意:①适用于真空中的点电荷;②应用公式时,可把 q 和 F 的绝对值代入计算,库仑力的方向根据电荷的正负来判断。

6. 静电平衡的特点

处于静电平衡状态(指导体中没有电荷定向移动的状态)的导体的特点有:①内部的场强处处为零;②表面上任何一点的场强方向跟该点的表面垂直;③电荷只能分布在导体的外表面上(可用法拉第圆筒实验验证);④该导体是一个等势体,它的表面是一个等势面。

7. 电势差跟电场力做功、跟电场强度的关系

电场中移动电荷时电场力做的功跟电势差的关系为 $W = qU$。要注意:①公式适用于任何电场;②q、U、W 三个量都有正、负,为避免错误,应用时均取绝对值,功的正负可从电荷的正负及移动方向加以判断;③在电场力作用下,正(负)电荷总是从高(低)电势处移向低(高)电势处,且电荷的电势能减小。

电势差跟电场强度的关系可从以下三方面理解:①大小关系,$U = Ed$(适用于匀强电场,d 为沿电场线方向的两点间距离);②方向关系,场强的方向就是电势降低最快的方向;③单位关系:1V/m = 1N/C。

8. 带电粒子在电场中的运动规律

带电粒子在重力、电场力作用下,或处于平衡状态、或加速、或偏转(在匀强电场中作类抛体运动),其运动规律同样遵循力学规律,只是在受力分析时要多考虑一个电场力而已。

9. 重要的研究方法

①用比值定义物理量,若比值为恒量,则反映了物质的某种性质。如导体的电阻 R、电场强度 E、电势 U、电容 C 等。②类比,如将电场与重力场、电场强度 E 与重力场强度(即重力加速度 g)、电势能与重力势能、等势面与等高线相类比。其优点是利用已学过的知识去认识有类似特点或规律的未知抽象知识。③运用形象思维,如用电场线和等势面描述电场的性质,帮助理解电场强度和电势等抽象概念。④寻求守恒规律,如电荷守恒定律。⑤实验检测,如用验电器检测物体上是否带电、带何种电、带多少电,用静电计检测导体间的电势差,用库仑扭秤研究库仑定律等。

典型例题

例1 一个质量为 m、带有电荷 $-q$ 的小物体,可在水平轨道 Ox 上运动,O 端有一与轨道垂直的固定墙,轨道处于匀强电场中,场强大小为 E,方向沿 Ox 轴正向,如图 8-2 所示。小物体以初速 v_0 从 x_0 点沿 Ox 轨道运动,运动时受到大小不变的摩擦力 f 作用,且 $f<qE$;设小物体与墙碰撞时不损失机械能,且电量保持不变,求它在停止运动前所通过的总路程 s。

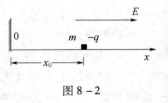

图 8-2

【分析】首先要认真分析小物体的运动过程,建立物理图景。开始时,设物体从 x_0 点,以速度 v_0 向右运动,它在水平方向受电场力 qE 和摩擦力 f,方向均向左,因此物体向右做匀减速直线运动,直到速度为零;而后,物体受向左的电场力和向右的摩擦力作用,因为 $qE>f$,所以物体向左做初速度为零的匀加速直线运动,直到以一定速度与墙壁碰撞,碰后物体的速度与碰前速度大小相等,方向相反,然后物体将多次的往复运动。

但由于摩擦力总是做负功,物体机械能不断损失,所以物体通过同一位置时的速度将不断减小,直到最后停止运动。物体停止时,所受合外力必定为零,因此物体只能停在 O 点。

【解答】对于这样幅度不断减小的往复运动,研究其全过程。电场力的功只跟始末位置有关,而跟路径无关,所以整个过程中电场力做功 $W_E = qEx_0$。

根据动能定理 $W_{总} = \Delta E_k$,得:$qEx_0 - fs = 0 - \frac{1}{2}mv_0^2$,所以 $s = \dfrac{2qEx_0 + mv_0^2}{2f}$。

【点评】本题的关键点是:摩擦力总是做负功,电场力的功只跟始末位置有关,而跟路径无关。该题也可用能量守恒列式:电势能减少了 qEx_0,动能减少了 $\frac{1}{2}mv_0^2$,内能增加了 fs,所以 $fs = qEx_0 + \frac{1}{2}mv_0^2$。同样解得 $s = \dfrac{2qEx_0 + mv_0^2}{2f}$。

例2 真空中存在空间范围足够大的、水平向右的匀强电场。在电场中,若将一个质量为 m、带正电的小球由静止释放,运动中小球速度与竖直方向夹角为 $37°$(取 $\sin37°=0.6, \cos37°=0.8$)。现将该小球从电场中某点以初速度 v_0 竖直向上抛出。求运动过程中:

(1)小球受到的电场力的大小及方向。
(2)小球从抛出点至最高点的电势能变化量。
(3)小球的最小动量的大小及方向。

【分析】(1)由运动中小球速度与竖直方向夹角为 $37°$ 可以解出电场力。(2)由运动的独立性可以解出小球的运动情况。(3)利用二次函数可求极值。

【解答】(1)带正电的小球由静止释放,而电场力和重力的大小均为定值。合力的方向即为运动方向,因速度与竖直方向夹角为 $37°$,电场力大小 $F_e = mg\tan37° = \dfrac{3}{4}mg$,方向水平向右。

(2)由运动的独立性

小球沿竖直方向做匀减速运动,速度为 $v_y = v_0 - gt$

沿水平方向做初速度为 0 的匀加速运动,加速度为 $a_x = \dfrac{F_e}{m} = \dfrac{3}{4}g$

小球上升到最高点的时间 $t = \dfrac{v_0}{g}$,此过程小球沿电场方向位移:$s_x = \dfrac{1}{2}a_x t^2 = \dfrac{3}{8}\dfrac{v_0^2}{g}$

电场力做功 $W = F_x s_x = \dfrac{9}{32}mv_0^2$

小球上升到最高点的过程中,电势能减少 $\dfrac{9}{32}mv_0^2$。

(3) 水平速度 $v_x = a_x t$,竖直速度 $v_y = v_0 - gt$

小球的速度 $v = \sqrt{v_x^2 + v_y^2}$,得出 $\dfrac{25}{16}g^2 t^2 - 2v_0 gt + (v_0^2 - v^2) = 0$

解得当 $t = \dfrac{16}{25}\dfrac{v_0}{g}$ 时,v 有最小值 $v_{\min} = \dfrac{3}{5}v_0$

此时 $v_x = \dfrac{12}{25}v_0$,$v_y = \dfrac{9}{25}v_0$,$\tan\theta = \dfrac{v_y}{v_x} = \dfrac{3}{4}$,即与电场方向夹角为37°斜向上

小球动量的最小值为 $p_{\min} = mv_{\min} = \dfrac{3}{5}mv_0$

最小动量的方向与电场方向夹角为37°,斜向上。

【点评】本题考查了运动和力的关系,同时巧妙地利用二次函数求出了极值。求极值也可应用一阶导数的方法。

例3 为研究静电除尘,有人设计了一个盒状容器,容器侧面是绝缘的透明有机玻璃,它的上下底面是面积 $A = 0.04\text{m}^2$ 的金属板,间距 $L = 0.05\text{m}$,当连接到 $U = 2500\text{V}$ 的高压电源正负两极时,能在两金属板间产生一个匀强电场,如图8-3所示,现把一定量均匀分布的烟尘颗粒密闭在容器内,每立方米有烟尘颗粒 10^{13} 个,假设这些颗粒都处于静止状态,每个颗粒带电量为 $q = +1.0 \times 10^{-17}\text{C}$,质量为 $m = 2.0 \times 10^{-15}\text{kg}$,不考虑烟尘颗粒之间的相互作用和空气阻力,并忽略烟尘颗粒所受重力。求合上电键后:

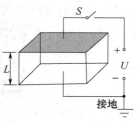

图8-3

(1)经过多长时间烟尘颗粒可以被全部吸附?
(2)除尘过程中电场对烟尘颗粒共做了多少功?
(3)经过多长时间容器中烟尘颗粒的总动能达到最大?

【分析】(1)这是一个运动学的问题,考查了匀变速直线运动公式;(2)这是一个累加问题,用积分最简单,用等效方法也可;(3)这是一个求极值的问题,需要分清物质的运动情况,有一定的难度。

【解答】(1)当最靠近上表面的烟尘颗粒被吸附到下板时,烟尘就被全部吸附。烟尘颗粒受到的电场力 $F = qU/L$。

$$L = \dfrac{1}{2}at^2 = \dfrac{qUt^2}{2mL},\text{所以 } t = \sqrt{\dfrac{2m}{qU}}L = 0.02\text{s}$$

(2) $W = \dfrac{1}{2}NALUq = 2.5 \times 10^{-4}\text{J}$

(3) 设烟尘颗粒下落距离为 x,有

$$E_k = \dfrac{1}{2}mv^2 \cdot NA(L-x) = \dfrac{qU}{L}x \cdot NA(L-x)$$

当 $x = \dfrac{L}{2}$ 时,E_K 达最大,$x = \dfrac{1}{2}at_1^2$,$t_1 = 0.014\text{s}$。

【点评】(1)读懂题意,把实际问题转化成物理问题,本问题实质考查的是匀变速直线运动公式;(2)这是一个累加问题,积分表达式为 $W = \int_0^L AN\mathrm{d}x \cdot \dfrac{U}{L}qx = \dfrac{ANUq}{L} \cdot \dfrac{1}{2}L^2 = \dfrac{1}{2}ANULq$,与等效方法同;(3)关键是搞清物质的运动情况,根据运动情况列动能的一般表达式,再讨论表达式的求极值问题。

强化训练

一、单项选择题

1. 如图 8-4 所示,将带正电的球 C 移近不带电的枕形金属导体时,枕形导体上电荷的移动情况是( )。

A. 枕形导体中的正电荷向 B 端移动,负电荷不移动
B. 枕形导体中电子向 A 端移动,正电荷不移动
C. 枕形导体中的正、负电荷同时分别向 B 端和 A 端移动
D. 枕形导体中的正、负电荷同时分别向 A 端和 B 端移动

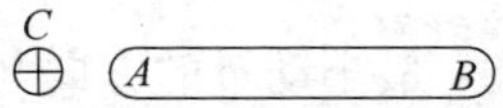

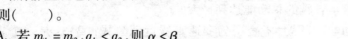

图 8-4

2. 一验电器原来带有一定电量的电荷,将一根用丝绸摩擦过的玻璃棒靠近验电器,则关于验电器指针张角的变化,下列哪些是不可能的( )。

A. 张角变大
B. 张角变小
C. 张角先变大后变小
D. 张角先变小后变大

3. 真空中有两个相同的带电金属小球 A 和 B,相距为 r,带电量分别为 q 和 $8q$,它们之间作用力的大小为 F,有一个不带电的金属球 C,大小跟 A、B 相同,用 C 跟 A、B 两小球反复接触后移开,此时,A、B 间的作用力大小为( )。

A. $F/8$ B. $3F/8$ C. $7F/8$ D. $9F/8$

4. 如图 8-5 所示,质量、电量分别为 m_1、m_2、q_1、q_2 的两球,用绝缘丝线悬于同一点,静止后它们恰好位于同一水平面上,细线与竖直方向夹角分别为 α、β,则( )。

A. 若 $m_1 = m_2$,$q_1 < q_2$,则 $\alpha < \beta$
B. 若 $m_1 = m_2$,$q_1 < q_2$,则 $\alpha > \beta$
C. 若 $q_1 = q_2$,$m_1 > m_2$,则 $\alpha > \beta$
D. 若 $m_1 > m_2$,则 $\alpha < \beta$,与 q_1、q_2 是否相等无关

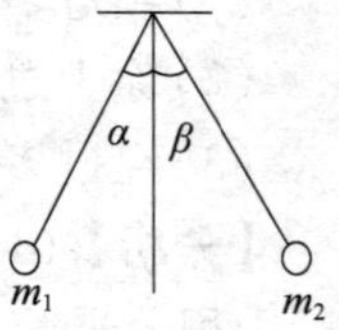

图 8-5

5. 关于电场强度和电势,下列说法正确的是( )。

A. 由公式 $E = F/q$ 可知,E 与 F 成正比,与 q 成反比
B. 由公式 $U = Ed$ 可知,匀强电场中 E 为恒值,任意两点间的电势差与间距成正比
C. 电场强度为零处,电势不一定为零
D. 无论是正电荷还是负电荷,当它在电场中移动时,若电场力做功,它一定是从电势高处移到电势低处,并且它的电势能一定减少

6. 如图 8-6 所示,带箭头的曲线表示一个带负电粒子通过一个点电荷 Q 所产生的电场时

的运动轨迹,虚线表示点电荷电场的两个等势面,下列说法中正确的是( )。

A. 等势面 $\phi_A < \phi_B$,粒子动能 $E_{kA} > E_{kB}$

B. 等势面 $\phi_A < \phi_B$,粒子动能 $E_{kA} < E_{kB}$

C. 等势面 $\phi_A > \phi_B$,粒子动能 $E_{kA} < E_{kB}$

D. 等势面 $\phi_A > \phi_B$,粒子动能 $E_{kA} > E_{kB}$

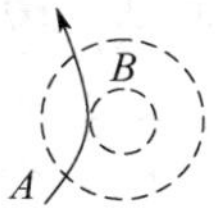

图 8-6

7. 电场中有 a、b 两点,a 点电势为 4V,若把电量为 2×10^{-8}C 的负电荷,从 a 移到 b 的过程中,电场力做正功 4×10^{-8}J,则( )。

A. a、b 两点中,a 点电势较高
B. b 点电势是 2V
C. b 点电势是 -2V
D. b 点电势是 6V

8. 如图 8-7 所示,实线是一个电场中的电场线,虚线是一个负检验电荷在这个电场中的轨迹,若电荷是从 a 处运动到 b 处,以下判断正确的是( )。

A. 电荷从 a 到 b 加速度减小
B. b 处电势能小
C. b 处电势高
D. 电荷在 b 处速度小

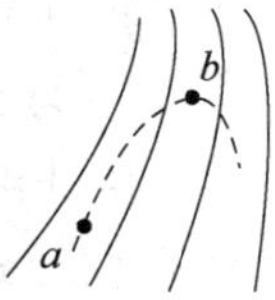

图 8-7

9. 一平行板电容器的两个极板分别与一电源的正负极相连,在保持开关闭合的情况下,将电容器两极板间的距离增大,则电容器的电容 C、电容器所带电量 Q 和极板间的电场强度 E 的变化情况是( )。

A. C、Q、E 都逐渐增大
B. C、Q、E 都逐渐减小
C. C、Q 逐渐减小,E 不变
D. C、E 逐渐减小,Q 不变

10. 平行板电容器的电容为 C,带电量为 Q,板间距离为 d,今在两板的中点 $\frac{d}{2}$ 处放一电荷 q,则它所受电场力的大小为( )。

A. $k\dfrac{2Qq}{d^2}$
B. $k\dfrac{4Qq}{d^2}$
C. $\dfrac{Qq}{Cd}$
D. $\dfrac{2Qq}{Cd}$

二、填空题

1. 有三个相同的金属小球 A、B、C,其中小球 A 带有 2.0×10^{-5}C 的正电荷,小球 B、C 不带电,现在让小球 C 先与球 A 接触后取走,再让小球 B 与球 A 接触后分开,最后让小球 B 与小球 C 接触后分开,最终三球的带电量分别为 $q_A = $ _____ C、$q_B = $ _____ C、$q_C = $ _____ C。

2. 一半径为 R 的绝缘球壳上均匀地带有电量为 $+Q$ 的电荷,另一电量为 $+q$ 的点电荷放在球心 O 上,由于对称性,点电荷所受的力为零,现在球壳上挖去半径为 r(r 远小于 R)的一个小圆孔,则此时置于球心的点电荷所受力的大小为(已知静电力恒量为 k)_____,方向_____。

3. 在点电荷 Q 形成的电场中,已测出 A 点场强为 100N/C,C 点场强为 36N/C,B 点为 A、C 两点连线的中点,如图 8-8 所示,那么 B 点的场强为_____。

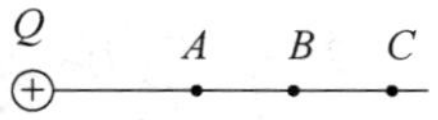

图 8-8

4. 如图 8-9 所示,一个粒子质量为 m、带电量为 $+Q$,以初速度 v_0 与水平面成 45°角射向空间匀强电场区域,粒子恰做直线运动,则这匀强电场的强度最小值为_____;方向是_____。

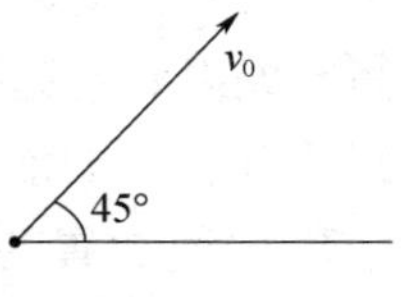

5. 在静电场中有 a、b、c 三点,有一个电荷 $q_1 = 3 \times 10^{-8}$C,自 a 移到 b,电场力做功 3×10^{-6}J,另有一个电荷 $q_2 = -1 \times 10^{-8}$C,自 a 移到 c,电场力

图 8-9

做功 3×10^{-6} J，则 a、b、c 三点的电势由高到低的顺序是_____，b、c 两点间的电势差 U_{bc} 为_____V。

6. 如图 8-10 所示为匀强电场中的一组等势面，若 A、B、C、D 相邻两点间的距离都是 2cm，则该电场的场强为_____；到 A 点距离为 1.5cm 的 P 点的电势为_____；该电场的场强方向为_____。

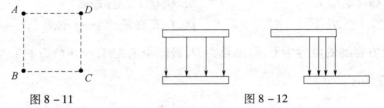
图 8-10

7. 一个电容器，充电后所带电量为 Q，两板间电压为 U。若向电容器再充进 $\Delta Q = 4 \times 10^{-6}$ C 的电量时，它的板间电压又升高 $\Delta U = 2$V，由此可知该电容器的电容是_____。

8. 氢原子中电子绕核做匀速圆周运动，当电子运动轨道半径增大时，电子的电势能_____，电子的动能_____，运动周期_____。（填增大、减小、不变）

9. 经过相同电场加速后的质子和 α 粒子垂直于电场线的方向飞进两平行板间的匀强电场，则它们通过该电场所用时间之比为_____，通过该电场后发生偏转的角度的正切之比为_____。

10. 图 8-11 中 A、B、C、D 是匀强电场中一正方形的四个顶点，已知 A、B、C 三点的电势分别为 $U_A = 15$V，$U_B = 3$V，$U_C = -3$V。由此可得 D 点电势 $U_D = $_____V。

图 8-11   图 8-12

11. 一平行板电容器的电容量为 C，充电后与电源断开，此时板上带电量为 Q，两板间电势差为 U，板间场强为 E。现保持间距不变使两板错开一半，如图 8-12 所示，则下列各量的变化是：电容量 $C' = $_____，带电量 $Q' = $_____，电势差 $U' = $_____，板间场强 $E' = $_____。

三、计算题（解答应写出必要的文字说明、方程式和重要演算步骤）

1. 如图 8-13 所示，一条长为 L 的细线，上端固定，下端拴一质量为 m 的带电小球，将它置于一匀强电场中，电场强度大小为 E，方向水平向右，已知细线离开竖直位置的偏角为 α 时，小球处于平衡。

(1) 小球带何种电荷？求出小球所带电量。

(2) 如果使细线的偏角 α 增大到 φ，然后将小球由静止释放，则 φ 为多大才能使在细线到达竖直位置时，小球的速度刚好为零。

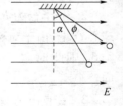
图 8-13

2. 如图 8-14 所示，A、B 为不带电平行金属板，间距为 d，构成的电容器电容为 C。质量为 m、电量为 q 的带电液滴一滴一滴由 A 板小孔上方距 A 板高 h 处以 v_0 初速射向 B 板。液滴到达 B 板后，把电荷全部转移在 B 板上。求到达 B 板上的液滴数目最多不能超过多少？

3. 竖直放置的两块足够长的平行金属板间有匀强电场。其电场强度为 E，在该匀强电场中，用丝线悬挂质量为 m 的带电小球，丝线跟竖起方向成 θ

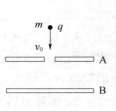
图 8-14

角时小球恰好平衡,如图 8-15 所示,请问:

(1) 小球带电荷量是多少?

(2) 若剪断丝线,小球碰到金属板需多长时间?

4. 如图 8-16 所示,AB 为竖直墙壁,A 点和 P 点在同一水平面上。空间存在着竖直方向的匀强电场。将一带电小球从 P 点以速度 v 向 A 抛出,结果打在墙上的 C 处。若撤去电场,将小球从 P 点以初速 $v/2$ 向 A 抛出,也正好打在墙上的 C 点。求:

(1) 第一次抛出后小球所受电场力和重力之比;

(2) 小球两次到达 C 点时速度之比。

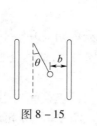

图 8-15

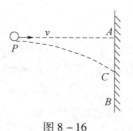

图 8-16

【参考答案】

一、单项选择题

1. B。

【解析】将带正电的球 C 移近不带电的枕形金属导体时,枕形导体中电子向 A 端移动,正电荷不移动,这是静电感应的结果,所以答案选 B。

2. C。

【解析】一验电器原来带有一定电量的电荷,一根用丝绸摩擦过的玻璃棒带正电,当靠近(不是接触)验电器时,若验电器原来带正电,指针张角变大,答案 A 正确;若验电器原来带负电,指针张角变小或先变小后变大,答案 B、D 正确;所以答案选 C。

3. D。

【解析】三个相同的带电金属小球 A、B、C,A、B 带电量分别为 q 和 $8q$,C 不带电,用 C 跟 A、B 两小球反复接触后,由电荷守恒定律可得 A、B、C 带电量相等,都为 $3q$,A、B 间距离不变,由库仑定律可得 A、B 间的作用力大小为 $9F/8$,答案 D 正确。

4. D。

【解析】电量分别为 q_1、q_2 的两球,由库仑定律及图示可得它们之间的作用力大小相等、方向相反,与 q_1、q_2 是否相等无关;当静止时,由共点力的平衡可得质量大的小球的悬线与竖直参考线的夹角较小,所以答案 D 正确。

5. C。

【解析】公式 $E = F/q$ 是场强的定义式,该点的场强是固定的,与 F 成、q 无关,答案 A 错误;公式 $U = Ed$ 中的 d 是沿场强方向的距离,而不是任意两点的间距,答案 B 错误;电势的零点是规定的,与电场强度没有直接关系,答案 C 正确;静止的正电荷在电场中移动时,若只有电场力做功,它一定是从电势高处移到电势低处,电场力做正功,它的电势能一定减少;静止的负电荷在电场中移动时,若只有电场力做功,它一定是从电势低处移到电势高处,电场力做正功,它的电势能一定减少,答案 D 错误。

6. D。

【解析】由题意及图示可知点电荷 Q 带负电,等势面 $\phi_A > \phi_B$,粒子动能 $E_{kA} > E_{kB}$,答案 D 正确。

7. D。

【解析】把负电荷从 a 移到 b 的过程中,电场力做正功,说明 b 点电势较高,a、b 两点的电势差为 4×10^{-8}J/$(-2) \times 10^{-8}$C $= -2$V,$U_{ab} = \varphi_a - \varphi_b$,$\varphi_b = \varphi_a - U_{ab} = 4 - (-2) = 6$V,所以答案 D 正确。

8. D。

【解析】由题意及图示可知,负电荷从 a 处运动到 b 处的过程中,只受电场力作用,电场力做负功,b 处电势能大、电势低、速度小;b 处的场强大,电场力大,加速度大,所以答案 D 正确。

9. B。

【解析】由平行板电容器公式 $C = \varepsilon S/d$ 可知,将电容器两极板间的距离 d 增大,则电容器的电容 C 减小;在保持开关闭合的情况下,电压 U 不变,由公式 $E = U/d$ 可知,极板间的电场强度 E 减小;由公式 $Q = CU$ 可知,电容器所带电量 Q 减小,所以答案 B 正确。

10. C。

【解析】由电容的定义可得 $U = \dfrac{Q}{C}$,场强 $E = \dfrac{U}{d} = \dfrac{Q}{Cd}$,则电荷 q 所受电场力 $F = Eq = \dfrac{Qq}{Cd}$,所以答案 C 正确。

二、填空题

1. 5×10^{-6},7.5×10^{-6},7.5×10^{-6}。

【解析】金属小球 A、B、C 相同,A 带有 2.0×10^{-5}C 的正电荷,B、C 不带电,当小球 C 与球 A 接触后取走,A、C 各带有 1.0×10^{-5}C 的正电荷;再让 B 与 A 接触后分开,A、B 各带有 0.5×10^{-5}C 的正电荷;最后让小球 B 与小球 C 接触后分开,B、C 各带有 0.75×10^{-5}C 的正电荷;所以最终三球 A、B、C 的带电量分别为 5×10^{-6}C、7.5×10^{-6}C、7.5×10^{-6}C。

2. $\dfrac{kQq r^2}{4 R^4}$,由球心指向小孔中心。

【解析】在球壳上挖去半径为 $r(r$ 远小于 $R)$ 的一个小圆孔时,挖去的电量为 $\dfrac{Q\pi r^2}{4\pi R^2}$,与置于球心的点电荷所产生的库仑力的大小为 $\dfrac{kQq r^2}{4 R^4}$;由于对称性,此时置于球心的点电荷所受力的大小为 $\dfrac{kQq r^2}{4 R^4}$,方向由球心指向小孔中心。

3. 56.25N/C。

【解析】由点电荷的场强公式可得 $E_A = \dfrac{kQ}{r^2} = 100$N/C,$E_C = \dfrac{kQ}{(r+2x)^2} = 36$N/C,所以 $E_B = \dfrac{kQ}{(r+x)^2} = 56.25$N/C。

4. $\dfrac{\sqrt{2}mg}{2Q}$,斜向左上方,与水平方向成 $45°$ 角。

【解析】当粒子恰做直线运动时,它的合外力一定与速度共线,粒子的重力为mg,所以最小的电场力为$\frac{\sqrt{2}}{2}mg$,方向是与重力垂直,则这个匀强电场的强度最小值为$\frac{\sqrt{2}mg}{2Q}$,方向是斜向左上方,与水平方向成45°角。

5. c、a、b,$-400V$。

【解析】自a移到b,电场力做功$3 \times 10^{-6}J$,$U_{ab} = \frac{W}{q} = 100V$;自$a$移到$c$,电场力做功$3 \times 10^{-6}J$,$U_{ac} = \frac{W}{q} = -300V$;所以$U_{bc} = \frac{W}{q} = -400V$,则$a$、$b$、$c$三点的电势由高到低的顺序是$c$、$a$、$b$。

6. $577.4V/m$,$-2.5V$,垂直等势面斜向左上方。

【解析】该电场的场强为$E = \frac{U}{d} = \frac{10V}{\sqrt{3 \times 10^{-2}}m} = 577.4V/m$,$P$点的电势为$U_p = -10V \times \frac{0.5}{2} = -2.5V$,该电场的场强方向为垂直等势面斜向左上方。

7. $2.0 \times 10^{-6}F$。

【解析】电容器的电容为
$$C = \frac{Q}{U} = \frac{\Delta Q}{\Delta U} = \frac{4 \times 10^{-6}C}{2V} = 2.0 \times 10^{-6}F$$

8. 增大,减小,增大。

【解析】氢原子中电子绕核做匀速圆周运动,当电子运动轨道半径增大时,电场力做负功,电势能增大;当电子运动轨道半径增大时,库仑力提供向心力,由公式$k\frac{e^2}{r} = mv^2$可得电子的动能减小,由公式$k\frac{e^2}{r^3} = \frac{4\pi^2 m}{T^2}$可得运动周期增大。

9. $1:\sqrt{2}$,$1:1$。

【解析】经过相同电场加速后的质子和α粒子有$\frac{1}{2}mv^2 = Uq$,它们通过该电场所用时间之为$t = \frac{l}{v} = \frac{l}{\sqrt{2U}}\sqrt{\frac{m}{q}}$,所以时间之比为$1:\sqrt{2}$;通过该电场后发生偏转的角度的正切为$\tan\alpha = \frac{at}{v} = \frac{El}{2U}$,通过该电场后发生偏转的角度的正切之比为$1:1$。

10. 9。

【解析】$U_{AC} = U_A - U_C = 18V$,连接AC并把AC三等份,如图8-17则中间两点的电势分别为9V和3V,这样B点必与F点在同一等势面,连接BF,过D点的等势面恰好过E点。所以D点的电势为9V。

11. $C/2$,Q,$2U$,$2E$。

【解析】电容器的电容量由板间介质特性及几何尺寸决定。介质与间距不变,正对面积减为原来的一半,电容量也减为原来的一半,即$C' = C/2$;切断电源后,板上电量不变,$Q' = Q$;由电容定义得两板间电势差

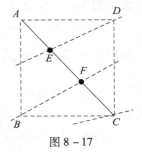

图 8-17

$U' = \dfrac{Q'}{C'} = \dfrac{Q}{\frac{1}{2}C} = 2U$，$E' = \dfrac{U'}{d'} = \dfrac{2U}{d} = 2E$。

三、计算题

1．（1）带正电荷，$q = \dfrac{mg\tan\alpha}{E}$；（2）$\varphi$ 为 2α 时才能使细绳到达竖直位置时小球的速度刚好为零，并且小球在这个区域来回摆动。

【解析】（1）由图可知，带电小球所受的电场力方向向右，所以小球带正电荷。小球受三个力的作用，进行受力分析可得 $\tan\alpha = \dfrac{Eq}{mg}$，所以 $q = \dfrac{mg\tan\alpha}{E}$。

（2）这是一个类似单摆的装置，φ 为 2α 时才能使细绳到达竖直位置时小球的速度刚好为零，并且小球在这个区域来回摆动。详细解法：将小球由静止释放过程中，重力做正功，电场力做负功，动能的变化量为零。根据动能定理，得 $mgL(1-\cos\varphi) - EqL\sin\varphi = 0$，解得 $\varphi = 2\alpha$。

2．最大 $n = \dfrac{C}{q^2}\left[mg(h+d) + \dfrac{1}{2}mv_0^2\right] + 1$。

【解析】到 B 板的滴数目 n 个，第 $n-1$ 个到 B 板上时

电量 $Q = (n-1)q$，板间电压 $U = \dfrac{Q}{C} = \dfrac{(n-1)q}{C}$

由动能定理可知，第 n 滴到 B 板速度刚好为 0，

即 $mg(h+d) - qU = 0 - \dfrac{1}{2}mv_0^2$

解得 $n = \dfrac{C}{q^2}\left[mg(h+d) + \dfrac{1}{2}mv_0^2\right] + 1$

3．（1）$q = \dfrac{mg\tan\theta}{E}$；（2）$t = \sqrt{\dfrac{2b}{g}\cot\theta}$。

【解析】（1）由于小球处于平衡状态，对小球受力分析如图 8-18 所示，由平衡条件知：

$T\sin\theta = qE$ ……①

$T\cos\theta = mg$ ……②

由①、②式得 $q = \dfrac{mg\tan\theta}{E}$

（2）丝线剪断后小球受重力和电场力，其合力与剪断前丝线拉力大小相等方向相反，所以 $T = ma$ ……③

小球由静止开始沿着拉力的反方向做匀加速直线运动，当碰到金属板上时，它的位移为 $s = \dfrac{b}{\sin\theta}$ ……④

由运动学公式：$s = \dfrac{1}{2}at^2$ ……⑤

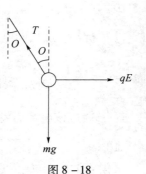

图 8-18

由②、③、④、⑤式得 $t = \sqrt{\dfrac{2b}{g}\cot\theta}$

4．（1）$F_Q : G = 3 : 1$；（2）$v_1 : v_2 = 2 : 1$。

【解析】（1）设 $AC = h$、电场力为 F_Q，根据牛顿第二定律得：$F_Q + mg = ma$

第一次抛出时，$h = \dfrac{1}{2}a\left(\dfrac{l}{v}\right)^2$ ……①

第二次抛出时，$h = \dfrac{1}{2}g\left(\dfrac{2l}{v}\right)^2$ ……②

由①、②式得 $a = 4g$，所以 $F_Q : G = 3 : 1$。

（2）第一次抛出打在 C 点的竖直分速度 $v_{y1} = a\dfrac{l}{v}$

第二次抛出打在 C 点的竖直分速度 $v_{y2} = g\dfrac{2l}{v}$

第一次抛出打在 C 点的速度 $v_1 = \sqrt{v^2 + v_{y1}^2}$

第二次抛出打在 C 点的速度 $v_2 = \sqrt{\left(\dfrac{v}{2}\right)^2 + v_{y2}^2}$

所以 $v_1 : v_2 = 2 : 1$。

第九章 电 路

考试范围与要求

- 理解电流的概念,能进行有关的计算。
- 理解电阻的概念;了解导体、半导体与绝缘体的概念。
- 理解电压、电源、电动势、内阻的概念。
- 理解电功、电功率的概念,能进行有关的计算。
- 理解电阻定律,能进行简单的计算。
- 掌握闭合电路的欧姆定律,能运用它们解决军事与生活中的简单问题。
- 掌握焦耳定律,能运用它们解决军事与生活中的简单问题。
- 了解电流表、电压表和多用电表的原理及使用。
- 了解伏安法测电阻的原理。

主要内容

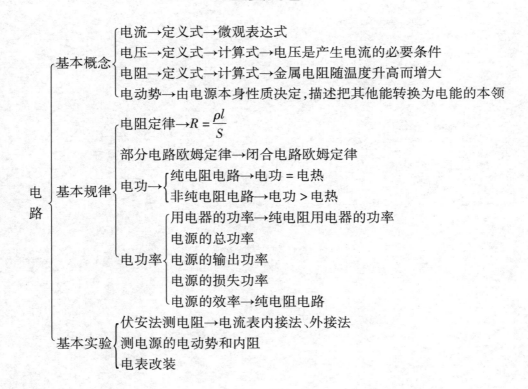

1. 电流强度、电阻、电阻率、超导体、电源、电动势和路端电压

电流强度是表示电流强弱的物理量，定义式为 $I=q/t$。要注意理解：①电流是电荷的定向移动；规定正电荷定向移动方向为电流方向，在外（内）电路电流从电源的正（负）极流向负（正）极；②导体中存在持续电流的条件：一是要有可移动的电荷；二是保持导体两端的电势差（如电源）；③导体中自由电子定向移动速率并不快，电流的传导速率即电场的传播速率，等于光速。

电阻是表示导体对电流的阻碍作用的物理量，定义式为 $R=U/I$，其单位是欧姆（Ω），即 $1\Omega=1V/A$，电阻是导体的一种特性。电阻率是反映材料导电性好坏的物理量，单位是"$\Omega\cdot m$"，各种材料的电阻率都随温度而变化，有些材料的电阻率随温度升高而增大（如金属）；有些材料的电阻率随温度升高而减小（如半导体和绝缘体）；有些材料的电阻率几乎不受温度影响（如锰铜和康铜）。

半导体：导电性能介于导体和绝缘体之间，而且电阻随温度的增加而减小，这种材料称为半导体，半导体有热敏特性、光敏特性、掺入微量杂质特性。超导现象：当温度降低到绝对零度附近时，某些材料的电阻率突然减小到零，这种现象叫超导现象，处于这种状态的物体叫超导体。

电源是把其他形式的能转化为电能的装置。对于给定的电源，电动势、内电阻和允许通过的最大电流一定，电动势是表征电源特性的量。要注意理解：①ε 是由电源本身所决定的，跟外电路的情况无关，电动势在数值上等于电路中通过 1C 电量时电源所提供的电能；②注意区别电动势和电压的概念，电动势是描述其他形式的能转化成电能的物理量，是反映非静电力做功的特性。电压是描述电能转化为其他形式的能的物理量，是反映电场力做功的特性。

路端电压是外电路两端的电压，可表示为 $U=\varepsilon-Ir$。要明确：①当 I 增大时，U 减小；当 $I=0$ 时，$U=\varepsilon$；②当 R 增大（减小）时，U 随着增大（减小），当 $R\to\infty$（断路）时，$U=\varepsilon$（据此原理可用伏特计直接测 ε）；当 $R\to 0$（短路）时，$U\to 0$，此时有 $I=\varepsilon/r$，电流很大。

2. 电路串并联和电源串并联

电路串并联要注意理解电压分配、电流分配、功率分配的规律。电源（相同电池）串并联要注意适用条件：当用电器额定电压高于单个电池的电动势时，应采用串联电池组。当用电器的额定电流比单个电池允许通过的最大电流大时，应采用并联电池组。必要时采用混联电池组。

3. 欧姆定律、电阻定律和焦耳定律

部分电路欧姆定律为 $I=U/R$，要注意公式中的 I、U、R 三个量必须是属于同一段电路的，或理解为仅适用于不含电源的某一部分电路，适用于金属导体和电解质的溶液，不适用于气体。

闭合电路欧姆定律可表示为 $I=\varepsilon/(R+r)$，适用于包括电源的整个闭合电路。从能量的转化观点来理解 $I\varepsilon=IU+I^2r$ 时，要明确电源的总功率（$I\varepsilon$）、输出功率（IU）和内电路消耗的功率（IU'）及其关系。电源的输出功率与电源的功率之比，叫电源的效率，即 $\eta=P_{出}/P_{总}=IU/I\varepsilon=U/\varepsilon$。

电阻定律是一个实验定律，$R=\rho L/S$，该公式适用于粗细均匀的金属导体及均匀一致的电解液，它揭示了影响导体电阻的因素间的关系。当温度不变时，导线的电阻是由它的长短、粗细、材料决定的，而与加在导体两端的电压和通过的电流强度无关。电阻一般还随着温度的升高而增大。

焦耳定律是定量反映电流热效应的规律，在 SI 制中表示为 $Q=I^2Rt$，Q 用焦作单位。对任何电路，只要有电阻 R 存在，由电流热效应产生的热量都可用该公式计算。在纯电阻电路中，还可表示为 $Q=UIt$ 或 U^2t/R。

4. 电功、电热、电功率和额定功率

电场力对自由电荷所做的功,俗称电流做功(电功 W),国际单位是焦耳(J)。电流在单位时间内所做的功叫电功率(P),国际单位是瓦特(W)。用电器正常工作时的电功率为额定功率,此时的电压为额定电压,电流为额定电流。注意:线性电路,欧姆定律成立;非线性电路,欧姆定律不成立。$W = UIt$ 用于求任何电路中的总电功,$Q = I^2Rt$ 用于求任何电路中的焦耳热。

5. 电表的改装原理

小量程电流表 G 的原理:磁场对其中的电流有力的作用。电流表 G 的电阻 r 叫表头内阻,指针偏转到最大刻度时的电流 I_g 叫满偏电流,指针偏转到最大刻度时的电压 U_g 叫满偏电压,$U_g = I_g r$。

大量程的电流表与电压表的改装如表9-1所列。

表 9-1

类型	R_x 的作用	计算方法
电流表 (G与R_x并联)	分流	$\dfrac{R_x}{R_g} = \dfrac{I_g}{I_x}$
电压表 (G与R_x串联)	分压	$\dfrac{R_x}{R_g} = \dfrac{U_x}{U_g}$

6. 电阻的测量

(1)伏安法。原理:$R = U/I$,当测量小(大)电阻时应采用安培计外(内)接法。

伏安法测量电阻如表9-2所列。

表 9-2

电流表外接法	电流表内接法
$R_x \ll R_V$	$R_x \gg R_A$
实际测量,R_x 偏小,I_x 偏大	实际测量,R_x 偏大,U_x 偏大

(2)欧姆表:直接测量电阻值的电表,原理如图9-1所示。注意:黑笔接内电源的正极。使用注意:每次测量前先使红、黑表笔相碰,调节调零电阻 R_P,使指针指在零刻度,示意图如图9-2所示。

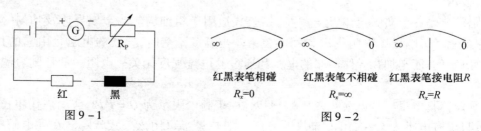

图 9-1　　　　　　　　　　图 9-2

典型例题

例1 用电压表检查如图9-3电路中的故障,测得 $U_{ad}=5.0$V, $U_{cd}=0$V, $U_{bc}=0$V, $U_{ab}=5.0$V, 则此故障可能是( )。

　　A. L断路　　　　　B. R断路
　　C. R'断路　　　　 D. S断路

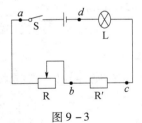

图9-3

【答案】B。

【解析】用电压表检查电路时,如电压表有示数,则表明电压表跨接的电路部分断路,由 $U_{ad}=U_{ab}=5.0$V,可以判断R断路。

【点评】电路故障一般是断路或短路,常见的情况有导线断芯、灯泡断丝、灯座短路、电阻器内部断路、接触不良等现象。

例2 如图9-4所示,电源电动势 $E=10$V,内电阻 $r=1.0\Omega$,电阻 $R_1=5.0\Omega$、$R_2=8.0\Omega$、$R_3=2.0\Omega$、$R_4=6.0\Omega$、$R_5=4.0\Omega$,水平放置的平行金属板相距 $d=2.4$cm,原来单刀双掷开关S接b,在两板中心的带电微粒P处于静止状态;现将单刀双掷开关S迅速接到c,带电微粒与金属板相碰后即吸附在金属板上,取 $g=10$m/s²,不计平行板电容器充放电时间,求带电微粒在金属板中的运动时间。

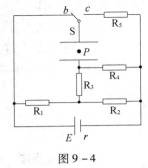

图9-4

【解析】由闭合电路欧姆定律有 $I=\dfrac{E}{R+r}$ ……①

而 $R=R_1+\dfrac{(R_3+R_4)R_2}{R_2+R_3+R_4}=9\Omega$　代入①式解得　$I=1$A

则 $U_1=IR_1=5$V, $U_3=\dfrac{I}{2}\cdot R_3=1$V, $U_4=\dfrac{I}{2}\cdot R_4=3$V ……②

设微粒的质量为 m,带电量为 q,S接b时微粒P处于静止状态,微粒应带负电,且有 $mg=q\cdot\dfrac{U_1+U_3}{d}$ ……③

设S接c时微粒P的加速度为 a,在金属板中运动时间为 t,则有

$mg+q\cdot\dfrac{U_4}{d}=ma$ ……④　　$\dfrac{d}{2}=\dfrac{1}{2}at^2$ ……⑤

由②~⑤式代入数据解得 $t=0.04$s。

【点评】此类问题解决的关键是分清电路稳定前后电容器两端电压的变化及其两极板的电性是否发生了改变,常与带电粒子在电场中的运动结合进行考查。

例3 某商场安装了一台倾角为30°的自动扶梯,该扶梯在电压为380V的电动机带动下以 0.4m/s的恒定速率向斜上方移动,电动机的最大输出功率为4.9kW。不载人时测得电动机中的电流为5A,若载人时传送梯的移动速度和不载人时相同,设人的平均质量为60kg,则这台自动扶梯可同时乘载的最多人数是多少?($g=10$m/s²)

【解答】电动机的电压恒为380V,扶梯不载人时,电动机中的电流为5A,忽略掉电动机内阻的消耗,认为电动机的输入功率和输出功率相等,即可得到维持扶梯运转的功率为

$$P_0=380\text{V}\times 5\text{A}=1900\text{W}$$

电动机的最大输出功率为 $P_m = 4.9\text{kW}$

可用于输送顾客的功率为 $\Delta P = P_m - P_0 = 3\text{kW}$

由于扶梯以恒定速率向斜上方移动,每一位顾客所受的力为重力 mg 和支持力 F_N,且 $F_N = mg$。

电动机通过扶梯的支持力 F_N 对顾客做功,对每一位顾客做功的功率为

$$P_1 = F_N v\cos\alpha = mgv\cos(90° - 30°) = 120\text{W}$$

则,同时乘载的最多人数人 $n = \dfrac{\Delta P}{P_1} = \dfrac{3000}{120} = 25$ 人

【点评】实际中的问题都是复杂的、受多方面的因素制约,解决这种问题,首先要突出实际问题的主要因素,忽略次要因素,把复杂的实际问题抽象成简单的物理模型,建立合适的物理模型是解决实际问题的重点,也是难点。

解决物理问题的一个基本思想是通过能量守恒计算。很多看似难以解决的问题,都可以通过能量这条纽带联系起来,这是一种常用且非常重要的物理思想方法,运用这种方法不仅使解题过程得以简化,而且可以非常深刻地揭示问题的物理意义。

在计算扶梯对每个顾客做功功率 P 时,$P_1 = F_N v\cos\alpha = mgv\cos(90° - 30°)$,不能忽略 $\cos\alpha$,α 角为支持力 F_N 与顾客速度的夹角。

强化训练

一、单项选择题

1. 如图 9-5 所示的直流电路中,电源电动势为 E,内阻为 r,外电路中,电阻 $R_1 = r$,滑动变阻器的全部电阻为 $R_2 = 2r$,滑动片从 a 端向 b 端滑动过程中,哪种说法错误?(　　)

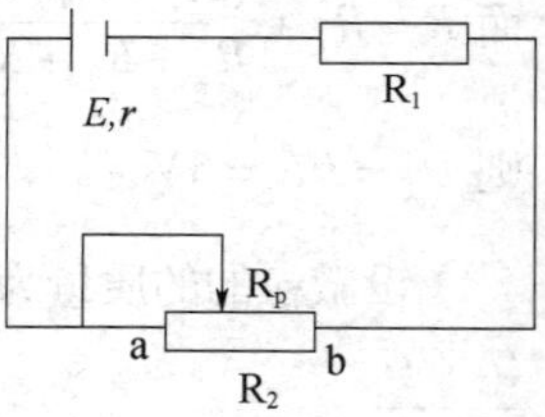

   A. 电源的转化功率逐渐增大
   B. 电源内部的热功率逐渐增大
   C. 电源的输出功率逐渐减小
   D. R_2 上得到的功率逐渐减小

   图 9-5

2. 如图 9-6 所示的电路中,电源的内阻不能忽略。已知定值电阻 $R_1 = 10\Omega$,$R_2 = 8\Omega$。当开关接到位置 1 时,电压表 V 的读数为 2V。当开关 K 接到位置 2 时,电压表 V 的示数可能为(　　)。

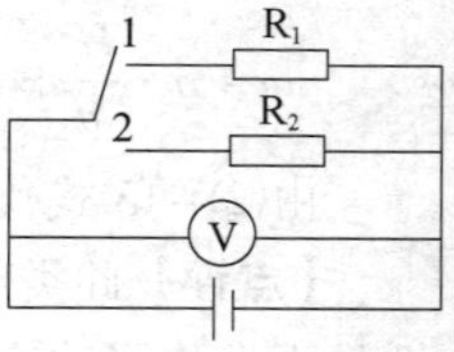

   A. 2.2V　　　　　　　　B. 1.9V
   C. 1.6V　　　　　　　　D. 1.3V

   图 9-6

3. 如图 9-7 所示,有一横截面积为 S 的铜导线,流经其中的电流为 I,设每单位体积的导线有 n 个自由电子,电子电量为 e,此时电子的定向移动速度为 v,在 Δt 时间内,通过导体横截面的自由电子数目可表示为(　　)。

   A. $nvS\Delta t$　　　　　　　　B. $nv\Delta t$
   C. $I\Delta t/ne$　　　　　　　　D. $I\Delta t/(Se)$

   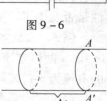

   图 9-7

4. 下面 4 个图中，最能正确表示家庭常用的白炽电灯在不同电压下消耗的电功率 P 与电压平方 U^2 之间的函数关系的是哪个？（   ）

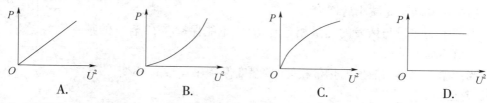

5. 如图所示，两只灯泡 L_1、L_2 分别标有"110V,60W"和"110V,100W"，另外有一只滑动变阻器 R，将它们连接后接入 220V 的电路中，要求两灯泡都正常发光，并使整个电路消耗的总功率最小，应使用下面哪个电路？（   ）

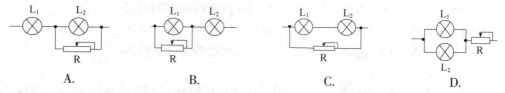

6. 如图 9-8 中所示的电路中，电源电动势为 E，内阻不计，变阻器总电阻为 r。闭合电键 S 后，负载电阻 R 两端的电压 U 随变阻器本身 a、b 两点间的阻值 R_x 变化的图线，哪条最接近右图中的实线？（   ）

A. ①　　　　　　B. ②
C. ③　　　　　　D. ④

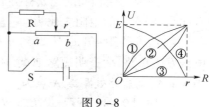

图 9-8

7. 把一个量程为 5mA 的电流表改装成欧姆表 R×1 挡，电流表的内阻是 50Ω，电池的电动势是 1.5V，经过调零之后测电阻，当欧姆表指针指到满偏的 3/4 位置时，被测电阻的阻值是（   ）。

A. 50Ω　　　B. 100Ω　　　C. 16.7Ω　　　D. 400Ω

8. 电饭锅工作时有两种状态：一种是锅内水烧干前的加热状态，另一种是锅内水烧干后的保温状态，电饭锅电路原理示意图如图 9-9 所示，K 是感温材料制造的开关。下列说法中错误的是（   ）。

A. 其中 R_2 是供加热用的电阻丝
B. 当开关 K 接通时电饭锅为加热状态，K 断开时为保温状态
C. 要使 R_2 在保温状态时的功率为加热状态的一半，R_1/R_2 应为 2∶1
D. 要使 R_2 在保温状态时的功率为加热状态时一半，R_1/R_2 应为 $(\sqrt{2}-1)∶1$

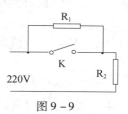

图 9-9

9. 闭合电路中电源不变，下列说法正确的是（   ）。
A. 电源电动势等于电源没有接入电路时两极间的电压，电源接入电路时电动势将减小
B. 无论外电阻怎样变化，电源内电压与电源输出电流之比是定值
C. 流过外电路的电流越大，说明路端电压越高
D. 路端电压为零时，外电路的电流为零，因此整个闭合电路的电流为零

10. 家用电热灭蚊器中电热部分的主要部件是 PTC 元件，PTC 元件是由钛酸钡等半导体材料制成的电阻器，其电阻率与温度的关系如图 9-10 所示，由于这种特性，PTC 元件具有发热、

控温两重功能,对此以下说法中正确的是(　　)。

A. 通电后其功率先增大后减小

B. 通电后其功率先减小后增大

C. 当产生的热量与散发的热量相等时,温度不能保持在 t_1 至 t_2 的某一值不变

D. 当产生的热量与散发的热量相等时,温度保持在 t_1 或 t_2 不变

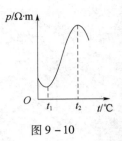

图 9-10

二、填空题

1. 如图 9-11 所示的电路中,电压表和电流表的读数分别为 10V 和 0.1A,那么,待测量电阻 R_x 的测量值比真实值_____,真实值为_____(电流表的内阻为 0.2Ω)。

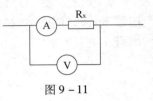

图 9-11

2. 在横截面积为 0.5m 的电解液中,(1)若 5s 内沿相反方向通过此横截面的正、负离子的电量均为 5C,则电解液中的电流强度为_____A,(2)若 5s 内到达阳极的负离子和达到阴极的正离子均为 5C,则电流强度为_____A。

3. 两根完全相同的金属裸导线,如果把其中的一根拉长到原来的两倍,把另一根对折后绞合起来,则它们的电阻之比为_____。

4. 两地相距 40km,从 A 到 B 两条输电线的总电阻为 800Ω,若 A、B 之间的某处 E 两条输电线发生短路,为查明短路地点,在 A 处接上电源,测得电压表示数为 10V,小量程电流表读数为 40mA,则短路处距离 A 点为_____。

5. 如图 9-12 所示,设 $R_1 = R_2 = R_3 = R_4 = R$,求:开关 S 闭合和开启时的 AB 两端的电阻比为_____。

6. 一个标有"12V"字样,功率未知的灯泡,测得灯丝电阻 R 随灯泡两端电压变化的关系图线如图 9-13 所示,利用这条图线计算:

(1)在正常发光情况下,灯泡的电功率 P = _____W。

(2)假设灯丝电阻与其绝对温度成正比,室温有 300K,在正常发光情况下,灯丝的温度为_____K。

(3)若一定值电阻与灯泡串联,接在 20V 的电压上,灯泡能正常发光,则串联电阻的阻值为_____Ω。

7. 如图 9-14 所示,$R_1 = 10Ω, R_2 = 4Ω, R_3 = 6Ω, R_4 = 3Ω$。$U = 24V$。在 a、b 间接一只理想电压表,它的读数是_____;如在 a、b 间只接一只理想电流表,它的读数是_____。

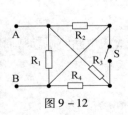

图 9-12

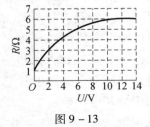

图 9-13

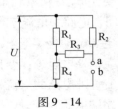

图 9-14

8. 一个电阻为 20Ω 的导体,当它每通过 3C 的电量时,电流做功为 18J,那么此导体两端所加电压为_____V,通过 3C 的电量的时间为_____s。

9. 应变式加速度计作为测量物体加速度的仪器,已被广泛应用于飞机、潜艇、导弹、航天器等装置的制导中。如图 9-15 所示是原理图,支架 A、B 固定在待测系统上,滑块穿在 A、B 间的水平光滑杆上,并用轻弹簧固接于支架 A 上,其下端的滑动臂可在滑动变阻器上自由滑动,随着系统沿着水平方向做变速运动,滑块相对于支架发生位移,并通过电路转换为电信号,从 1、2 两接线柱输出。已知滑块的质量为 m,弹簧的劲度系数为 k,电源电动势为 E,内电阻为 r,滑动变阻器总阻值 $R=4r$,有效总长度为 L。当待测系统静止时,滑动臂 P 位于滑动变阻器的中点。取 AB 方向为参考正方向。(1)写出待测系统沿 A、B 方向做变速运动时的加速度 a 与 1、2 两接线柱间的输出电压 U 的关系式为_____;(2)确定该加速度计的测量范围为_____。

10. 如图 9-16 所示的电路中,电源的电动势 $E=10V$,内电阻 $r=0.5\Omega$,电动机的电阻 $R_0=1.0\Omega$,电阻 $R_1=1.5\Omega$。电动机正常工作时,电压表的示数 $U_1=3.0V$,则:(1)电源释放的电功率_____;(2)电动机将电能转化为机械能的功率_____;(3)电源的输出功率_____。

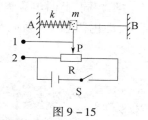

图 9-15

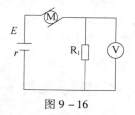

图 9-16

三、计算题

1. 如图 9-17 所示的直流电路中,水平方向连接着呈递减等差数列的 20 个阻值不同的电阻 $20R$、$19R$、…、R,竖直方向连接着 20 个阻值为 R 的完全相同的电阻 R_1、R_2、…、R_{20},已知 R_1 两端的电压为 12V,流过第一个水平方向阻值为 $20R$ 的电阻的电流为 9.5mA,流过第二个水平方向阻值为 $19R$ 的电阻的电流为 9.2mA,求竖直方向的 20 个电阻 R_1、R_2、…、R_{20} 两端的电压之和为多少?

2. 如图 9-18 所示电路中,电阻 $R_1=R_2=R_3=10\Omega$,电源内阻 $\gamma=5\Omega$,电压表可视为理想电表。当开关 S_1 和 S_2 均闭合时,电压表的示数为 10V。求:

(1)电阻 R_2 中的电流为多大?
(2)路端电压为多大?
(3)电源的电动势为多大?
(4)开关 S_1 闭合而 S_2 断开时,电压表的示数变为多大?

3. 一辆电动车,蓄电池充满电后可向电动机提供 $E_0=4.5\times10^6J$ 的能量。已知车辆总质量 $M=150kg$,行驶时所要克服的阻力 f 是车辆总重力的 0.05 倍(g 取 $10m/s^2$)。

(1)若这辆车的电动机的效率 $\eta=80\%$,则这辆车充一次电能行驶的最大距离是多少?
(2)若电动车蓄电池的电动势 $E_1=24V$,工作时的电流强度 $I=20A$,设电动车电路中总电阻为 R,蓄电池工作时有 20% 的能量在 R 上转化为内能。求 R 的大小。

4. 许多人造卫星都使用太阳能电池供电。太阳能电池是由许多个太阳能电池板组成的电池组,每个太阳能电池板组相当于一个电池,再根据需要将几个太阳能电池板组串联使用。某一种太阳能电池板的开路电压是 600mV,短路电流是 150mA。要用这种太阳能电池板向某个用电器供电,该用电器相当于功率为 100mW,阻值为 40Ω 电阻。

(1) 要使这个用电器正常工作,至少要用几个太阳能电池板串联起来向它供电?

(2) 如果太阳能电池将太阳能转换成电能的效率是 60%,这个太阳能电池工作时,照到它的集光板上的太阳能至少是多少?

【参考答案】

一、单项选择题

1. C。

【解析】当滑片 P 由 a 向 b 滑动时,外电路电阻逐渐减小,因此电流逐渐增大,可知选项 A、B 正确;当滑片 P 滑到 b 端时,外电路电阻等于 R_1 与内阻相同,此时电源输出功率最大。因此,C 不正确;判断 D 选项时,可把 R_1 看成内阻的一部分,即内阻为 $2r$,因此当 P 处于 a 端时,外阻 = 内阻 = $2r$,此时 R_2 上的功率最大,所以选项 D 正确。

2. B。

【解析】$\frac{E}{R_1+r}R_1=2$,$\frac{E}{R_2+r}R_2=U_2$,解得 $U_2=\frac{(R_1+r)R_2}{(R_2+r)R_1}\times 2$,当 r 趋近于零时,$U_2=2\text{V}$,当 r 趋近于无穷大时,$U_2=1.6\text{V}$。故选 B。

3. A。

【解析】从导体导电的微观角度来说,在 Δt 时间内能通过某一横截面 AA' 的自由电子必须处于以 AA' 为横截面,长度为 $v\Delta t$ 的圆柱体内,如图所示,由于自由电子可以认为是均匀分布,故此圆柱体内的电子数目为 $nvS\Delta t$。而从电流的定义来说,$I=q/t$,故在 Δt 时间内通过某一横截面的电量为 $I\Delta t$,通过横截面的自由电子数目为 $I\Delta t/e$,故正确答案为 A。

4. C。

【解析】此图像描述 P 随 U^2 变化的规律,由功率表达式 $P=\frac{U^2}{R}$ 知:U 越大,P 越大;而由于 P 的增大,电阻也增大,由图像上对应点斜率减小可得到,故 C 答案正确。

5. B。

【解析】A、C 两图中两灯泡不能正常发光。B、D 中只要调节滑动变阻器阻值 R,两灯泡都可以正常发光。由图可直接看出,D 图中通过滑动变阻器阻值 R 的电流比 B 图中的大,因此 D 图中总功率比 B 图中的大,所以要使两灯泡都正常发光,并使整个电路消耗的总功率最小只能是 B 答案正确。

6. C。

【解析】当 R_x 增大时,左半部分总电阻增大,右半部分电阻减小,所以 R 两端的电压 U 应增大,排除④;如果没有并联 R,电压均匀增大,图线将是②;实际上并联了 R,对应于同一个 R_x 值,左半部分分得的电压将比原来小,所以③正确,选 C。

7. B。

【解析】设待测电阻为 R_x,调零电阻等的阻值(除待测电阻外的总电阻)为 R_0,由欧姆表的原理可知,$\frac{1.5\text{V}}{R_0}=5\text{mA}$,$\frac{1.5\text{V}}{R_0+R_x}=\frac{3}{4}\times 5\text{mA}$,解之得 $R_x=100Ω$,答案 B 正确。

8. C。

【解析】由电路原理图可知,R_2 是供加热用的电阻丝,当开关 K 接通时电饭锅为加热状态,K 断开时为保温状态,AB 正确;当 R_2 在保温状态时的功率为加热状态的一半时,由焦耳定律 $Q = I^2Rt$ 可得,电路中的电流将变为原电流的 $\sqrt{2}/2$ 倍,且有 $220V = IR_2 = \frac{\sqrt{2}}{2}I(R_1 + R_2)$,解之得 R_1/R 应为 $(\sqrt{2} - 1)$,故 D 正确,C 错误。

9. B。

【解析】电动势是由电源本身所决定的,跟外电路的情况无关,电源接入电路时电动势不变,A 错误;电源内电压与电源输出电流之比等于电源的内阻,与外电阻无关,B 正确;流过外电路的电流越大,说明路端电压越低,C 错误;路端电压为零时,外电路的电流为零,因此整个闭合电路的电流最大,D 错误。

10. A。

【解析】电阻率与温度的关系如图可知,其电阻率随温度先降低再增大,由焦耳定律可得通电后其功率先增大后减小,当其产生的热量与散发的热量相等时,温度保持在 t_1 至 t_2 的某一值不变,A 正确。

二、填空题

1. 偏大,99.8Ω。

【解析】因为电流表和 R_x 直接串联,则电流表读数 I' 等于 R_x 的真实电流 I,电压表并联在电流表和 R_x 串联电路的两端,故电压表读数 U' 大于 R_x 两端电压 U,所以 R_x 的测量值 $R_x' = \frac{U'_{偏大}}{I'_{准确}}$ 大于真实值 $R_x = U/I$;R_x 真实值为 $R_x = U/I = \frac{U' - I'R_A}{I'} = \frac{10 - 0.1 \times 0.2}{0.1} = 99.8Ω$。

2. 2A,1A。

【解析】(1)因 $I = \frac{q}{t}$ 中 q 是通过整个截面的电量,并非单位面积通过的电量,且因为正负离子沿相反方向定向形成的电流方向是相同的,所以 q 应为正、负离子电量的绝对值之和,故 $I = \frac{q}{t} = \frac{2 \times 5}{5} = 2A$。

(2)对阳极进行讨论:根据电解液导电的原理得知到达阳极的离子只有负离子,则 $I = \frac{q}{t} = \frac{5}{5} = 1A$。

3. 16∶1。

【解析】金属线原来的电阻为 $R = \rho\frac{L}{S}$;拉长后,长度变为 $2L$,因为体积不变,横截面积变为 $\frac{1}{2}S$,电阻 $R_1 = 4R$;另一根对折绞合后,长度变为 $\frac{1}{2}L$,横截面积变为原来的 2 倍,为 $2S$,电阻 $R_2 = \frac{1}{4}R$,则两电阻之比为 16∶1。

4. 12.5km。

【解析】根据题意画出电路如图 9-19 所示，A、B 两地相距为 $L_1=40\text{km}$，原输电线总长为 $2L_1=80\text{km}$，电阻 $R_1=800\Omega$，设短路处 E 距 A 端 L_2，其间输电线电阻为 $R_2=\dfrac{U}{I}=\dfrac{10}{40\times10^{-3}}\Omega=250\Omega$，$\dfrac{R_1}{R_2}=\dfrac{2L_1}{2L_2}=\dfrac{L_1}{L_2}$，$L_2=\dfrac{R_2}{R_1}\cdot L_1=12.5\text{km}$，即 E 处距离 A 端 12.5km。

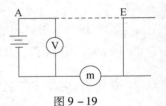

图 9-19

5. 5/6。

【解析】利用节点法，开关闭合时，其中 R_1、R_2、R_3 都接在 AB 两点间，而 R_4 两端都为 B，即 R_4 被短路，所以其等效电路如图 9-20 所示，易得 $R_{AB}=R/3$。当开关断开时，其对应等效电路如图 9-21 所示，易得 $R_{AB}=2R/5$。所以两次电阻比为 5/6。

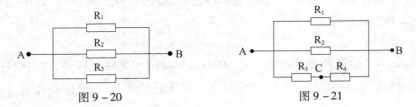

图 9-20　　　　　　图 9-21

6. (1) 24；(2) 1800；(3) 4。

7. 18V，6.67A。

8. 6，10。

【解析】由公式 $W=UIt=Uq$，可得导体两端所加电压为 6V，通过 3C 的电量的时间为 10s。

9. (1) $a=\dfrac{kL(2E-5U)}{2m}$；(2) $-\dfrac{kLE}{m}\leq a\leq +\dfrac{kLE}{m}$。

【解析】(1) 由题意可得 $-kx=ma$，$U=\dfrac{0.5L+x}{L}\times 4r\times\dfrac{E}{5r}$，联立得 $a=\dfrac{kL(2E-5U)}{2m}$。

(2) 当 $U=0$ 或 $U=\dfrac{4}{5}E$ 时，$a=\pm\dfrac{kLE}{m}$，所以该加速度计的测量范围为 $-\dfrac{kLE}{m}\leq a\leq+\dfrac{kLE}{m}$。

10. (1) 20W，(2) 8W，(3) 18W。

【解析】(1) 电动机正常工作时，总电流为 $I=\dfrac{U_1}{R_1}=\dfrac{3.0}{1.5}\text{A}=2\text{A}$，电源释放的电功率为 $P_{释}=EI=10\times 2\text{W}=20\text{W}$。

(2) 电动机两端的电压为 $U=E-Ir-U_1=6\text{V}$，电动机消耗的电功率为 $P_{消}=UI=6\times 2\text{W}=12\text{W}$，电动机消耗的热功率为 $P_{热}=I^2R_0=4\text{W}$，电动机将电能转化为机械能的功率，根据能量守恒为：$P_{机}=P_{消}-P_{热}=(12-4)\text{W}=8\text{W}$。

(3) 电源的输出功率为 $P_{出}=P_{释}-I^2r=18\text{W}$。

三、计算题

1. $U_总=380\text{V}$。

【解析】设 R_1、R_2、$\cdots$、R_{20} 两端的电压分别为 U_1、U_2、$\cdots$、U_{20}；流过 R_1、R_2、$\cdots$、R_{20} 的电流分别为 I_1、I_2、$\cdots$、I_{20}；流过 $20R$ 的电流为 $I_1'=9.5\text{mA}$，流过 $19R$ 的电流为 $I_2'=9.2\text{mA}$；根据部分电路欧姆定律可得

$$U_1=I_1R_1,U_2=I_2R_2,\cdots,U_{20}=I_{20}R_{20}$$

$$R_1 = R_2 = \cdots = R_{20} = R = \frac{U_1}{I_1' - I_2'},$$

所以 $U_{\text{总}} = U_1 + U_2 + \cdots + U_{20} = (I_1 + I_2 + \cdots + I_{20})R = \frac{I_1' \cdot U_1}{I_1' - I_2'} = 380\text{V}$。

2. （1）$I = 1\text{A}$；（2）$U = 15\text{V}$；（3）$E = 20\text{V}$；（4）$U' = 16\text{V}$。

【解析】（1）电阻 R_2 中的电流　　　　$I = U_2/R_2$

代入数据得　　　　　　　　　　　　　$I = 1\text{A}$

（2）外电阻　　　　　　　　　　$R = R_2 + \dfrac{R_1 R_3}{R_1 + R_3} = 15\Omega$

路端电压　　　　　　　　　　　　　$U = IR = 15\text{V}$

（3）根据闭合电路欧姆定律　　　　$I = E/(R + r)$

代入数据解得　　　　　　　　　　　　$E = 20\text{V}$

（4）S_1 闭合而 S_2 断开，电路中的总电流 $I' = E/(R_1 + R_2 + r)$

电压表示数 $U' = I'(R_1 + R_2)$

代入数据解得 $U' = 16\text{V}$

【说明】此类题目处理的关键是根据电路的特点，找出用电器两端的电压或流过该用电器的电流，进而选用不同的公式规律进行列式求解。在公式应用时，一定要注意公式的适用条件。

3. （1）$s = 48\text{km}$；（2）$R = 0.24\Omega$。

【解析】（1）设电动车保持匀速行驶且行驶过程中不刹车，车辆存储的能量全部用来克服地面阻力做功，则 $\eta E_0 = \mu Mgs$，得这辆车最多能行驶的距离 $s = 48\text{km}$。

（2）由电路中能量关系，$20\% E_1 I = I^2 R$，得 $R = 0.24\Omega$。

4. （1）$n = 5$；（2）$P_0 = 0.25\text{W}$。

【解析】（1）用电器工作时的电流为 $I = \sqrt{\dfrac{P}{R}} = 0.05\text{A}$，

每个电池板的电动势为 $E = U_{\text{开}} = 0.6\text{V}$，内阻 $r = \dfrac{E}{I_0} = 4\Omega$。

设 n 个电池板串联供电时有 $nE = I(nr + R)$，解得 $n = 5$。

（2）供电时，电路中消耗的电功率为 nIE，需要太阳能功率为 $P_0 = \dfrac{nEI}{0.6} = 0.25\text{W}$。

第十章 磁 场

考试范围与要求

- 了解磁场的物质性和基本特性。
- 了解磁感应强度、磁感线的概念,会用安培定则判定磁场方向。
- 了解洛伦兹力、安培力的概念。
- 了解质谱仪的工作原理、回旋加速器的基本构造和加速原理。
- 掌握匀强磁场中安培力的计算,会用左手定则解决军事与生活中的简单问题。
- 掌握带电粒子在匀强磁场中的运动规律,会用左手定则解决军事与生活中的简单问题。
- 了解安培的分子电流假说;了解磁性材料及其应用。

主要内容

$$\text{磁场} \begin{cases} \text{产生:运动的电荷产生磁场(磁现象的电本质)} \\ \text{基本性质:对处在磁场中的运动电荷(电流)有力的作用} \\ \text{描述} \begin{cases} \text{物理量:磁感应强度 } B = \dfrac{F}{IL}(B \perp L) \\ \text{方向} \begin{cases} \text{小磁针 N 极的受力方向} \\ \text{磁感线的切线方向} \end{cases} \\ \text{磁感线} \begin{cases} \left.\begin{array}{l}\text{条形磁铁} \\ \text{蹄形磁铁} \\ \text{匀强磁场}\end{array}\right\} \text{磁感线的分布} \\ \left.\begin{array}{l}\text{直线电流} \\ \text{环行电流} \\ \text{通电螺线管}\end{array}\right\} \text{磁场方向的确定,安培定则} \end{cases} \end{cases} \\ \text{作用} \begin{cases} \text{对通电导线} \begin{cases} \text{安培力的大小}:F = BIL(B \perp L) \\ \text{方向:左手定则}(F \perp B \text{ 且 } F \perp L) \end{cases} \\ \text{对运动电荷} \begin{cases} \text{洛伦兹力大小}:F = qvB(B \perp v) \\ \text{方向:左手定则}(F \perp B \text{ 且 } F \perp v) \end{cases} \\ \text{对磁体:磁体 N 极受力的方向与该处 } B \text{ 方向相同} \end{cases} \\ \text{带电粒子在} \\ \text{匀强磁场中做} \\ \text{匀速圆周运动} \end{cases} \begin{cases} \text{条件}:v \perp B \\ \text{半径}:r = \dfrac{mv}{qB} \rightarrow \text{应用} \begin{cases} \text{质谱仪} \\ \text{回旋加速器} \end{cases} \\ \text{周期}:T = \dfrac{2\pi m}{qB} \end{cases} \end{cases}$$

1. 磁场和磁感线

磁场：磁场是存在于磁体、电流和运动电荷周围的一种物质，变化的电场也能产生磁场。磁场对处于其中的磁体、电流和运动电荷有力的作用。一切磁现象都是起源于运动电荷，通过磁场而发生的相互作用。规定在磁场中任一点小磁针 N 极受力的方向（或者小磁针静止时 N 极的指向）就是那一点的磁场方向。安培分子电流假说——在原子、分子等物质微粒内部，存在着一种环形电流即分子电流，分子电流使每个物质微粒成为微小的磁体。

磁感线：在磁场中人为地画出一系列曲线，曲线的切线方向表示该位置的磁场方向，曲线的疏密定性地表示磁场的弱强，这一系列曲线称为磁感线。磁铁外部的磁感线，都从磁铁 N 极出来，进入 S 极，在内部，由 S 极到 N 极，磁感线是闭合曲线，磁感线不相交。

几种典型磁场的磁感线分布如图 10-1 所示。①直线电流的磁场：同心圆、非匀强、距导线越远处磁场越弱。②通电螺线管的磁场：两端分别是 N、S 极，管内可看作匀强磁场，管外是非匀强磁场。③环形电流的磁场：两侧是 N 极和 S 极，离圆环中心越远，磁场越弱。④匀强磁场：磁感应强度的大小处处相等、方向处处相同。匀强磁场中的磁感线是分布均匀、方向相同的平行直线。⑤地磁场：地球的磁场与条形磁体的磁场相似，地磁场的 N 极在地球南极附近，S 极在地球北极附近。

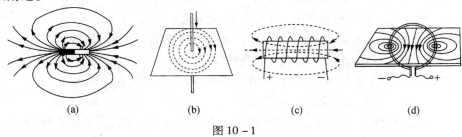

图 10-1

2. 磁感应强度

（1）定义：磁感应强度是表示磁场强弱的物理量，在磁场中垂直于磁场方向的通电导线，受到的磁场力 F 跟电流 I 和导线长度 L 的乘积 IL 的比值，叫作通电导线所在处的磁感应强度，定义式 $B = F/IL$，单位特斯拉（T），$1T = 1N/(A·m)$。

（2）磁感应强度是矢量，磁场中某点的磁感应强度的方向就是该点的磁场方向，即通过该点的磁感线的切线方向。磁感应强度 B 是矢量，遵守矢量的平行四边形法则，注意磁感应强度的方向就是该处的磁场方向，并不是在该处的电流的受力方向。

（3）磁场中某位置的磁感应强度的大小及方向是客观存在的，与放入的电流强度 I 的大小、导线 L 的长短无关，与电流受到的力也无关，即使不放入载流导体，它的磁感应强度也照样存在，因此不能说 B 与 F 成正比，或 B 与 IL 成反比。

（4）磁感应强度 B 与电场强度 E 的比较如表 10-1 所列。

表 10-1

参数	电场强度 E	磁感应强度 B
相同点	客观存在的描述场的量，都是矢量，遵循"平行四边形"法则	
不同点	电场强度 E	磁感应强度 B
引入	用试探电荷 q	用试探电流元 IL

(续)

参数	电场强度 E	磁感应强度 B
定义	$E=F/q$，E 与 F、q 无关	$B=F/IL$，B 与 I、L 无关
单位	N/C 或 V/m	T
形象描述	电场线	磁感线
	两线切线方向为场方向，疏密表示场的强弱	
	不封闭曲线，从"$+Q$"指向"$-Q$"	封闭曲线，外部从 N 指向 S
场力 F	电场力 $F=qE$ 由电荷作用判断方向	安培力 $F=I_\perp LB$ 左手定则判断方向
匀强场	E 一定	B 一定
	两线均为分布均匀的平行直线	

3. 安培力和安培力矩

磁场对电流的作用力，叫作安培力，如图 10-2 所示，一根长为 L 的直导线，处于磁感应强度为 B 的匀强磁场中，且与 B 的夹角为 θ，当通以电流 I 时，安培力的大小可以表示为 $F=BIL\sin\theta$，式中 θ 为 B 与 I 的夹角。当 $\theta=90°$ 时，安培力最大，$F_m=BIL$；当 $\theta=0°$ 或 $180°$ 时，安培力为零。

图 10-2

应用安培力公式应注意的问题：(1) 安培力的方向，总是垂直 B、I 所决定的平面，即一定垂直 B 和 I，但 B 与 I 不一定垂直（如图 10-3 所示）。(2) 弯曲导线的有效长度 L，等于两端点连接线段的长度（如图 10-4 所示），相应的电流方向，沿 L 由始端流向末端。所以，任何形状的闭合平面线圈，通电后在匀强磁场受到的安培力的矢量和一定为零，因为有效长度 $L=0$。该公式一般只运用于匀强磁场。

在磁感应强度为 B 的匀强磁场中，一个匝数为 N、面积为 S 的矩形线圈，当通以电流 I 时，受到的安培力矩为 $M=NF\overline{ad}\sin\theta=NBI\overline{ab}\cdot\overline{ad}\sin\theta$（如图 10-5 所示），即 $M=NBIS\sin\theta$。电流表（辐向式磁场）线圈所受力矩：$M=NBIS_{/\!/}=k\theta$。

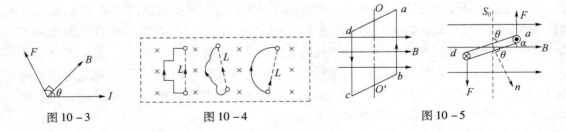

图 10-3　　　　图 10-4　　　　图 10-5

4. 洛伦兹力和带电粒子在磁场中的运动规律

洛伦兹力的大小 $f=Bqv\sin\theta$，当 $v\perp B$ 时 $f=qvB$；当 $v/\!/B$ 时，$f=0$。在磁场中静止的电荷不受洛伦兹力作用。洛伦兹力始终垂直于 v 的方向，所以洛伦兹力一定不做功。洛伦兹力是安培力的微观实质，安培力是洛伦兹力的宏观表现。所以洛伦兹力的方向与安培力的方向一样也由左手定则判定。

当带电粒子只受洛伦兹力作用时（电子、质子、α 粒子等微观粒子的重力通常忽略不计），若带电粒子的速度方向与磁场方向平行(相同或相反),带电粒子以入射速度 v 做匀速直线运动;若带电粒子的速度方向与磁场方向垂直,带电粒子在垂直于磁感线的平面内,以入射速率 v 做匀速圆周运动;轨道半径公式 $r = mv/qB$,周期公式 $T = 2\pi m/qB$。

5. 带电粒子在复合场中运动

带电粒子在复合场中做直线运动。① 带电粒子所受合外力为零时,做匀速直线运动,处理这类问题,应根据受力平衡列方程求解。② 带电粒子所受合外力恒定,且与初速度在一条直线上,粒子将作匀变速直线运动,处理这类问题,根据洛伦兹力不做功的特点,选用牛顿第二定律、动量定理、动能定理、能量守恒等规律列方程求解。

带电粒子在复合场中做曲线运动。当带电粒子所受的重力与电场力等值反向时,洛伦兹力提供向心力,带电粒子在垂直于磁场的平面内做匀速圆周运动。处理这类问题,往往同时应用牛顿第二定律、动能定理列方程求解。

质谱仪:不同的谱线半径可知粒子的质量,如图 10-6 所示。

$$m = \frac{B^2 q d^2}{8U}$$

直线加速器:如图 10-7 所示。

$$v_n = \sqrt{\frac{2q(U_1 + U_2 + \cdots + U_n)}{m}}$$

回旋加速器:如图 10-8 所示。

$$T = \frac{2\pi m}{qB} = T_{交变}$$

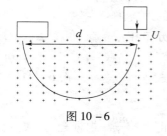

图 10-6

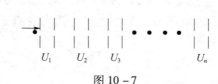

图 10-7

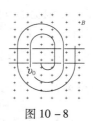

图 10-8

典型例题

例 1 如图 10-9 所示,导体杆 ab 的质量为 m,电阻为 R,放置在水平夹角为 θ 的倾斜金属导轨上。导轨间距为 d,电阻不计,系统处于竖直向上的匀强磁场中,磁感应强度为 B,电池内阻不计,问:

(1)若导轨光滑,电源电动势 E 多大能使导体杆静止在导轨上?

(2)若杆与导轨之间的动摩擦因数为 μ,且不通电时导体不能静止在导轨上,要使杆静止在导轨上,电池的电动势应多大?

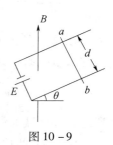

图 10-9

【分析】(1)这是一个三力平衡的问题,注意安培力的方向是水平方向而不是沿斜面方向。

(2)还是一个共点力的平衡问题,要注意是两种极值的计算问题。

【解答】（1）对导体棒受力分析如图10－10所示，由平衡条件得

$$F - N\sin\theta = 0$$
$$N\cos\theta - mg = 0$$

而

$$F = BId = B\frac{E}{R}d$$

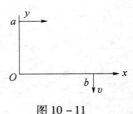

图10－10

由以上三式解得

$$E = \frac{Rmg\tan\theta}{Bd}$$

（2）由两种可能：一种是 E 偏大，I 偏大，F 偏大，导体棒有上滑趋势，摩擦力沿斜面向下，由平衡条件 $F\cos\theta - mg\sin\theta - \mu(mg\cos\theta + F\sin\theta) = 0$

根据安培力公式有

$$F = B\frac{E_1}{R}d$$

以上两式联立解得

$$E_1 = \frac{Rmg(\sin\theta + \mu\cos\theta)}{Bd(\cos\theta - \mu\sin\theta)}$$

另一种可能是 E 偏小，摩擦力沿斜面向上，同理可得 $E_2 = \dfrac{Rmg(\sin\theta - \mu\cos\theta)}{Bd(\cos\theta + \mu\sin\theta)}$

综上所述电池电动势的取值范围是 $E_2 \leq E \leq E_1$。

【点评】这是一道力电小综合的问题，考点有欧姆定律、安培力、静摩擦力和共点力的平衡条件，尤其要注意理解静摩擦力，它是一个被动力，其大小和方向都可能变化。

例2 如图10－11所示，一带电质点，质量为 m，电量为 q，以平行于 Ox 轴的速度 v 从 y 轴上的 a 点射入图中第一象限所示的区域。为了使该质点能从 x 轴上的 b 点以垂直于 Ox 轴的速度 v 射出，可在适当的地方加一个垂直于 xy 平面、磁感应强度为 B 的匀强磁场。若此磁场仅分布在一个圆形区域内，试求这圆形磁场区域的最小半径。重力忽略不计。

【答案】 $r = \dfrac{\sqrt{2}}{2} \cdot \dfrac{mv}{qB}$。

【解析】质点在磁场中作半径为 R 的圆周运动，$qBv = m\dfrac{v^2}{R}$，得 $R = \dfrac{mv}{qB}$。根据题意，质点在磁场区域中的轨道是半径等于 R 的圆上的1/4圆弧，这段圆弧应与入射方向的速度、出射方向的速度相切。过 a 点作平行于 x 轴的直线，过 b 点作平行于 y 轴的直线，则与这两直线均相距 R 的 O' 为圆心、R 为半径的圆（圆中虚线圆）上的圆弧 MN，M 点和 N 点应在所求圆形磁场区域的边界上。

在通过 M、N 两点的不同的圆周中，最小的一个是以 MN 连线为直径的圆周。所以本题所求的圆形磁场区域的最小半径为

$$r = \frac{1}{2}\overline{MN} = \frac{1}{2}\sqrt{R^2 + R^2} = \frac{\sqrt{2}}{2}R = \frac{\sqrt{2}}{2} \cdot \frac{mv}{qB}$$

所求磁场区域如图10－12中实线圆所示。

【点评】此题考查的是洛伦兹力作用下的圆周运动规律，关键是要理解圆轨迹与速度的几何关系。临界值可能以极值形式出现，也可能是边界值（即最大值和最小值）。此题中最小值是利用几何知识判断而

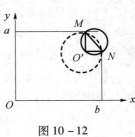

图10－12

得到的。M、N 两点及 MN 圆弧分别是磁场的边界点和磁场内的一段弧,是寻找最小圆形磁场区域的依据。

例3 如图 10-13 所示,在 xOy 坐标平面的第一象限内有一沿 y 轴正方向的匀强电场,在第四象限内有一垂直于平面向外的匀强磁场,现有一质量为 m、电荷量为 q 的带负电粒子(重力不计)从坐标原点 O 射入磁场,其入射方向与 y 的方向成 $45°$ 角。当粒子运动到电场中坐标为 $(3L, L)$ 的 P 点处时速度大小为 v_0,方向与 x 轴正方向相同。求:

(1) 粒子从 O 点射入磁场时的速度 v;
(2) 匀强电场的场强 E;
(3) 粒子从 O 点运动到 P 点所用的时间。

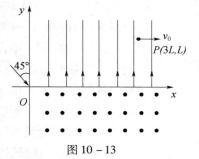

图 10-13

【答案】(1) $\sqrt{2}v_0$;(2) $\dfrac{mv_0^2}{2qL}$;(3) $\dfrac{(8+\pi)L}{4v_0}$。

【解析】若粒子第一次在电场中到达最高点 P,则其运动轨迹如图 10-14 所示。

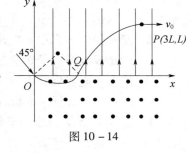

图 10-14

(1) 设粒子在 O 点时的速度大小为 v,OQ 段为 $\dfrac{1}{4}$ 圆弧,QP 段为抛物线。根据对称性可知,粒子在 Q 点时速度的大小也为 v,方向与 x 轴正方向成 $45°$ 角,可得 $v_0 = v\cos 45°$,解得 $v = \sqrt{2}v_0$。

(2) 在粒子从 Q 运动到 P 的过程中,由动能定理得 $-qEL = \dfrac{1}{2}mv_0^2 - \dfrac{1}{2}mv^2$,解得 $E = \dfrac{mv_0^2}{2qL}$。

(3) 在 Q 点时,$v_y = v_0\tan 45° = v_0$,设粒子从 Q 运动到 P 所用的时间为 t_1,在竖直方向上有 $t_1 = \dfrac{L}{\dfrac{v_0}{2}} = \dfrac{2L}{v_0}$,水平方向上有 $x_1 = v_0 t_1 = 2L$。

因为 P 点的横坐标为 $3L$,故粒子在电场中一定是第一次到达最高点即过 P 点,所以 $OQ = 3L - 2L = L$,又因为 $OQ = 2R\cos 45°$,故粒子在 OQ 段做圆周运动的半径 $R = \dfrac{\sqrt{2}}{2}L$。

粒子从 O 点运动到 Q 点所用的时间为 $t_2 = \dfrac{1}{4} \times \dfrac{2\pi R}{v} = \dfrac{\pi L}{4v_0}$。

则粒子从 O 点运动到 P 点所用的时间为 $t_总 = t_1 + t_2 = \dfrac{2L}{v_0} + \dfrac{\pi L}{4v_0} = \dfrac{(8+\pi)L}{4v_0}$。

强化训练

一、单项选择题

1. 如图 10-15 所示,电流从 A 点分两路通过对称的环形分路汇合于 B 点,在环形分路的中心处的磁感应强度的方向( )。

A. 垂直环面指向"纸内"

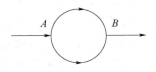

图 10-15

B. 垂直环面指向"纸外"

C. 磁感应强度为零

D. 无法判断

2. 如图 10-16 所示,一金属直杆 MN 两端接有导线,悬挂于线圈上方,MN 与线圈轴线均处于竖直平面内,为使 MN 垂直纸面向外运动,不可以的是(　　)。

A. 将 a、c 端接在电源正极,b、d 端接在电源负极

B. 将 b、d 端接在电源正极,a、c 端接在电源负极

C. 将 a、d 端接在电源正极,b、c 端接在电源负极

D. 将 a、c 端接在交流电源的一极,b、d 端接在交流电源的另一极

3. 图 10-17 为一"滤速器"装置示意图。a、b 为水平放置的平行金属板,一束具有各种不同速率的电子沿水平方向经小孔 O 进入 a、b 两板之间。为了选取具有某种特定速率的电子,可在 a、b 间加上电压,并沿垂直于纸面的方向加一匀强磁场,使所选电子仍能够沿水平直线 OA 运动,由 A 射出。不计重力作用。可能达到上述目的的办法是(　　)。

A. 使 a 板电势高于 b 板,磁场方向垂直纸面向里

C. 使 a 板电势高于 b 板,磁场方向平行于纸面由 $a→b$

D. 使 a 板电势低于 b 板,磁场方向平行于纸面由 $b→a$

B. 使 a 板电势低于 b 板,磁场方向垂直纸面向里

4. 图 10-18 为云室中某粒子穿过铅板 P 前后的轨迹,室中匀强磁场的方向与轨迹所在平面垂直,图中垂直于纸面向里,由此可知此粒子(　　)。

A. 一定带正电

B. 一定带负电

C. 不带电

D. 可能带正电,也可能带负电

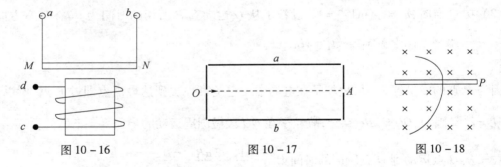

图 10-16　　　　图 10-17　　　　图 10-18

5. 南极科考队在南极观看到了美丽的极光,极光是由来自太阳的高能量带电粒子流高速冲进高空稀薄大气层时,被地球磁场俘获,从而改变原有运动方向,向两极做螺旋运动,如图 10-19 所示。这些高能粒子在运动过程中与大气分子或原子剧烈碰撞或摩擦从而激发大气分子或原子,使其发出有一定特征的各种颜色的光。地磁场的存在使多数宇宙粒子不能达到地面而向人烟稀少的两极偏移,为地球生命的诞生和维持提供了天然的屏障,科学家发现并证实,向两极做螺旋运动的这些高能粒子的旋转半径是不断减小的,这主要与下列哪些因素

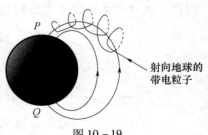

图 10-19

有关( )。
   A. 洛伦兹力对粒子做负功,使其动能减小
   B. 空气阻力做负功,使其动能减小
   C. 南北两极的磁感应强度减弱
   D. 太阳对粒子的引力做负功

6. 如图10-20所示,有一重为 G 的带电小球,从两竖直的带等量异种电荷的平行板的上方高 h 处自由落下,两板间还有匀强磁场,磁场方向垂直纸面向里,则小球在通过正交的电磁场的过程中( )。
   A. 一定做曲线运动   B. 可能做匀速直线运动
   C. 可能做匀加速直线运动   D. 可能做变加速直线运动

7. 电子与质子速度相同,都从 O 点射入匀强磁场区,则图10-21中画出的四段圆弧,哪两个是电子和质子运动的可能轨迹( )。
   A. a 是电子运动轨迹,d 是质子运动轨迹   B. b 是电子运动轨迹,c 是质子运动轨迹
   C. c 是电子运动轨迹,b 是质子运动轨迹   D. d 是电子运动轨迹,a 是质子运动轨迹

8. 如图10-22所示,甲带正电,乙是不带电的绝缘物块,甲乙叠放在一起,置于粗糙的水平地板上,地板上方空间有垂直纸面向里的匀强磁场,现用一水平恒力 F 拉物块乙,使甲、乙无相对滑动一起向左加速运动,在加速运动阶段( )。
   A. 甲、乙两物块间的摩擦力不断增大   B. 甲、乙两物块间的摩擦力不断减小
   C. 甲、乙两物块间的摩擦力保持不变   D. 乙物块与地面之间的摩擦力不断减小

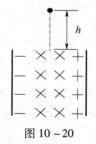
图10-20

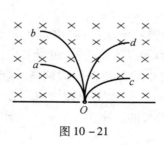
图10-21

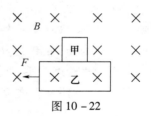
图10-22

9. 空间存在竖直向下的匀强电场和水平方向(垂直纸面向里)的匀强磁场,如图10-23所示,已知一离子在电场力和洛伦兹力共同作用下,从静止开始自 A 点沿曲线 ACB 运动,到达 B 点时速度为零,C 为运动的最低点。不计重力,则( )。
   A. 该离子带负电
   B. B 点比 A 点位置高
   C. C 点时离子速度最大
   D. 离子到达 B 点后,将沿原曲线返回 A 点

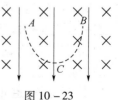
图10-23

10. 一带电粒子以一定速度垂直射入匀强磁场中,则不受磁场影响的物理量是( )。
   A. 速度   B. 加速度   C. 动量   D. 动能

二、填空题

1. 如图10-24所示,是测量带电粒子质量的仪器工作原理示意图。某有机化合物的气态

分子在容器 A 中,使它受到电子束的轰击,失去一个电子而成为正一价分子离子。分子离子从狭缝 s_1 以很小的速度进入电压为 U 的加速电场区,加速后再从狭缝 s_2、s_3 射入磁感应强度为 B 的匀强磁场,方向垂直磁场区边界 PQ。最后分子离子打在感光片上,形成垂直于纸面且平行于狭缝 s_3 的细线。若测得细线到 s_3 的距离为 d,则分子离子的质量 m 表达式为_____。

2. 如图 10-25 所示,虚线上方有场强为 E 的匀强电场,方向竖直向下,虚线上下有磁感应强度相同的匀强磁场,方向垂直纸面向外,ab 是一根长为 L 的绝缘细杆,沿电场线放置在虚线上方的场中,b 端在虚线上。将一套在杆上的带正电的小球从 a 端由静止释放后,小球先做加速运动,后做匀速运动到达 b 端。已知小球与绝缘杆间的动摩擦因数 $\mu = 0.3$,重力不计,当小球脱离杆进入虚线下方后,运动轨迹是半圆,圆的半径是 L/3。则带电小球从 a 到 b 的过程中克服摩擦力所做的功与电场力所做功的比值为_____,小球在磁场中做匀速圆周运动时的速度大小为_____。

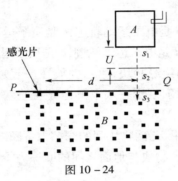

图 10-24

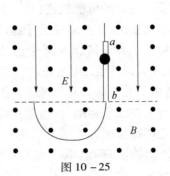

图 10-25

3. 在相互垂直的匀强电场和匀强磁场中,有一倾角为 θ,足够长的光滑绝缘斜面,磁感应强度为 B,方向垂直纸面向外,电场方向竖直向上。有一质量为 m,带电量为 +q 的小球静止在斜面顶端,这时小球对斜面的正压力恰好为零,如图 10-26 所示,若迅速把电场方向反转成竖直向下,小球能在斜面上连续滑行的距离为_____,所用时间是_____。

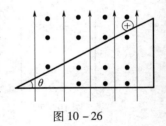

图 10-26

4. 回旋加速器是用来加速带电粒子使它获得很大动能的仪器,其核心部分是两个 D 形金属扁盒,两盒分别和一高频交流电源两极相接,以便在盒间的窄缝中形成一匀强电场,高频交流电源的周期与带电粒子在 D 形盒中的运动周期相同,使粒子每穿过窄缝都得到加速(尽管粒子的速率和半径一次比一次增大,运动周期却始终不变),两盒放在匀强磁场中,磁场方向垂直于盒底面,磁场的磁感应强度为 B,离子源置于 D 形盒的中心附近,若离子源射出粒子的电量为 q,质量为 m,最大回转半径为 R,其运动轨道如图 10-27 所示,则:两盒所加交流电的频率为_____;粒子离开回旋加速器时的动能为_____;设两 D 形盒间电场的电势差为 U,盒间窄缝的距离为 d,其电场均匀,粒子在电场中加速所用的时间 t 为_____,粒子在整个回旋加速器中加速所用的时间 $t_总$ 为_____。

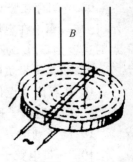

图 10-27

三、计算题

1. 竖直放置的半圆形光滑绝缘管道处在如图 10-28 所示的匀强磁场中，$B=1.1$T，管道半径 $R=0.8$m，其直径 POQ 在竖直线上，在管口 P 处以 2m/s 的速度水平射入一个带电小球，可把它视为质点，其电荷量为 10^{-4}C（$g=10$m/s²），试求：

（1）小球滑到 Q 处的速度为多大？

（2）若小球从 Q 处滑出瞬间，管道对它的弹力正好为零，小球的质量为多少？

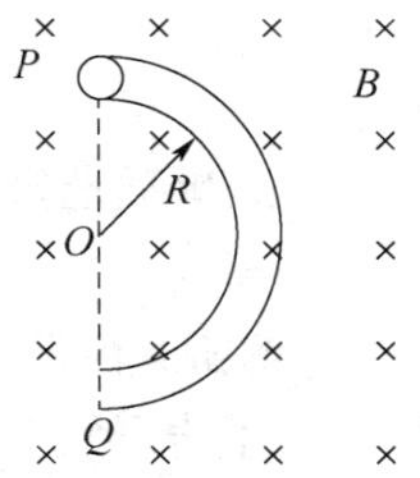

图 10-28

2. 在实验室中，需要控制某些带电粒子在某区域内的滞留时间，以达到预想的实验效果。

现设想在 xOy 的纸面内存在以下的匀强磁场区域，在 O 点到 P 点区域的 x 轴上方，磁感应强度为 B，方向垂直纸面向外，在 x 轴下方，磁感应强度大小也为 B，方向垂直纸面向里，OP 两点距离为 x_0，如图 10-29 所示。现在原点 O 处以恒定速度 v_0 不断地向第一象限内发射氚核粒子。

(1) 设粒子以与 x 轴成 $45°$ 角从 O 点射出，第一次与 x 轴相交于 A 点，第 n 次与 x 轴交于 P 点，求氚核粒子的比荷 $\frac{q}{m}$（用已知量 B、x_0、v_0、n 表示），并求 OA 段粒子运动轨迹的弧长（用已知量 x_0、v_0、n 表示）。

(2) 求粒子从 O 点到 A 点所经历时间 t_1 和从 O 点到 P 点所经历时间 t（用已知量 x_0、v_0、n 表示）。

3. 如图 10-30 所示，真空室内存在匀强磁场，磁场方向垂直于纸面向里，磁感应强度的大小 $B=0.60$T。磁场内有一块平面感光平板 ab，板面与磁场方向平行。在距 ab 的距离为 $l=16$cm 处，有一个点状的 α 放射源 S，它向各个方向发射 α 粒子。α 粒子的速度都是 $v=3.0×10^6$m/s，已知 α 粒子的电荷与质量之比 $\frac{q}{m}=5.0×10^7$C/kg。现只考虑在图纸平面中运动的 α 粒子，求 ab 上被 α 粒子打中的区域的长度。

4. 如图 10-31 所示为实验用磁流体发电机原理图，两极间距 $d=20$cm，磁场的磁感应强度 $B=5$T，若接入额定功率 $P=100$W 的灯，正好正常发光，且灯泡正常发光时电阻 $R=100Ω$，不计发电机内阻，求：

（1）等离子体的流速是多大？

（2）若等离子体均为一价离子，每秒钟有多少个什么性质的离子打在下极板上？

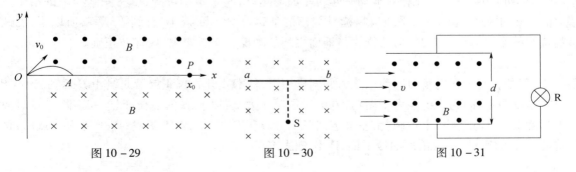

图 10-29   图 10-30   图 10-31

【参考答案】

一、单项选择题

1. C。

   【解析】由图可知,在环形分路中心处的磁感应强度为零,垂直环面指向"纸内"的磁感应强度与垂直环面指向"纸外"的完全抵消。

2. C。

   【解析】如图所示,将 a、c 端接在电源正极,b、d 端接在电源负极时,由安培定则可知 cd 线圈的上端是电磁铁 N 极,由左手定则可知金属直杆 MN 受到垂直纸面向外的安培力的作用而向外运动,A 正确;同理可以判断 B、D 正确,C 不正确。

3. A。

   【解析】当 a 板电势高于 b 板,磁场方向垂直纸面向里时,电场力向上,洛伦兹力向下,两力可能抵消,A 正确;同理可以判定,B、C、D 不正确。

4. A。

   【解析】由 $R=\dfrac{mv}{qB}$ 及该粒子穿过铅板 P 前后的轨迹可知,粒子是由下向上运动的,半径在变小,用左手定则可以判断此粒子一定带正电,A 正确。

5. B。

   【解析】由 $R=\dfrac{mv}{qB}$ 可知,速度减小、磁感应强度变大都能使高能粒子的旋转半径不断减小,所以 B 正确 C 不正确;洛伦兹力不做功,太阳对粒子的引力做正功,所以 A、D 不正确。

6. A。

   【解析】受力分析可知,带电小球将受三个力的作用,合力是变力,力的方向与小球的运动方向不共线,所以一定做曲线运动,A 正确。

7. C。

   【解析】电子与质子都从 O 点射入匀强磁场区,用左手定则可以判断此粒子 a、b 可能是质子运动轨迹,c、d 可能是电子运动轨迹;由 $R=\dfrac{mv}{qB}$ 可知,c 是电子运动轨迹,b 是质子运动轨迹,所以只有 C 正确。

8. B。

   【解析】因为甲、乙无相对滑动一起向左加速运动,左手定则可知,甲将受到向下的洛伦兹力的作用;由于 F 恒定,水平地板粗糙,甲、乙的加速度会不断减小,直到等于零;所以甲、乙两物块间的摩擦力会不断减小,乙物块与地面之间的摩擦力不断增大,只有 B 正确。

9. C。

   【解析】离子在电场力和洛伦兹力共同作用下,从静止开始自 A 点沿曲线 ACB 运动,到达 B 点时速度为零,因为洛伦兹力不做功,电场力是保守力,所以 A、B 两点位于同一高度,C 点时离子速度最大,C 正确 B 不正确;由左手定则可知,该离子带正电,A 不正确;离子到达 B 点后,将重复 ACB 的运动,不会沿原曲线返回,D 不正确。

10. D。

【解析】速度、加速度、动量都是矢量,带电粒子以一定速度垂直射入匀强磁场中是要受到洛伦兹力的作用,速度、加速度、动量的方向都会改变,洛伦兹力不做功,粒子的动能不变,所以只有 D 正确。

二、填空题

1. $m = \dfrac{B^2 ed^2}{8U}$。

【解析】由 $Bev = m\dfrac{v^2}{d/2}$ 及 $Ue = \dfrac{1}{2}mv^2$ 可得 $m = \dfrac{B^2 ed^2}{8U}$。

2. $\dfrac{4}{9}$,$v_b = \dfrac{qBL}{3m}$。

【解析】小球在沿杆向下运动时,在水平方向 $N = qvB$,所以摩擦力 $f = \mu N = \mu qvB$,当小球做匀速运动时 $qE = f = \mu qv_b B$,小球在磁场中做匀速圆周运动时,有 $qv_b B = m\dfrac{v_b^2}{R} = m\dfrac{3v_b^2}{L}$,所以 $v_b = \dfrac{qBL}{3m}$。小球从 a 运动到 b 的过程中,由动能定理得 $W_电 - W_f = \dfrac{1}{2}mv_b^2$,又因为 $W_电 = qEL = \mu qv_b BL = \dfrac{q^2 B^2 L^2}{10m}$,所以 $W_f = W_电 - \dfrac{1}{2}mv_b^2 = \dfrac{2B^2 q^2 L^2}{45m}$,则 $W_f : W_电 = \dfrac{4}{9}$。

3. $\dfrac{m^2 g\cos^2\theta}{q^2 B^2 \sin\theta}$,$\dfrac{m\cot\theta}{qB}$。

【解析】电场反转前有 $mg = qE$;电场反转后,小球先沿斜面向下做匀加速直线运动,到对斜面压力减为零时开始离开斜面,此时有:$a = \dfrac{(mg+qE)\sin\theta}{m}$,$qvB = (mg+qE)\cos\theta$,$s = \dfrac{v^2}{2a}$;由以上几式可得,小球沿斜面滑行距离 $s = \dfrac{m^2 g\cos^2\theta}{q^2 B^2 \sin\theta}$,由 $s = \dfrac{v}{2}t$ 可得所用时间 $t = \dfrac{m\cot\theta}{qB}$。

4. $\dfrac{Bq}{2\pi m}$,$\dfrac{(BqR)^2}{2m}$,$\dfrac{BdR}{U}$,$\dfrac{B\pi R^2}{2U}$。

【解析】第一、二问,由 $T = \dfrac{2\pi R}{v}$ 及 $qvB = m\dfrac{v^2}{R}$ 可得,$f = \dfrac{1}{T} = \dfrac{Bq}{2\pi m}$,$E_k = \dfrac{1}{2}mv^2 = \dfrac{(BqR)^2}{2m}$;第三问,由动量定理得,$Ft = Eqt = \dfrac{U}{d}qt = mv - 0$ 及 $qvB = m\dfrac{v^2}{R}$ 可得,粒子在电场中加速所用的时间 $t = \dfrac{BdR}{U}$;第四问,由能量守恒可得加速的次数 $n = \dfrac{E_k}{qU} = \dfrac{\dfrac{(BqR)^2}{2m}}{qU} = \dfrac{(BqR)^2}{2mqU}$,粒子在整个回旋加速器中加速所用的时间 $t_总 = n \cdot \dfrac{T}{2} + t = \dfrac{BR(2d+\pi R)}{2U} \approx \dfrac{B\pi R^2}{2U}$。

三、计算题

1. (1) $v_0 = 6$m/s;(2) $m = 1.2 \times 10^{-5}$kg。

【解析】(1) 小球从 P 滑到 Q 处的过程中,据机械能守恒定律有:
$mg \times 2R = \dfrac{1}{2}mv_Q^2 - \dfrac{1}{2}mv_P^2$ 代入数据得 $v_0 = 6$m/s。

(2) 对 Q 处的小球受力分析如图 10-32 所示,据牛顿第二定律有:

图 10-32

$qvB - mg = m\dfrac{v^2}{R}$ 代入数据得 $m = 1.2 \times 10^{-5}$ kg。

2. (1) $\hat{s} = \dfrac{\sqrt{2}\pi x_0}{4n}$；(2) $t = nt_1 = \dfrac{\sqrt{2}\pi x_0}{4v_0}$。

【解析】(1) 由 $qBv_0 = \dfrac{mv_0^2}{R}$，得 $R = \dfrac{mv_0}{qB}$，由几何关系知，粒子从 A 点到 O 点的弦长为 $\sqrt{2}R$，由题意 $n \cdot \sqrt{2}R = x_0$，氘核粒子的比荷 $\dfrac{q}{m} = \dfrac{\sqrt{2}nv_0}{x_0 B}$。

由几何关系 $\hat{s} = \theta R, \theta = \dfrac{\pi}{2}$，由以上各式得 $\hat{s} = \dfrac{\sqrt{2}\pi x_0}{4n}$。

(2) 粒子从 O 点到 A 点所经历时间 $t_1 = \dfrac{\sqrt{2}\pi x_0}{4nv_0}$，从 O 点到 P 点所经历时间 $t = nt_1 = \dfrac{\sqrt{2}\pi x_0}{4v_0}$。

3. $P_1P_2 = 20$ cm。

【解析】α 粒子带正电，故在磁场中沿逆时针方向做匀速圆周运动，用 R 表示轨道半径，有 $qvB = \dfrac{mv^2}{R}$，由此得 $R = \dfrac{mv}{qB}$，带入数据得 $R = 10$ cm，可见 $2R > l > R$。

因朝不同方向发射的 α 粒子的圆轨迹都过 S，由此可知，某一圆轨迹在图 10-33 中 N 的左侧与 ab 相切，则此切点为 α 粒子能打到的左侧最远点，为定出 P_1 点的位置，可作平行于 ab 的直线 cd，使 ab 到 cd 间的距离为 R，以 S 为圆心，R 为半径，作弧交 cd 于 Q 点，再过 Q 点作 ab 的垂线交 ab 于 P_1，由几何关系可得 $NP_1 = \sqrt{R^2 - (l - R^2)}$。

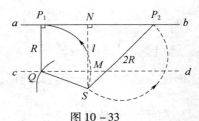

图 10-33

再考虑 N 的右侧，任何 α 粒子在运动中离 S 的距离不可能超过 $2R$，故以 $2R$ 为半径，S 为圆心作弧交于 N 点右侧的 P_2 点，此即右侧能打到的最远点。由几何关系得 $NP_2 = \sqrt{(2R)^2 - l^2}$，所求长度为 $P_1P_2 = NP_1 + NP_2$，带入数据得 $P_1P_2 = 20$ cm。

4. (1) 100 m/s；(2) 3.13×10^{18} 个正离子。

【解析】(1) 发电机电动势等于灯泡额定电压 $E = U = \sqrt{PR} = \sqrt{100 \times 100}$ V = 100 V，稳定时对离子由受力平衡知 $q\dfrac{U}{d} = qvB$，所以 $v = \dfrac{U}{Bd} = \dfrac{100}{5 \times 0.2}$ m/s = 100 m/s。

(2) 由左手定则知，正离子将打在下极板上。

通过电路中的电流 $I = \dfrac{U}{R} = \dfrac{100}{100}$ A = 1 A

单位时间打在下极板上的离子数目为 $N = \dfrac{1\text{A} \cdot 1\text{s}}{1.6 \times 10^{-19}\text{C}} = 3.13 \times 10^{18}$ 个。

第十一章　电磁感应

考试范围与要求

- 了解磁通量的概念。
- 了解电磁感应的概念。
- 了解自感、互感、涡流的概念。
- 理解法拉第电磁感应定律,能运用它们解决军事与生活中的简单问题。
- 理解楞次定律,能运用它们解决军事与生活中的简单问题。

主要内容

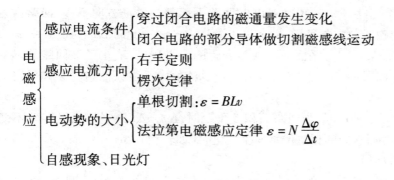

1. 磁通量和电磁感应现象

(1)磁通量:磁通量是磁感应强度 B 与磁场垂直面积 S 的乘积,表示穿过某一面积的磁感应线的条数。公式:$\varphi = BS$(S 是垂直 B 的面积,或 B 是垂直 S 的分量),国际单位:韦伯(韦)Wb,磁感应强度又称磁通密度。

(2)电磁感应现象:只要穿过闭合电路的磁通量发生变化,闭合电路中就有感应电流产生。引起磁通量变化的因素有:①磁感强度发生变化;②线圈的面积 S 变化;③磁感强度 B 与面积 S 之间的夹角 θ 发生变化。这三种情况都可以引起磁通量变化产生电磁感应现象。其实质就是其他形式的能转化成电能。电磁感应时一定有感应电动势,电路闭合时才有感应电流。产生感应电动势的那部分电路相当于电源的内电路,感应电流从低电势端流向高电势端(相当于"−"流向"+");外部电路感应电流从高电势端流向低电势端(相当于"+"流向"−")。

2. 感应电流的方向:右手定则和楞次定律

(1)用右手定则判定感应电流的方向。方法:伸开右手,让大拇指与四指垂直,磁感线垂直穿入掌心,大拇指指向导体运动方向则四指指向为感应电流方向。适用条件:只适用于闭合电路中的部分导体作切割磁感线运动时感应电流的方向判定。右手定则是楞次定律的特殊应用。

(2) 楞次定律的内容:感应电流具有这样的方向,就是感应电流产生的磁场,总是阻碍引起感应电流的磁通量的变化。楞次定律的另一种表述:电磁感应所产生的效果总是要阻碍引起感应电流的导体(或磁体)间的相对运动。注意点:掌握楞次定律的关键是"阻碍"而不是阻止,可以理解为:当原磁场磁通量增加时,感应电流的磁场与原磁场方向相反;当原磁场磁通量减小时,感应电流的磁场与原磁场方向相同;要分清产生感应电流的"原磁场"和感应电流的磁场。

(3) 应用楞次定律的步骤:①明确所研究的闭合回路原磁场方向及磁通量的变化(增加或减小);②由楞次定律判定感应电流的磁场方向;③由右手螺旋定则根据感应电流的磁场方向判断出感应电流的方向。

3. 感应电流的大小

(1) 电磁感应定律:电路中的感应电动势的大小,跟穿过这一电路的磁通量的变化率成正比。公式:$\varepsilon = N\dfrac{\Delta\varphi}{\Delta t}$,主要应用于求$\Delta t$时间内的平均感应电动势。

理解和应用法拉第电磁感应定律应注意以下几个问题:

① 要严格区分磁通量、磁通量的变化量和磁通量变化率。磁通量$\varphi = BS_\perp$是指穿过某一线圈子面的磁感线条数的多少。磁通量增量$\Delta\varphi = \varphi_2 - \varphi_1$,$\Delta\varphi$大说明磁通量改变多,但不能说明感应电动势就一定大。当一个回路开始和转过180°时回路平面都与磁场方向垂直,回路内磁感线条数不变,但通过回路的磁通量方向变了,一个为正,另一个为负,此时$\Delta\varphi = |\varphi_2| + |\varphi_1|$,磁通量变化率$\Delta\varphi/\Delta t$是指穿过某一回路平面的磁通量变化的快慢程度,决定了该回路的感应电动势的大小,但还不能决定该回路感应电流的大小,感应电流的大小由该回路的ε和回路电阻R共同决定。

② 求磁通量变化量一般有三种情况:当回路面积S不变时,$\Delta\varphi = \Delta BS$;当磁感强度$B$不变时,$\Delta\varphi = B\Delta S$;当$B$与$S$都不变而它们的相对位置发生变化时(如转动),$\Delta\varphi = B\Delta S_\perp$($S_\perp$是回路面积$S$在与$B$垂直方向上的投影)。

③ ε是Δt时间内的平均电动势,一般不等于初态与末态电动势的平均值,即$\varepsilon \neq (\varepsilon_1 + \varepsilon_2)/2$。

(2) 导体切割磁感线产生感应电动势的问题,见表11–1。

表 11 –1

切割方式	图形	计算方法	注意点
平动切割		$\varepsilon = \dfrac{\Delta\varphi}{\Delta t} = \dfrac{B \cdot \Delta S}{\Delta t} = \dfrac{BLv \cdot \Delta t}{\Delta t} = BLv_\perp$	导体弯曲时,L为有效长度
绕点转动切割		$\varepsilon = \dfrac{\Delta\varphi}{\Delta t} = \dfrac{B \cdot \frac{1}{2}L^2\theta}{\Delta t} = \dfrac{1}{2}BL^2\varpi$	ε与转轴点位置有关
绕线转动切割		$\varepsilon = NBLv_\perp = NBLL'\omega = NBS\omega$	ε与转轴位置无关

注:实际应用时,L、v、S都要用有效值,所有单位都要用国际单位制。

4. 自感及其应用

由于导体本身的电流发生变化而产生的电磁感应现象,叫自感。自感现象中产生的感应电动势叫自感电动势,$\varepsilon = L\dfrac{\Delta I}{\Delta t}$,式中 L 是自感系数:由线圈本身的性质决定,相同条件下,线圈的横截面积越大,线圈越长,加入铁芯,自感系数将增加。L 国际单位:亨利(亨)H,$1H = 10^3 mH$,$1mH = 10^3 \mu H$。线圈中磁通量的变化率 $\Delta\varphi/\Delta t$ 与线圈中电流的变化率 $\Delta I/\Delta t$ 成正比,自感电动势公式与法拉第电磁感应定律是一致的。

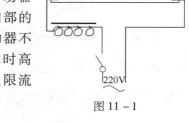

图 11 – 1

日光灯是利用自感现象工作的。如图 11 – 1 所示,启动器(启辉器):利用氖管的辉光放电,自动把电路接通、断开,内部的电容防火花(没有电容也能工作),日光灯接通发光时,启动器不起作用。镇流器:在日光灯点燃时,利用自感现象,产生瞬时高压,使灯管通电,日光灯正常发光时,利用自感现象起降压、限流作用。

变压器原理也是电磁感应,具体见第 12 章的相关内容。

典型例题

例1 用均匀导线做成的正方形线框放在和纸面垂直向里的匀强磁场中,线框外没有磁场,如图 11 – 2(a) 所示,当磁场以每秒 10T 的变化率增强时,线框中的电动势为 ε,则线框的一边 a、b 两点的电势差是( )。

A. $U_{ab} = 0$ B. $U_{ab} = \varepsilon/4$
C. $U_{ab} = \varepsilon/2$ D. $U_{ab} = \varepsilon$

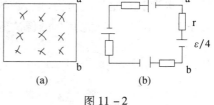

图 11 – 2

【答案】A。

【解答】正方形线框的磁通量变化而产生感应电动势,从而在线框中有感应电流,其电动势为 ε,内电阻为 $4r$,画出等效电路如图 11 – 2(b) 所示,则 a、b 两点间的电势为 $V_b = V_a - \dfrac{\varepsilon}{4} + Ir = V_a - \dfrac{\varepsilon}{4} + \dfrac{\varepsilon}{4r} \cdot r = V_a$;即 a、b 两点间的电势差 $U_{ab} = V_a - V_b = 0V$,故 A 选项正确。

【点评】这是一个电磁学的小综合问题,考查了电磁感应定律、楞次定律、全电路的欧姆定律等知识点,画状态图、等效电路图是一种重要的方法。

例2 水平面上两根足够长的金属导轨平行固定放置,间距为 L,一端通过导线与阻值为 R 的电阻连接;导轨上放一质量为 m 的金属杆,如图 11 – 3 所示,金属杆与导轨的电阻忽略不计;均匀磁场竖直向下,用与导轨平行的恒定拉力 F 作用在金属杆上,杆最终将做匀速运动。当改变拉力的大小时,相对应的匀速运动速度 v 也会变化,v 与 F 的关系如图 11 – 4 所示。(取重力加速度 $g = 10m/s^2$)

(1) 金属杆在匀速运动之前做什么运动?

(2) 若 $m = 0.5kg$,$L = 0.5m$,$R = 0.5\Omega$;磁感应强度 B 为多大?

(3) 由 v—F 图线的截距可求得什么物理量?其值为多少?

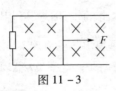

图 11-3

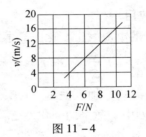

图 11-4

【解答】（1）变速运动（或变加速运动、加速度减小的加速运动，加速运动）。

（2）感应电动势 $\varepsilon = vBL$，感应电流 $I = \dfrac{\varepsilon}{R}$，安培力 $F_M = IBL = \dfrac{vB^2L^2}{R}$。

由图线可知金属杆受拉力、安培力和阻力作用，匀速时合力为零。

由 $F = \dfrac{vB^2L^2}{R} + f$，所以 $v = \dfrac{R}{B^2L^2}(F-f)$。

由图线可以得到直线的斜率 $k = 2$，所以 $B = \sqrt{\dfrac{R}{kL^2}} = 1\text{T}$。

（3）由直线的截距可以求得金属杆受到的阻力 $f = 2\text{N}$。

若金属杆受到的阻力仅为动摩擦力，由截距可求得动摩擦因数 $\mu = 0.4$。

【点评】 本题是一道力、电、磁的综合练习，具体用到了牛顿第二定律、安培力、电磁感应和数学工具图像法等，尤其是图像法的应用使问题的难度加大了，问题的答案也开放了。

强化训练

一、单项选择题

1. 如图 11-5 所示，边长为 $2l$ 的正方形虚线框内有垂直于纸面向里的匀强磁场，一个边长为 l 的正方形导线框所在平面与磁场方向垂直。从 $t = 0$ 开始，使导线框从图示位置开始以恒定速度沿对角线方向进入磁场，直到整个导线框离开磁场区域。用 I 表示导线框中的感应电流，逆时针方向为正，则下列表示 $I-t$ 关系的图线中，如图 11-6 所示，正确的是（　　）。

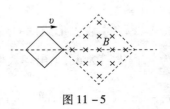

图 11-5

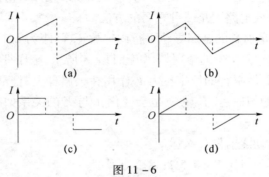

图 11-6

2. 线圈所围的面积为 $0.1m^2$,线圈电阻为 1Ω。规定线圈中感应电流 I 的正方向从上往下看是顺时针方向,如图 11-7(a) 所示。磁场的磁感应强度 B 随时间 t 的变化规律如图 11-7(b) 所示,则以下说法正确的是( )。

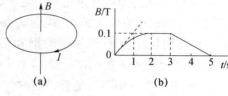

图 11-7

A. 在时间 $0\sim 5s$ 内,I 的最大值为 $0.1A$
B. 在第 $4s$ 时刻,I 的方向为正
C. 前 $2s$ 内,通过线圈某截面的总电量为 $0.01C$
D. 第 $3s$ 内,线圈的发热功率最大

3. 如图 11-8(a) 中,水平放置的平行金属导轨可分别与定值电阻 R 和平行板电容器 C 相连,导体棒 MN 置于导轨上且接触良好,取向右为运动的正方向,导体棒沿导轨运动的位移-时间图像如图 11-8(b) 所示;导体棒始终处于垂直纸面向外的匀强磁场中,不计导轨和导体棒电阻,则 $0\sim t_2$ 时间内( )。

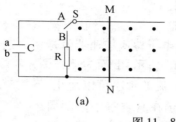

图 11-8

A. 若 S 接 A,电容器 a 极板始终带负电
B. 若 S 接 A,t_1 时刻电容器两极板电压最大
C. 若 S 接 B,MN 所受安培力方向先向左后向右
D. 若 S 接 B,t_1 时刻 MN 所受的安培力最大

4. 如图 11-9 所示,两同心圆环 A、B 置于同一光滑水平桌面上,其中 A 为均匀带正电荷的绝缘环,B 为导体环,若 A 环以图示的顺时针方向转动,且转速逐渐增大,则( )。

A. B 环将有沿半径向外方向扩张的趋势
B. B 环中产生顺时针方向的电流
C. B 环对桌面的压力将增大
D. B 环对桌面的压力将减小

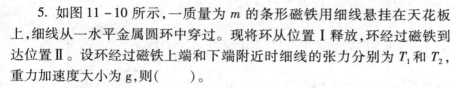

图 11-9

5. 如图 11-10 所示,一质量为 m 的条形磁铁用细线悬挂在天花板上,细线从一水平金属圆环中穿过。现将环从位置Ⅰ释放,环经过磁铁到达位置Ⅱ。设环经过磁铁上端和下端附近时细线的张力分别为 T_1 和 T_2,重力加速度大小为 g,则( )。

A. $T_1 > mg, T_2 > mg$
B. $T_1 < mg, T_2 < mg$
C. $T_1 > mg, T_2 < mg$
D. $T_1 < mg, T_2 > mg$

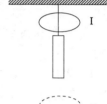

图 11-10

6. 航母上飞机弹射起飞是利用电磁驱动来实现的。电磁驱动原理如图 11－11 所示,当固定线圈上突然通过直流电流时,线圈端点的金属环被弹射出去。现在固定线圈左侧同一位置,先后放有分别用横截面积相等的铜和铝导线制成形状、大小相同的两个闭合环。且电阻率 $\rho_{铜} < \rho_{铝}$。闭合开关 S 的瞬间(　　)。

   A. 从左侧看环中感应电流沿逆时针方向
   B. 铜环受到的安培力大于铝环受到的安培力
   C. 若将环放置在线圈右方,环将向左运动
   D. 电池正负极调换后,金属环不能向左弹射

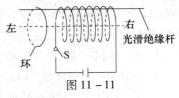

图 11－11

7. 如图 11－12 所示,一个闭合三角形导线框位于竖直平面内,其下方固定一根与线框所在的竖直平面平行且很靠近(但不重叠)的水平直导线,导线中通以图示方向的恒定电流,线框从实线位置由静止释放,在其后的运动过程中(　　)。

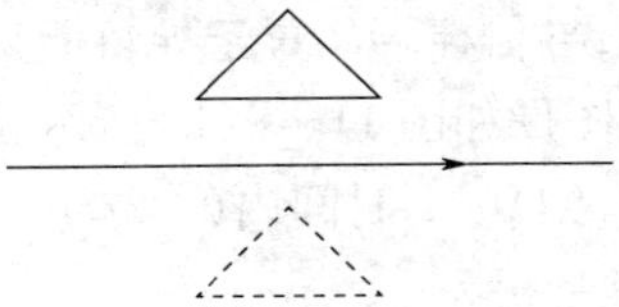

   A. 线框中的磁通量为零时其感应电流也为零
   B. 线框中感应电流方向为先顺时针后逆时针
   C. 线框受到安培力的合力方向竖直向上
   D. 线框减少的重力势能全部转化为电能

图 11－12

8. 现代科学研究中常要用到高速电子,电子感应加速器就是利用感生电场使电子加速的设备。如图 11－13 所示,上面为侧视图,上、下为电磁铁的两个磁极,电磁铁线圈中电流的大小可以变化;下面为磁极之间真空室的俯视图。现有一电子在真空室中做圆周运动,从上往下看电子沿逆时针方向做加速运动．则下列判断正确的是(　　)。

   A. 通入螺线管的电流在增强
   B. 通入螺线管的电流在减弱
   C. 电子在轨道中做圆周运动的向心力是电场力
   D. 电子在轨道中加速的驱动力是洛伦兹力

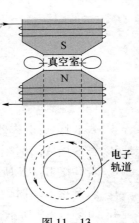

图 11－13

9. 法拉第圆盘发电机的示意图如图 11－14 所示。铜圆盘安装在竖直的铜轴上,两铜片 P、Q 分别与圆盘的边缘和铜轴接触,圆盘处于方向竖直向上的匀强磁场 B 中。圆盘旋转时,关于流过电阻 R 的电流,下列说法正确的是(　　)。

   A. 若圆盘转动的角速度恒定,则电流大小为零
   B. 若从上向下看,圆盘顺时针转动,则电流沿 a 到 b 的方向流动
   C. 若圆盘转动方向不变,角速度大小发生变化,则电流方向可能发生变化
   D. 若圆盘转动的角速度变为原来的 2 倍,则电流在 R 上的热功率也变为原来的 2 倍

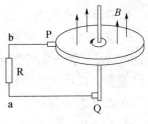

图 11－14

10. 线圈的自感系数大小的下列说法中,正确的是(　　)。

    A. 通过线圈的电流越大,自感系数也越大
    B. 线圈中的电流变化越快,自感系数也越大

C. 插有铁芯时线圈的自感系数会变大

D. 线圈的自感系数与电流的大小、电流变化的快慢、是否有铁芯等都无关

11. 如图 11-15 所示的电路中，A_1 和 A_2 是完全相同的灯泡，线圈 L 的电阻可以忽略，下列说法中正确的是(　　)。

A. 合上开关 S 接通电路时，A_1 先亮，A_2 后亮，最后一样亮

B. 合上开关 S 接通电路时，A_1 和 A_2 始终一样亮

C. 断开开关 S 切断电路时，A_2 立刻熄灭，A_1 过一会儿才熄灭

D. 断开开关 S 切断电路时，A_1 和 A_2 都要过一会儿才熄灭

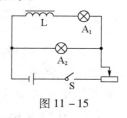

图 11-15

12. 随着科技的不断发展，无线充电已经进入人们的视线，小到手表、手机，大到电脑、电动汽车的充电，都已经实现了从理论研发到实际应用的转化。图 11-16 给出了某品牌的无线充电手机利用电磁感应方式无线充电的原理图。下列说法正确的是(　　)。

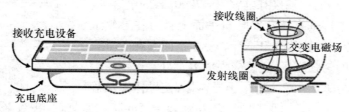

图 11-16

A. 无线充电时手机接收线圈部分的工作原理是电流的磁效应

B. 只有将充电底座接到直流电源上才能对手机进行充电

C. 接收线圈中交变电流的频率与发射线圈中交变电流的频率相同

D. 只要有无线充电底座，所有手机都可以进行无线充电

二、填空题

1. 粗细均匀的导线电阻率为 ρ，绕成匝数为 n、半径为 r 的圆形闭合线圈，线圈放在磁场中，磁场的磁感应强度随时间均匀增大，如图 11-17 所示，感应电动势为 $\varepsilon=$ _____，线圈中产生的电流为 $I=$ _____。用匝数 n、$\dfrac{\Delta B}{\Delta t}$、线圈半径 r、导线横截面积 S_0 等表示。

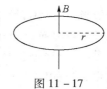

图 11-17

2. 如图 11-18 所示，均匀磁场中有一由半圆弧及其直径构成的导线框，半圆直径与磁场边缘重合，磁场方向垂直于半圆面向里，磁感应强度大小为 B_0。使该线框从静止开始绕过圆心 O、垂直于半圆面的轴以角速度 ω 匀速转动半周，在线框中产生感应电动势的大小可以表达为_____；现使线框保持图中所示位置，磁感应强度大小随时间线性变化，为了产生与线框转动半周过程中同样大小的感应电动势，磁感应强度随时间的变化率 $\dfrac{\Delta B}{\Delta t}$ 的大小应为_____。

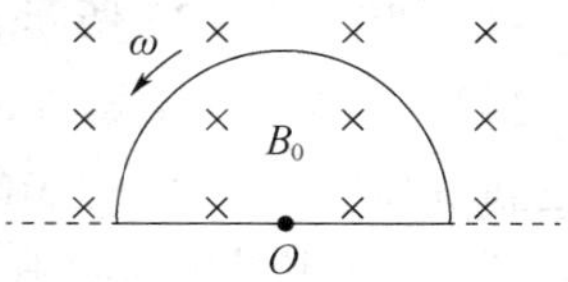

图 11-18

3. 如图 11-19 所示，空间有一匀强磁场，一直金属棒与磁感应强度方向垂直，金属棒的长度为 L，当它以速度 v 沿与棒和磁感应强度都垂直的方向运动时，棒两端的感应电动势大小为 ε，ε 等于

图 11-19

_____,将此棒弯成两段长度相等且相互垂直的折线,置于与磁感应强度相垂直的平面内,当它沿两段折线夹角平分线的方向以速度 v 运动时,棒两端的感应电动势大小为 ε',则 $\dfrac{\varepsilon'}{\varepsilon}$ 等于_____。

4. 如图 11-20 所示,总电阻为 R 的金属丝围成的单匝闭合直角三角形 PQM 线圈,$\angle P = 30°$,$PQ = L$,QM 边水平。圆形虚线与三角形 PQM 相切于 Q、D 两点,该区域内有垂直纸面向里的匀强磁场,磁感应强度 B 随时间 t 变化关系为 $B = B_0 + kt(k>0,B_0>0)$,则 $t = 0$ 时,则线圈中的感应电流 I 的大小为_____,PQ 边所受的安培力的大小为_____。

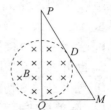

图 11-20

5. 如图 11-21 所示,水平面内有两根足够长的平行导轨 L_1、L_2,其间距 $d = 0.5$ m,左端接有电容 $C = 2000\mu$F 的电容器。质量 $m = 20$g 的导体棒垂直放置在导轨平面上且可在导轨上无摩擦滑动,导体棒和导轨的电阻不计。整个空间存在着垂直导轨所在平面向里的匀强磁场,磁感应强度 $B = 2$T。现用一沿导轨方向向右的恒力 $F = 0.22$N 作用于导体棒,使导体棒从静止开始运动,经过一段时间 t,速度达到 $v = 5$m/s。则此时电容器两端的电压为 _____ V,此时电容器上的电荷量为 _____ C,导体棒做匀加速运动的加速度为_____。

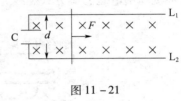

图 11-21

6. 磁悬浮列车是利用电磁力使列车车体向上浮起,同时通过周期性地变换磁极方向而获得推进动力的新型交通工具。如图 11-22 所示为磁悬浮列车的原理图,在水平面上,两根平行直导轨间有竖直方向且等距离的匀强磁场 B_1 和 B_2,导轨上有一个与磁场间距等宽的金属框 $abcd$。当匀强磁场 B_1 和 B_2 同时以某一速度沿直轨道向右运动时,金属框也会沿直轨道运动。设直轨道间距为 L,匀强磁场的磁感应强度为 $B_1 = B_2 = B$,磁场运动的速度为 v,金属框的电阻为 R。运动中所受阻力恒为 f,则金属框的最大速度可表示为 $v_m = $_____。

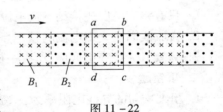

图 11-22

7. 如图 11-23 所示,固定于水平面上的金属架 $CDEF$ 处在竖直向下的匀强磁场中,金属棒 MN 沿框架以速度 v 向右做匀速运动。$t = 0$ 时,磁感应强度为 B_0,此时 MN 棒到达的位置使 $MDEN$ 构成一个边长为 l 的正方形。为使 MN 棒中不产生感应电流,从 $t = 0$ 开始,磁感应强度 B 应怎样随时间 t 变化,这种情况下 B 与 t 的关系式为_____。

图 11-23

8. 如图 11-24 所示,光滑平行足够长的金属导轨固定在绝缘水平面上,导轨范围内存在磁场,其磁感应强度大小为 B,方向竖直向下,导轨一端连接阻值为 R 的电阻。在导轨上垂直导轨放一长度等于导轨间距 L、质量为 m 的导体棒,其电阻为 r,导体棒与金属导轨接触良好。导体棒在水平向右的恒力 F 作用下从静止开始运动,经过长时间后开始匀速运动,金属导轨的电阻不计。则导体棒匀速运动时回路中电流大小为

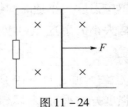

图 11-24

· 138 ·

_____;导体棒匀速运动的速度大小为_____。

三、计算题

1. 如图 11-25 所示,匀强磁场 $B=0.1$T,金属棒 AB 长 0.4m,与框架宽度相同,电阻为 $R=1/3\Omega$,框架电阻不计,电阻 $R_1=2\Omega$,$R_2=1\Omega$ 当金属棒以 5m/s 的速度匀速向左运动时,求:

(1) 流过金属棒的感应电流多大?

(2) 若图中电容器 $C=0.3\mu F$,则充电量多少?

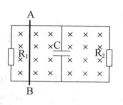

图 11-25

2. 如图 11-26(a) 所示,平行长直金属导轨水平放置,间距 $L=0.4$m,导轨右端接有阻值 $R=1\Omega$ 的电阻,导体棒垂直放置在导轨上,且接触良好,导体棒及导轨的电阻均不计,导轨间正方形区域 abcd 内有方向竖直向下的匀强磁场,bd 连线与导轨垂直,从 0 时刻开始,磁感应强度 B 的大小随时间 t 变化,规律如图 11-26(b) 所示;同一时刻,棒从导轨左端开始向右匀速运动,1s 后刚好进入磁场,若使棒在导轨上始终以速度 $v=1$m/s 做直线运动,求:

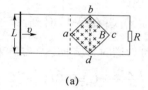
(a)

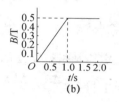
(b)

图 11-26

(1) 棒进入磁场前,回路中的电动势 ε;

(2) 棒在运动过程中受到的最大安培力 F。

3. 如图 11-27 所示,竖直放置的两光滑平行金属导轨,置于垂直于导轨平面向里的匀强磁场中,两根质量相同的导体棒 a 和 b,与导轨紧密接触且可自由滑动。先固定 a,释放 b,当 b 的速度达到 10m/s 时,再释放 a,经过 1s 后,a 的速度达到 12m/s,则:

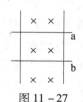

图 11-27

(1) 此时 b 的速度大小是多少?

(2) 若导轨很长,a、b 棒最后的运动状态怎样?

4. 如图 11-28 所示,光滑导轨 EF、GH 等高平行放置,EG 间宽度为 FH 间宽度的 3 倍,导轨右侧水平且处于竖直向上的匀强磁场中,左侧呈弧形升高,ab、cd 是质量均为 m 的金属棒,现让 ab 从离水平轨道 h 高处由静止下滑,设导轨足够长,求:

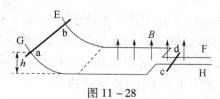

图 11-28

(1) ab、cd 棒的最终速度。

(2) 全过程中感应电流产生的焦耳热。

【参考答案】

一、单项选择题

1. D。

【解析】导线框完全进入磁场后,磁通量保持不变,没有感应电流产生,故 A、B 错误。线框进入和穿出磁场过程,有效切割长度发生变化,所以感应电动势和感应电流发生变化,故 C 错误。线框进入磁场过程,有效切割长度均匀增大,感应电动势均匀增大,感应电流 I 均匀增大;穿出磁场过程,有效切割长度均匀减小,感应电动势均匀减小,感应电流 I 均匀减小,两个过程电流方向相反,故 D 正确。

2. C。

【解析】由图 11-7 看出,在 $0\sim1$s 内图线的斜率最大,B 的变化率最大,根据闭合电路欧姆定律得 $I=\dfrac{\varepsilon}{R}=n\dfrac{\Delta BS}{\Delta t\cdot R}$,知磁感应强度的变化率越大则电流越大,磁感应强度变化率最大值为 0.1,则最大电流 $I=\dfrac{0.1\times0.1}{1}$A $=0.01$ A,故 A 项错误;在第 4s 时刻,穿过线圈的磁场方向向上,磁通量减小,则根据楞次定律判断得知,I 的方向为逆时针方向,即为负方向,故 B 项错误;前 2s 内,通过线圈某截面的总电量 $q=\dfrac{\Delta\varphi}{R}=\dfrac{\Delta BS}{R}=\dfrac{0.1\times0.1}{1}$C $=0.01$C,故 C 项正确;第 3s 内,B 没有变化,线圈中没有感应电流产生,则线圈的发热功率最小,故 D 项错误。

3. C。

【解析】在 $x-t$ 图像中,图像的斜率表示导体棒运动的速度,由图 11-8(b)可知,$0\sim t_1$ 时间内斜率为正值,$t_1\sim t_2$ 时间内斜率为负值,则说明 $0\sim t_2$ 时间内导体棒先向右移动后向左移动。若 S 接 A,导体棒通过金属导轨与平行板电容器 C 连接,$0\sim t_2$ 时间内导体棒先向右运动后向左运动,根据右手定则可知,感应电流的方向先顺时针后逆时针,可知电容器 a 极板先带负电后带正电,故 A 项错误;若 S 接 A,t_1 时刻导体瞬间静止,即导体棒不切割磁感线,故 MN 中无感应电动势产生,电容器两极板电压为零,即最小,故 B 项错误;若 S 接 B,导体棒通过金属导轨与定值电阻 R 连接,$0\sim t_2$ 时间内,导体棒先向右运动后向左运动,根据右手定则可知,电流的方向先顺时针后逆时针,由左手定则可知,MN 所受安培力方向先向左后向右,故 C 项正确;若 S 接 B,t_1 时刻 MN 瞬间静止,导体棒不切割磁感线,电路中无电流,MN 受安培力为零(即最小),故 D 项错误。

4. A。

【解析】A 环以图示的顺时针方向加速转动,因绝缘环 A 带正电,所以产生顺时针方向的电流,且电流逐渐增大,使得 B 环中的磁通量竖直向下增大,由楞次定律可知 B 环中感应电流沿逆时针方向,由左手定则可知环具有沿半径向外扩张的趋势,故 A 正确,B 错误;两环的相互作用力沿水平方向,则 B 环对桌面的压力不变,故 C、D 错误。

5. A。

【解析】金属圆环从位置Ⅰ到位置Ⅱ过程中,由楞次定律可知,感应电流的效果总是阻碍引起感应电流的原因,原因是环向下运动,则环所受的安培力始终向上,由牛顿第三定律可知,圆环对磁铁的作用力始终向下,所以选项 A 正确。

6. B。

【解析】线圈中电流为右侧流入,磁场方向为向左,在闭合开关的过程中,磁场变强,则由楞次定律可知,电流由左侧看为顺时针,选项 A 错误;由于铜环的电阻较小,故铜环中感应电流较大,故铜环受到的安培力要大于铝环的,选项 B 正确;若将环放在线圈右方,根据楞次定律可得,环将向右运动,选项 C 错误;电池正负极调换后,金属环受力仍向左,故仍将向左弹出,选项 D 错误。

7. C。

【解析】由安培定则和楞次定律可知,感应电流方向先顺时针,再逆时针,最后又变为顺时针,故 B 错。由"来拒去留"的规律可知,线框受到的安培力的合力方向始终竖直向上,C 正确。感应电动势与磁通量的变化率成正比,该过程中磁通量为零时磁通量的变化率不为零,仍有感应电动势产生,则感应电流不为零,A 错。线框减少的重力势能转化为线框的动能与电能,故 D 错。

8. A。

【解析】从上往下看电子沿逆时针方向做加速运动,表明感应电场沿顺时针方向。图 11-13 所示电磁铁螺线管电流产生的磁场方向竖直向上,根据楞次定律和右手定则,当磁场正在增强时,产生的感应电场沿顺时针方向,故选项 A 正确,B 错误;电子所受感应电场力方向沿切线方向,电子在轨道中做加速圆周运动是由电场力驱动的,选项 C、D 错误。

9. B。

【解析】将圆盘看成由无数辐条组成,各辐条都在切割磁感线,从而产生感应电动势,出现感应电流,当圆盘顺时针转动时(从上往下看),根据右手定则可判断,圆盘上感应电流从边缘向中心,流过电阻 R 的电流方向从 a 到 b,B 正确;由法拉第电磁感应定律可得,感应电动势 $\varepsilon = BL\bar{v} = \frac{1}{2}BL^2\omega$,而 $I = \frac{\varepsilon}{R}$,故 A、C 错误;当角速度 ω 变为原来的 2 倍时,感应电动势 $\varepsilon = \frac{1}{2}BL^2\omega$ 变为原来的 2 倍,感应电流 I 变为原来的 2 倍,电流在 R 上的热功率 $P = I^2R$ 变为原来的 4 倍,D 错误。

10. C。

【解析】线圈的自感系数与电流的大小、电流变化的快慢无关,与是否有铁芯、自身的大小尺寸、匝数等自身参量有关,所以只有答案 C 正确。

11. D。

【解析】自感线圈具有阻碍电流变化的作用。当电流增大时,它阻碍电流增大;当电流减小时,它阻碍电流减小,但阻碍并不能阻止。闭合开关时,L 中电流从无到有,L 将阻碍这一变化,使 L 中电流不能迅速增大,而无线圈的 A_2 支路,电流能够瞬时达到较大值,故 A_1 后亮,A_2 先亮,最后两灯电流相等,一样亮;断开开关时,L 中产生自感现象,使 A_1、A_2 都要过一会儿才熄灭,故 D 正确。

12. C。

【解析】无线充电时手机接收线圈部分的工作原理是电磁感应原理,不是电流的磁效应,A 错误;只有将充电底座接到交流电源上才能对手机进行充电,B 错误;接收线圈中交变电流的频率与发射线圈中交变电流的频率相同,C 正确;被充电的手机必须要有接收线圈才可以进行无线充电,D 错误。

二、填空题

1. $\varepsilon = n\pi r^2 \dfrac{\Delta B}{\Delta t}, I = \dfrac{S_0 r}{2\rho} \cdot \dfrac{\Delta B}{\Delta t}$。

   【解析】由题给条件可知感应电动势 $\varepsilon = n\pi r^2 \dfrac{\Delta B}{\Delta t}$，电阻 $R = \dfrac{2\pi r\rho n}{S_0}$，电流 $I = \dfrac{\varepsilon}{R}$，联立以上各式得 $I = \dfrac{S_0 r}{2\rho} \cdot \dfrac{\Delta B}{\Delta t}$。

2. $\varepsilon_1 = \dfrac{1}{2}BR^2\omega, \dfrac{\Delta B}{\Delta t} = \dfrac{\omega B_0}{\pi}$。

   【解析】产生同样大小的电流，就要产生同样大小的感应电动势，线框转动时，可以理解为是半径在转动切割，感应电动势的大小可以表达为 $\varepsilon_1 = \dfrac{1}{2}BR^2\omega$，而磁场变化时产生的感应电动势大小 $\varepsilon_2 = \dfrac{\Delta B}{\Delta t} \cdot \dfrac{\pi R^2}{2}, \varepsilon_1 = \varepsilon_2$，联立即可求得 $\dfrac{\Delta B}{\Delta t} = \dfrac{\omega B_0}{\pi}$。

3. $\varepsilon = BLv, \dfrac{\sqrt{2}}{2}$。

   【解析】折弯前导体切割磁感线的长度为 L，运动产生的感应电动势为 $\varepsilon = BLv$；折弯后，导体切割磁感线的有效长度为 $L' = \sqrt{\left(\dfrac{L}{2}\right)^2 + \left(\dfrac{L}{2}\right)^2} = \dfrac{\sqrt{2}}{2}L$，故产生的感应电动势为 $\varepsilon' = BL'v = B \cdot \dfrac{\sqrt{2}}{2}Lv = \dfrac{\sqrt{2}}{2}\varepsilon$，所以 $\dfrac{\varepsilon'}{\varepsilon} = \dfrac{\sqrt{2}}{2}$。

4. $\dfrac{\pi kL^2}{18R}, \dfrac{\pi B_0 kL^3}{27R}$。

   【解析】由楞次定律可知，$\triangle PQM$ 中感应电流为逆时针方向，PQ 边的电流方向由 P 到 Q，由左手定则可知，PQ 所受的安培力方向向右；圆形磁场的半径为 $r = L\tan 30° \cdot \tan 30° = \dfrac{L}{3}$，则线圈中的感应电流大小 $I = \dfrac{\varepsilon}{R} = \dfrac{\Delta B}{\Delta t} \cdot \dfrac{S}{R} = k\dfrac{\frac{1}{2} \cdot \pi\left(\frac{L}{3}\right)^2}{R} = \dfrac{\pi kL^2}{18R}$，则 PQ 边所受安培力 $F = BI \cdot 2r = B_0 \cdot \dfrac{\pi kL^2}{18R} \cdot \dfrac{2L}{3} = \dfrac{\pi kL^3 B_0}{27R}$。

5. $5, 1 \times 10^{-2}, 10$。

   【解析】当棒运动速度达到 $v = 5$ m/s 时，产生的感应电动势 $\varepsilon = Bdv = 5$ V；电容器两端电压 $U = \varepsilon = 5$ V，此时电容器的带电荷量 $q = CU = 1 \times 10^{-2}$ C；设回路中的电流为 i，棒在力 F 作用下，有 $F - Bid = ma$，又 $i = \dfrac{\Delta q}{\Delta t}, \Delta q = C\Delta U, \Delta U = Bd\Delta v, a = \dfrac{\Delta v}{\Delta t}$，联立解得 $a = \dfrac{F}{m + CB^2d^2} = 10$ m/s²。

6. $v_m = \dfrac{4B^2L^2v - Rf}{4B^2L^2}$。

   【解析】由于 ad 和 bc 两条边同时切割磁感线，故金属框中产生的电动势为 $\varepsilon = 2BLv'$，其中 v' 是金属框相对于磁场的速度（注意不是金属框相对于地面的速度，此相对速度的方向向左），由闭合电路欧姆定律可知流过金属框的电流为 $I = \dfrac{\varepsilon}{R}$，整个金属框受到的安培力为 $F = 2BIL =$

$\frac{4B^2L^2v'}{R}$;当 $F=f$ 时 $a=0$,金属框速度最大,即 $\frac{4B^2L^2v'}{R} = \frac{4B^2L^2(v-v_m)}{R} = f$,$v_m$ 是金属棒相对于地面的最大速度,则 $v_m = \frac{4B^2L^2v - Rf}{4B^2L^2}$。

7. $B = \frac{B_0l}{l+vt}$。

【解析】要使 MN 棒中不产生感应电流,应使穿过线圈平面的磁通量不发生变化,在 $t=0$ 时刻,穿过线圈平面的磁通量 $\varphi_1 = B_0S = B_0l^2$,设 t 时刻的磁感应强度为 B,此时磁通量为 $\varphi_2 = Bl(l+vt)$,由 $\varphi_1 = \varphi_2$ 得 $B = \frac{B_0l}{l+vt}$。

8. $\frac{F}{BL}$,$\frac{F(R+r)}{B^2L^2}$。

【解析】根据安培力的计算公式 $F = BI_mL$ 解得 $I_m = \frac{F}{BL}$;根据闭合电路欧姆定律可得 $I_m = \frac{BLv}{R+r}$,解得 $v = \frac{F(R+r)}{B^2L^2}$。

三、计算题

1. (1) $I = 0.2$A;(2) $Q = 4×10^{-8}$C。

【解析】(1)金属棒 AB 以 5m/s 的速度匀速向左运动时,切割磁感线,产生的感应电动势为 $\varepsilon = Blv$,得 $\varepsilon = 0.1 × 0.4 × 5$V $= 0.2$V。

由串并联知识可得 $R_{外} = \frac{2}{3}\Omega$,$R_{总} = 1\Omega$,所以电流 $I = 0.2$A。

(2)电容器 C 并联在外电路上,$U_{外} = \frac{0.4}{3}$V 由公式 $Q = CU = 0.3 × 10^{-6} × \frac{0.4}{3}$C $= 4 × 10^{-8}$C。

2. (1) 0.04V,(2) 0.04N。

【解析】(1)棒进入磁场前,回路中磁场均匀变化,由法拉第电磁感应定律有 $\varepsilon = \frac{\Delta B}{\Delta t}S = \frac{0.5}{1.0} × \left(\frac{\sqrt{2}}{2} × 0.4\right)^2$V $= 0.04$V。

(2)棒进入磁场后磁场的磁感应强度大小不变,棒切割磁感线,产生电动势,当棒与 bd 重合时,产生电动势

$$\varepsilon' = B'Lv = 0.5 × 0.4 × 1 \text{ V} = 0.2\text{V}$$

此时棒受到的安培力最大,则 $F = B'\frac{\varepsilon'}{R}L = 0.04$N。

3. (1) $v_b = 18$m/s;(2)最后,两棒以共同的速度向下做加速度为 g 的匀加速运动。

【解析】(1)当 b 棒先向下运动时,在 a 和 b 以及导轨所组成的闭合回路中产生感应电流,于是 a 棒受到向下的安培力,b 棒受到向上的安培力,且二者大小相等。释放 a 棒后,经过时间 t,分别以 a 和 b 为研究对象,设 a 和 b 受到的安培力平均大小为 F,根据动量定理,则有

$$(mg+F)t = mv_a$$
$$(mg-F)t = mv_b - mv_0$$

代入数据可解得 $v_b = 18$m/s

(2)在 a、b 棒向下运动的过程中，a 棒的加速度 $a_1 = g + \dfrac{F}{m}$，b 产生的加速度 $a_2 = g - \dfrac{F}{m}$。当 a 棒的速度与 b 棒接近时，闭合回路中的 $\Delta\varphi$ 逐渐减小，感应电流也逐渐减小，则安培力也逐渐减小，最后，两棒以共同的速度向下做加速度为 g 的匀加速运动。

4. (1) $\dfrac{1}{10}\sqrt{2gh}$，$\dfrac{3}{10}\sqrt{2gh}$；(2) $\dfrac{9}{10}mgh$。

【解析】(1)设 ab、cd 棒的长度分别为 $3L$ 和 L，磁感应强度为 B，ab 棒进入水平轨道的速度为 v，对于 ab 棒，金属棒下落 h 过程应用动能定理：$mgh = \dfrac{1}{2}mv^2$，解得 ab 棒刚进入磁场时的速度为 $v = \sqrt{2gh}$。

当 ab 棒进入水平轨道后，切割磁感线产生感应电流。ab 棒受到安培力作用而减速，cd 棒受到安培力而加速，cd 棒运动后也将产生感应电动势，与 ab 棒感应电动势反向，因此回路中的电流将减小。最终达到匀速运动时，回路的电流为零，所以 $\varepsilon_a = \varepsilon_c$。
即 $3BLv_a = BLv_c$，得 $3v_a = v_c$

设 ab 棒从进入水平轨道开始到速度稳定所用的时间为 Δt。因为在任意时刻 ab 和 cd 所受安培力大小分别为 $3BIL$ 和 BIL，令 Δt 时间内它们所受平均安培力的大小分别为 F_a 和 F_c，则 $F_a = 3F_c$。对 ab、cd 分别应用动量定理得

$$-F_a \Delta t = mv_a - mv$$
$$F_c \Delta t = mv_c - 0$$

解得 $v_a = \dfrac{1}{10}\sqrt{2gh}$，$v_c = \dfrac{3}{10}\sqrt{2gh}$

(2)根据能量守恒定律得回路产生的总热量为

$$Q = mgh - \dfrac{1}{2}mv_a^2 - \dfrac{1}{2}mv_c^2$$

联立得 $Q = \dfrac{9}{10}mgh$

第十二章 交变电流和电磁波

考试范围与要求

- 了解交变电流的峰值和有效值的概念；
- 理解正弦交变电流的函数表达式及其图像；
- 理解理想变压器的原理，能应用它分析解决简单问题；
- 了解远距离输电的原理；
- 了解电磁振荡现象、电磁波的产生；
- 了解电磁波的发射、传播和接收；
- 了解电磁波谱。

主要内容

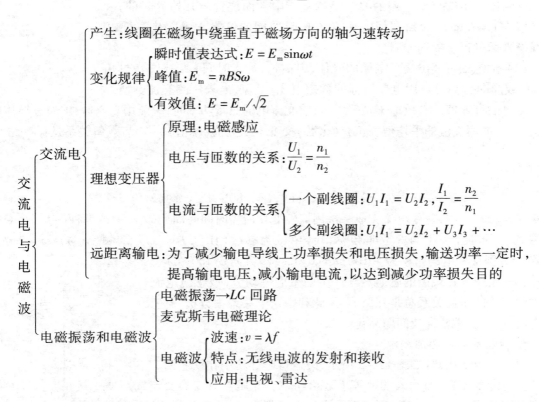

1. 正弦式交变电流的产生和规律

（1）交变电流:强度和方向都随时间做周期性变化的电流叫作交变电流。当线圈在匀强磁场中绕垂直于磁场方向的轴匀速转动时,线圈中产生的交变电流是随时间按正弦规律变化的,此种交变电流叫正弦式电流。

（2）正弦式电流的中性面和峰值:如图 12-1 所示的矩形线圈,当匀速转到穿过线圈的磁通量达最大值时,这个位置叫中性面。此时 ab 和 cd 都未切割磁感线,或者说这时线圈的磁通量变化率为零,线圈中无感应电动势。当线圈转到线圈平面与磁感线平行时,磁通量为零,但此时 ab 和 cd 边切割磁感线的有效速度最大,产生的感应电动势最大,因为 ab 和 cd 边产生的感应电动势都是 $E_1 = BL_{ab}v$,而线圈只有这两条边切割磁感线,线圈电动势 $E = 2BL_{ab}v$,若线圈有 N 匝,则相当于有 N 个电源串联,故线圈感应电动势的峰值:$E_{max} = 2NBL_{ab}v = NBS\omega = 2NBS\pi f$(因为 $v = L_{bc}\omega/2, \omega = 2\pi/T = 2\pi f$)。

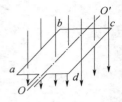

图 12-1

（3）正弦式电流的瞬时值:从线圈通过中性面时开始计时,穿过线圈的磁通量瞬时值表达式为 $\varphi = \varphi_m \cos\omega t$;交变电动势瞬时值表达式为 $E = E_m \sin\omega t$;若电路闭合且总电阻为 R,则瞬时电流为 $I = E_m \sin\omega t/R$。

（4）交流电的角频率 ω、频率 f、周期 T:即线圈转动的角速度、频率、周期。

2. 交变电流的图像、峰值与有效值

（1）交变电流的变化在图像上能很直观地表示出来,如图 12-2 所示,可以判断出产生这交变电流的线圈是垂直于中性面位置时开始计时的,表达式应为 $e = E_m \cos(\omega t)$,图像中 A、B、C 时刻线圈的位置 A、B 为中性面,C 为线圈平面平行于磁场方向。

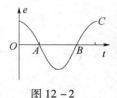

图 12-2

（2）由纵轴可读出交变电流的峰值,由横轴,可求时间 t 和线圈转过角度 ωt（或周期、频率）。用电器所标的额定电压、电流,电表所测交流数值都是交变电的有效值。有效值不是平均值,求交流电的热量功率时,只能用有效值,求通过导体电荷量时,只能用交流的平均值。正弦（余弦）交变电最大值（峰值）A_m 与有效值关系是:

$$I = \frac{I_m}{\sqrt{2}} = 0.707 I_m; U = \frac{U_m}{\sqrt{2}} = 0.707 U_m;$$

$$U = 220\text{V}, U_m = 220\sqrt{2}\text{V} = 311\text{V}; U = 380\text{V}, U_m = 380\sqrt{2}\text{V} = 537\text{V};$$

线圈匀速转动一周,交变电流完成一次周期性变化所需时间叫周期（T）,单位为秒（s）。交变电流在 1s 内周期性变化的次数叫频率（f）,单位为赫兹（Hz）,$T = 1/f$。圆频率（ω）:$\omega = 2\pi f = 2\pi/T$。我国交变电的频率为 50Hz,周期 0.02s（1s 方向变 100 次）。

（3）由于穿过线圈的磁通量与产生的感应电动势（或感应电流）随时间变化的函数关系总是互余的,因此利用这个关系去分析一些交变电流的问题,常常会使问题简化。

3. 变压器与远距离输电

（1）理想变压器:如图 12-3 所示,磁通量全部集中在铁芯内,变压器没有能量损失,即输入功率等于输出功率。变压器只变换交流,不变换直流,更不变频。原、副线圈中交流电的频率一样,高压线圈匝数多、电流小,导线较细;低压线圈匝数少、电流大,导线较粗。

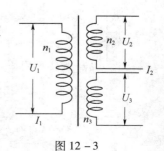

图 12-3

（2）理想变压器电压、电流跟匝数的关系式：
$U_1/U_2 = n_1/n_2$（对于有一个副线圈或有几个副线圈的变压器都适用）
$I_1/I_2 = n_2/n_1$（只适用于一个副线圈的变压器）
若有两个以上副线圈，根据 $P_入 = P_出$ 可导出：$I_1U_1 = I_2U_2 + I_3U_3 + \cdots + I_nU_n$。

（3）减少远距离输电线上电能损失的方法：常采用提高传输电压以减小输送电流的方法。这是因为，在输出功率相同的前提下，输送的电流强度跟输出电压成反比（$P = I_出 U_出$），输电线上电能的损失跟输出电压的平方成反比（$P_{线损} = I_出^2 R_线 = P_出^2 R_线 / U_出^2$）。

4. 电感和电容对交变电流的影响

（1）电感对交变电流的阻碍作用叫感抗，表示电感对交流电阻碍作用的强弱，线圈的自感系数越大、交变电流的频率越高，电感对交变电流的阻碍作用就越大，感抗也就越大。

低频扼流圈："通直流、阻交流"。

高频扼流圈："通低频、阻高频"。

（2）交变电流能够通过电容器。容抗表示电容对交变电流的阻碍作用的大小。特点："通交流、隔直流，通高频、阻低频"。

它们的阻抗为 $R = \dfrac{1}{2\pi fC} = 2\pi fL$

5. 三相交流电

（1）如果在磁场中有三个互成 120° 的线圈同时转动，电路里就产生三个交变电动势，这样的发电机叫作三相交流发电机，它发出的电流叫作三相交变电流。

（2）三个线圈中的电动势虽然最大值和周期都相同，但是它们不能同时为零或同时达到最大值。由于三个线圈的平面依然相差 120° 角，它们到达零值（即通过中性面）和最大值的时间，依次落后 1/3 周期，表达式为

$$u_1 = U_m \sin(\omega t), u_2 = U_m \sin(\omega t - 2/3\pi), u_3 = U_m \sin(\omega t - 4/3\pi)$$

如图 12-4 所示，端线（火线、相线）与中性线之间的电压叫相电压。两根不同的端线之间的电压叫线电压。电源 Y 形连接时：$U_线 = \sqrt{3} U_相$，电源 △ 形连接：$U_线 = U_相$。单相电压是 220V。

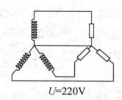
U=220V

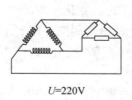
U=220$\sqrt{3}$V=380V

U=220V

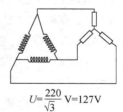
$U=\dfrac{220}{\sqrt{3}}$V=127V

图 12-4

6. LC 电路中振荡电流的产生过程

（1）振荡电流的定义：大小和方向均随时间做周期性变化的电流叫振荡电流。振荡电路的定义：能产生振荡电流的电路叫振荡电路，常见的是 LC 振荡电路。

（2）电容器充电而未开始放电时，电容器电压 U 最大，电场 E 最强，电场能最大，电路电流 $I = 0$；电容器开始放电后，由于自感 L 的作用，电流逐渐增大，磁场能增强，电容器中的电荷减少，电场能减少。在放电完毕瞬间，$U = 0, E = 0, I$ 最大，电场能为零，磁场能最大。

（3）电容器放完电后，由于自感作用，电流 I 保持原方向继续流动并逐渐减小，对电容器反

向充电,随电流减小,电容两端电压升高,磁场能减小而电场能增大,到电流为零瞬间,U最大,E最大,$I=0$,电场能最大,磁场能为零。

(4) 电容器开始放电,产生反向放电电流,磁场能增大电场能减小,到放电完成时,$U=0$,$E=0$,I最大,电场能为零,磁场能最大。上述过程反复循环,电路产生振荡电流。

7. 电磁振荡的周期和频率

(1) 电磁振荡。在振荡电路中,电容器极板上的电量,通过线圈的电流及跟电荷和电流相联系的电场和磁场都发生周期性变化的现象叫电磁振荡。

(2) 阻尼振荡和无阻尼振荡。无阻尼振荡:振幅保持不变的振荡叫无阻尼振荡,电路中电场能与磁场能总和不变。阻尼振荡:振幅逐渐减小的振荡叫阻尼振荡,电路中电场能与磁场能总和减少。

(3) LC电路的周期和频率。

周期T:电磁振荡完成一次周期性变化需要的时间。频率f:1s内完成的周期性变化的次数。

$$T = 2\pi\sqrt{LC}, f = 1/(2\pi\sqrt{LC})$$

注意:LC电路的周期和频率只取决于电容C和线圈的自感系数L,称为电路的固有周期、频率,跟电容器带电量Q,板间电压U和线路中的电流I无关。T、L、C、f的单位分别是s、H、F、Hz。

(4) 电磁振荡与机械振动的比较,见表12-1。

表12-1

	机械振动 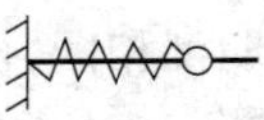	电磁振荡 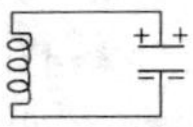
原理图		
产生原理	机械振动将能量沿弹性介质传播	电磁振荡将能量由场向外传播
周期性变化	s, v, a	E, B, q, I
能量转化	动能与势能	磁场能与电场能

8. 电磁场、电磁波和无线电波的发射与接收

(1) 麦克斯韦电磁场理论。变化的磁场产生电场;变化的电场产生磁场。注意:不变化的电场周围不产生磁场,变化的电场周围一定产生磁场,但如果电场是均匀变化的,产生的磁场是恒定的,如果电场是周期性(振荡)变化的,产生的磁场将是同频率的周期性(振荡)变化的磁场,反之也成立。

(2) 电磁场和电磁波的概念。变化的电场和变化的磁场相联系的统一体叫电磁场;电磁场的传播就是电磁波。电磁波在真空中的传播速度为$c=3\times10^8$m/s;电磁波的传播不需要介质。电磁波的周期T,频率f,波长λ以及它们与波速的关系:$v=\lambda/T=\lambda f$,T、f由波源确定,不因介质而变化,而v、λ在不同的介质中其值不同;同一介质中的电磁波频率越高波长越短。

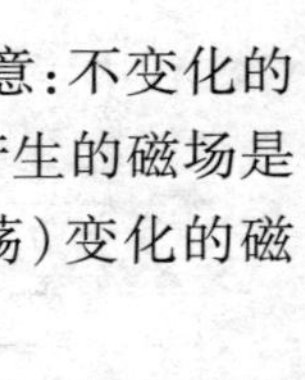

(3) 无线电波的发射与接收。将信号加载到电磁波上叫调制,调制分调幅、调频和调相三种。电磁波在空间遇导体时产生同频率的感应电流。从高频电磁波中取出信号的过程叫解调(检波)。接收LC回路的频率与电磁波频率相同时电路中产生最强振荡电流,此过程为调谐,如图12-5所示。

图12-5

典型例题

例1 交流发电机的示意图如图 12-6 所示,闭合的矩形线圈放在匀强磁场中,绕 OO' 轴匀速转动,在线圈中产生的交变电流随时间变化如图 12-7 所示。已知线圈的电阻为 $R=2.0\Omega$,则(　　)。

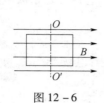
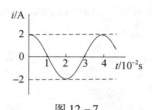

图 12-6　　　　　　图 12-7

A. 线圈中电流的最大值为 2A　　　B. 线圈转动的周期为 4.0×10^{-2}s
C. 线圈上产生的电热功率 4W　　　D. 以上答案均不正确

【答案】ABC。

【解析】由图可知:电流最大值为 $I_{max}=2$A,周期为 $T=4.0\times10^{-2}$s,所以,电流的有效值 $I=2/\sqrt{2}$ A,电热功率 $P=I^2R=\left(\dfrac{2}{\sqrt{2}}\right)^2\times 2\text{W}=4\text{W}$。

例2 在远距离输电时,要考虑尽量减少输电线上的功率损失。如图 12-8 所示,有一个电站,输送的电功率为 $P=500$kW,当使用 $U=5$kV 的电压输电时,测得安装在输电线路起点和终点处的两只电度表一昼夜示数相差 4800 度。求:

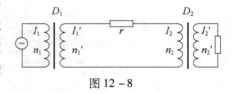

图 12-8

(1) 输电效率 η 和输电线的总电阻 r。
(2) 若想使输电效率提高到 98%,又不改变输电线,那么电站应使用多高的电压向外输电?

【分析】对远距离输电中各物理量的关系要能准确认识;当变压器原副线圈匝数比 $\left(\dfrac{n_1}{n_2}\right)$ 确定以后,其输出电压 U_2 是由输入电压 U_1 决定的(即 $U_2=\dfrac{n_2}{n_1}U_1$)。但若副线圈上没有负载,副线圈电流为零,输出功率为零,则输入功率为零,原线圈电流也为零,只有副线圈接入一定负载,有了一定的电流,即有了一定的输出功率,原线圈上才有了相应的电流 $\left(I_1=\dfrac{n_2}{n_1}I_2\right)$,同时有了相等的输入功率,$(P_\text{入}=P_\text{出})$,所以说:变压器上的电压是由原线圈决定的,而电流和功率是由副线圈上的负载来决定的。

【解答】(1) 如图 12-8 所示,由于输送功率为 $P=500$kW,一昼夜输送电能 $E=Pt=12000$ 度,终点得到的电能 $E'=7200$ 度,因此效率 $\eta=60\%$。输电线上的电流可由 $I=P/U$ 计算,为 $I=100$A,而输电线损耗功率可由 $P_r=I^2r$ 计算,其中 $P_r=4800/24=200$kW,因此可求得 $r=20\Omega$。

(2) 输电线上损耗功率 $P_r=\left(\dfrac{P}{U}\right)^2 r\propto\dfrac{1}{U^2}$,原来 $P_r=200$kW,现在要求 $P_r'=10$kW,计算可得

输电电压应调节为 $U' = 22.4 \text{kV}$。

【点评】求解此类问题的一般思路是,画出远距离输电的示意图,包括发电机、两台变压器、输电线等效电阻和负载电阻。并按照规范在图中标出相应的物理量符号。

例 3 在 LC 振荡电路中,当电容器放电完毕瞬间,以下说法正确的是( )。

A. 电容器极板间的电压等于零,磁场能开始向电场能转化

B. 电流达到最大值,线圈产生的磁场达到最大值

C. 如果没有能量辐射损耗,这时线圈的磁场能等于电容器开始放电时电容器的电场能

D. 线圈中产生的自感电动势最大

【答案】ABC。

【解析】电容器放电完毕的瞬间,还有以下几种说法:电场能向磁场能转化完毕;磁场能开始向电场能转化;电容器开始反方向充电。

电容器放电完毕的瞬间有如下特点:电容器电量 $Q = 0$,板间电压 $U = 0$,板间场强 $E = 0$,线圈电流 I 最大,磁感应强度 B 最大,电路磁场能最大,电场能为零。

线圈自感电动势 $E_自 = L\Delta I/\Delta t$,电容器放电完毕瞬间,虽然 I 最大,但 $\Delta \Phi/\Delta t$ 为零,所以后 $E_自$ 等于零。由于没有考虑能量的辐射,故能量守恒,在这一瞬间电场能 $E_电 = 0$,磁场能 $E_磁$ 最大,而电容器开始放电时,电场能 $E_电$ 最大,磁场能 $E_磁 = 0$,则 $E_磁 = E_电$,所以答案 A、B、C 正确。

强化训练

一、单项选择题

1. 如图 12 – 9 所示,两平行的虚线间的区域内存在着有界匀强磁场,有一较小的三角形线框 abc 的 ab 边与磁场边界平行。现使此线框向右匀速穿过磁场区域,运动过程中始终保持速度方向与 ab 边垂直。则以下选项中哪一个可以定性地表示线框在上述过程中感应电流随时间变化的规律( )。

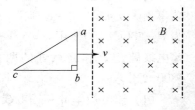

图 12 – 9

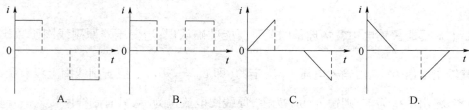

A.   B.   C.   D.

2. 用电高峰期,电灯往往会变暗,其原理可简化为如图 12 – 10 所示的模型。即理想变压器原线圈电压稳定,副线圈上通过输电线连接两只相同的灯泡 L_1 和 L_2,输电线的等效电阻为 R,当开关 S 闭合时有( )。

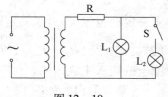

图 12 – 10

A. 通过 L_1 的电流增大

B. R 两端的电压增大

C. 副线圈输出电压减小

D. 副线圈输出功率减小

3. 一个电热器接在 10V 的直流电源上,具有一定的热功率。把它改接在交流电源上要使其热功率为原来的一半,则交流电源电压的最大值应为(　　)。

　　A. 7.07V　　　　B. 6V　　　　C. 14V　　　　D. 10V

4. 如图 12-11 所示,变压器输入交变电压 U 一定,两个副线圈的匝数为 n_2 和 n_3,当把一电阻先后接在 a、b 间和 c、d 间时,安培表的示数分别为 I 和 I',则 $I:I'$ 为(　　)。

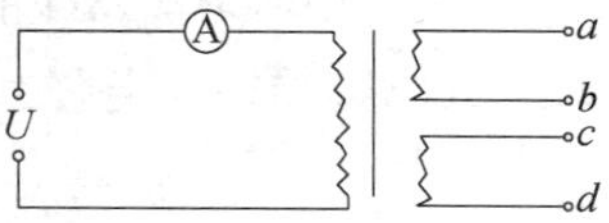

　　A. $n_2^2:n_3^2$　　　　　　　　　　B. $\sqrt{n_2}:\sqrt{n_3}$
　　C. $n_2:n_3$　　　　　　　　　　　D. $n_3^2:n_2^2$

图 12-11

5. 在某交流电路中,有一正在工作的变压器,原副线圈匝数分别为 $n_1=600$,$n_2=120$,电源电压 $U_1=220\text{V}$,原线圈中串联一个 0.2A 的熔断丝,为了保证熔断丝不被烧坏,则(　　)。

　　A. 负载功率可以超过 44W　　　　　B. 副线圈电流最大值不能超过 1A
　　C. 副线圈电流有效值不能超过 1A　　D. 副线圈电流有效值不能超过 0.2A

6. 理想变压器,给负载 R 供电,用下列哪些方法可增加变压器的输出功率(　　)。

　　A. 减少副线圈的匝数　　　　　　　B. 增加原线圈的匝数
　　C. 减少负载电阻 R 的值　　　　　　D. 增加负载电阻 R 的值

7. 下列关于电磁波的叙述中,正确的是(　　)。

　　A. 电磁波是电磁场由发生区域向远处的传播
　　B. 电磁波在任何介质中的传播速度均为 $3.00\times10^8\text{m/s}$
　　C. 电磁波由真空进入介质传播时,波长将变长
　　D. 电磁波不能产生干涉、衍射现象

8. 过量接收电磁辐射对人体健康有害。按照有关规定,工作场所受到的电磁辐射强度(单位时间内垂直通过单位面积的电磁辐射能量)不得超过某一临界值 W。若某无线电通信装置的电磁辐射功率为 P,则符合规定的安全区域到该通信装置的距离至少为(　　)。

　　A. $\sqrt{\dfrac{W}{\pi P}}$　　　　B. $\sqrt{\dfrac{W}{4\pi P}}$　　　　C. $\sqrt{\dfrac{P}{\pi W}}$　　　　D. $\sqrt{\dfrac{P}{4\pi W}}$

9. 关于电磁理论,下面几种说法正确的是(　　)。

　　A. 在电场的周围空间一定产生磁场
　　B. 任何变化的电场周围空间一定产生变化的磁场
　　C. 均匀变化的电场周围空间产生变化的磁场
　　D. 振荡电场在周围空间产生变化的振荡磁场

10. 要想提高电磁振荡的频率,下列办法中可行的是(　　)。

　　A. 线圈中插入铁芯　　　　　　　　B. 提高充电电压
　　C. 增加电容器两板间距离　　　　　D. 增大电容器两板间的正对面积

二、填空题

1. 如图 12-12 所示是我国民用交流电的电压的图像。根据图像可知下列有关家庭用交变电压参数:

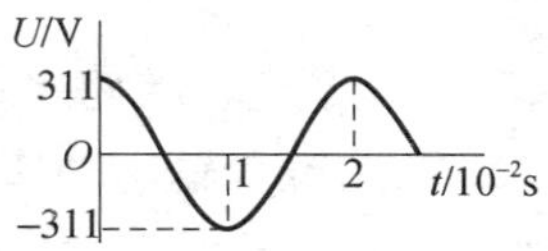

　　(1) 电压的最大值是_____;
　　(2) 用电压表测出的值是_____;
　　(3) 交流电的频率是_____;

图 12-12

(4) t 时刻的交流电压的瞬时值表达式为_____V。

2. 如图 12-13 所示为一交流的电流随时间变化的图像,此交变电流的有效值是_____。

3. 某交流发电机产生的感应电动势与时间的关系如图 12-14 所示。设发电机线圈内阻为 $r=2\Omega$,现将 $R=98\Omega$ 的用电器接在此交流电路上,它消耗的功率是_____;如果将电容是 $2\mu F$ 的电容器接在电路上,则电容器的耐压值至少是_____。

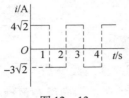

图 12-13 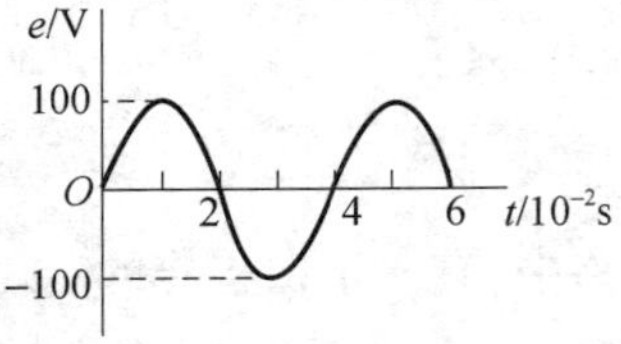　　　　　　图 12-14

4. 如图 12-15 所示为理想变压器,A_1、A_2 为理想交流电流表,V_1、V_2 分别为理想交流电压表,R_1、R_2、R_3 为电阻,原线圈两端接电压一定的正弦交流电源,当开关 S 闭合时,各交流电表的示数变化情况应是:

(1) 交流电流表 A_1 读数_____;

(2) 交流电流表 A_2 读数_____;

(3) 交流电压表 V_1 读数_____;

(4) 交流电压表 V_2 读数_____(填变大、变小、不变)。

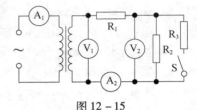

图 12-15

5. 发电机的端电压是 220V,输出的电功率是 44kW,输电线的总电阻是 0.2Ω,则:(1) 不用变压器时,用户得到的电功率和用电器两端的电压各是_____、_____;(2) 若发电站用匝数比是 1:10 的升压变压器,经相同的输电线后,再用匝数比是 10:1 的变压器降压后供给用户,则用户得到的电功率和用电器两端的电压是_____、_____。

6. 无线电广播的中波波段波长范围为 187~560m,为了避免邻台干扰,相邻两个电台的频率至少相差 10^4Hz。则在此波段内,最多能容纳的电台数约为_____个。

7. 同步卫星可与地面传播无线电话,则说完话后至少需_____的时间才能听到对方的回话(卫星到地球上两通话处的距离都看作卫星高度,并设对方听完话后立即回话。已知:地球质量为 M,地球半径为 R,地球自转周期为 T)。

三、计算题

1. 如图 12-16 所示,边长为 0.5m 的正方形线框 $ABCD$ 绕 AB 边在磁感应强度为 0.4T 的匀强磁场中匀速转动,AB 边与磁场方向垂直,转速为 50r/s。求:

(1) 感应电动势的最大值;

(2) 转动过程中,当穿过线圈平面的磁通量为 0.05Wb 时,感应电动势的瞬时值。

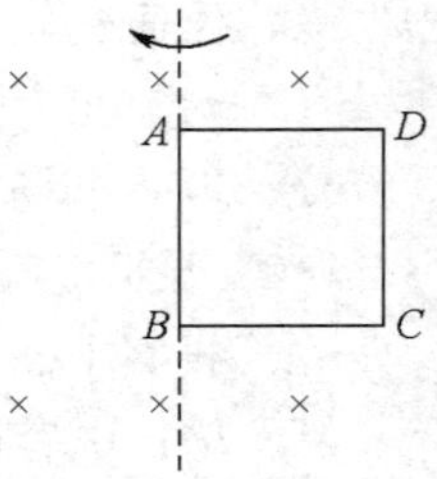

图 12-16

2. 某电厂要将电能输送到较远的用户,发电机输出的总功率为 9.8×10^4W,输出电压为 350V,为减少输送功率损失,先用一升压变压器将电压升高再输送,在输送途中,输电路的总电阻为 4Ω,允许损失的功率为输送功率的 5%,求用户所需电压为 220V 时,升压、降压变压器的原、副线圈的匝数比各是多少?

3. 有条瀑布,流量 $Q=2\text{m}^3/\text{s}$,落差 5m,现利用其发电,若发电机总效率为 50%,输出电压为 240V,输电线总电阻 $R=30Ω$,允许损失功率为输出功率的 6%,为满足用电需求,则该输电线路所用理想的升压、降压变压器的匝数比各是多少?能使多少盏"220V,100W"的电灯正常发光?

【参考答案】

一、单项选择题

1. D。

【解析】当三角形线框 abc 进入磁场时,三角形线框切割磁感应线的等效长度在均匀减小,感应电动势也在均匀减小;当三角形线框 abc 穿出磁场时,道理同前,故 D 正确。

2. B。

【解析】当开关 S 闭合时,副线圈输出电压不变,C 错;因用户总电阻减小,R 上的电流增大,两端的电压增大,B 正确;副线圈输出功率变大,D 错;L_1 两端的电压减小,通过 L_1 的电流减小,A 错误。

3. D。

【解析】由焦耳定律:$\dfrac{(10\text{V})^2}{R}\times\dfrac{1}{2}=\dfrac{(U_m/\sqrt{2})^2}{R}$,解之得 $U_m=10\text{V}$,D 正确。

4. A。

【解析】由变压器原理有:$U_{ab}=\dfrac{n_2}{n}U$,$U_{cd}=\dfrac{n_3}{n}U$,$UI=\dfrac{U_{ab}^2}{R}$,$UI'=\dfrac{U_{cd}^2}{R}$;联立可得 $I:I'$ 为 $n_2^2:n_3^2$,A 正确。

5. C。

【解析】变压器的原副线圈匝数分别为 $n_1=600$,$n_2=120$,则匝数比为 5:1;电源电压 $U_1=220\text{V}$,原线圈中串联一个 0.2A 的熔断丝,则总功率不能超过 44W;负载功率不超过 44W,A 错误。副线圈电流有效值不能超过 1A,副线圈电流最大值不能超过 1.4A,C 正确,B、D 错误。

6. C。

【解析】减少原线圈的匝数、增加副线圈的匝数、减少负载电阻 R 的值等方法可增加变压器的输出功率,只有 C 正确。

7. A。

【解析】电磁波是电磁场在空间的传播;电磁波在真空中的传播速度均为 $3.00\times10^8\text{m/s}$;电磁波由真空进入介质传播时,速度减小,波长变短;电磁波可以产生干涉、衍射现象。正确的是 A。

8. D。

【解析】近似认为该无线电通信装置为一点辐射源,由能量守恒有:$\dfrac{P}{4\pi R^2}=W$,解得 $R=\sqrt{\dfrac{P}{4\pi W}}$,D 正确。

9. D。

【解析】根据麦克斯韦电磁场理论得知:不变的电场周围不产生磁场,均匀变化的电场周围产生稳定的磁场,振荡电场周围产生振荡磁场。故只有 D 正确。

10. C。

【解析】由公式 $f=1/(2\pi\sqrt{LC})$ 得知:f 和 Q、U、I 无关,与 $\sqrt{LC}$ 成反比。因此要增大 f,就要减小 L、C 的乘积,即减小 L 或 C,其中 $C=\varepsilon S/4\pi kd$。减小 L 的方法有:在线圈中拉出铁心、减小线圈长度;减小线圈横截面积;减少单位长度匝数。减小 C 的方法有:增加电容器两板间的距离;减小电容器两板间的正对面积;在电容器两板间换上介电常数较小的电介质。故 C 答案正确。要熟记增大和减小 L、C 的方法。

二、填空题

1. (1)311V,(2)220V,(3)50Hz,(4) $u=311\sin(100\pi t+\pi/2)$ 或 $u=311\cos(100\pi t)$。

【解析】电压的最大值就是幅值,用电压表测出的值是有效值,交流电的频率是周期的倒数。

2. 5A。

【解析】设此交变电流的有效值为 I,根据交流有效值的定义,有 $I^2RT=\frac{1}{2}I_1^2RT+\frac{1}{2}I_2^2RT$,所以 $I=\sqrt{\frac{1}{2}(I_1^2+I_2^2)}=\sqrt{\frac{1}{2}(4\sqrt{2})^2+\frac{1}{2}(3\sqrt{2})^2}=5$A。注意,交流的有效值等于与这交流热效应等效的直流电的值。为分析方便,可选交流电的一个周期进行研究。

3. 49W,100V。

【解析】此交流电的最大值为 $E_m=100$V,则电动势的有效值为 $E=E_m/\sqrt{2}=\frac{100}{\sqrt{2}}$V,由全电路欧姆定律知,电阻 R 上的电压有效值为 $U=\frac{E}{R+r}\cdot R=\frac{98}{\sqrt{2}}$V,故电阻 R 消耗的功率为 $P=\frac{U^2}{R}=\frac{98^2}{2}\times\frac{1}{98}W=49$W。电容器接入电路,则要求电容器的耐压值至少等于感应电动势的最大值,故有 $U_m=E_m=100$V。

4. (1)变大;(2)变大;(3)不变;(4)变小。

【解析】道理同选择题的第 2 题。

5. (1)$P_用=36$kW,$U_用=180$V;(2)$P_用=43.92$kW,$U_用=219.6$V。

【解析】(1)$I=P/U=2\times10^2$A,$U_r=Ir=40$V,则 $U_用=220-40=180$V,$P_用=36$kW。
(2)$U_2=n_2/n_1 U_1=2200$V,$I_2=P/U_2=20$A,则 $U_r=Ir=4$V,$U_3=U_2-U_r=2196$V,$U_用=U_4=n_4/n_3 U_3=219.6$V,$P_用=P_3=U_3I_2=43.92$kW。

6. 约107。

【解析】根据 $C=\lambda f$,又波长 λ 的范围可得频率 f 的范围为 $\frac{3\times10^8}{560}\sim\frac{3\times10^8}{187}$Hz,约 535~1605kHz。所以可容纳电台数为 $(1605-535)\times10^3/10^4\approx107$(个)。

7. $t=2\times\frac{\sqrt[3]{\frac{GMT^2}{4\pi^2}}-R}{c}$。

【解析】根据题意可知,必须先求出地球同步卫星的高度 h,设同步卫星距离地球球心为 r,则由于同步卫星运转的周期与地球自转的周期相同,其做圆周运动的向心力由其所受到的万有引力提供。

则 $F_{引} = F_{向}$ 即 $\dfrac{GMm}{r^2} = mr(\dfrac{2\pi}{T})^2$，所以 $r = \sqrt[3]{\dfrac{GMT^2}{4\pi^2}}$。

则卫星的高度 $h = r - R = \sqrt[3]{\dfrac{GMT^2}{4\pi^2}} - R$，则说完话后，至少需要 $t = 2 \times \dfrac{\sqrt[3]{\dfrac{GMT^2}{4\pi^2}} - R}{c}$ 才能听到回话。

三、计算题

1. （1）31.4V；（2）27.2V。

【解析】（1）$E_m = BS\omega = BS \times 2\pi n = 0.4 \times 0.5^2 \times 2\pi \times 50V = 31.4V$。

（2）设从图示位置开始计时，则 $e = 31.4\sin(100\pi tV)$ ……①

$\Phi = \Phi_m \cos(100\pi t) = 0.1\cos(100\pi t) Wb$ ……②

又因 $\Phi = 0.05Wb$ 代入②式得 $\cos(100\pi t) = \dfrac{1}{2}$

所以 $e = 31.4 \times \dfrac{\sqrt{3}}{2} V = 27.2V$

2. （1）$n_1 : n_2 = 1 : 8$；（2）$n_3 : n_4 = 12 : 1$。

【解析】依题意画出远距离输电电路如图 12-17 所示，电路损失功率 $P_{损} = P_{总} \times 5\% = I_2^2 R_{线}$

$I_2 = \sqrt{\dfrac{5\% P_{总}}{R}} = \sqrt{\dfrac{5 \times 9.8 \times 10^4}{4 \times 100}} A = 35A$

升压变压器输出电压为

$U_2 = P/I_2 = \dfrac{9.8 \times 10^4}{35} V = 2.8 \times 10^3 V$

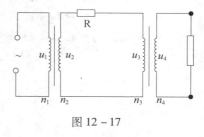

图 12-17

据理想变压器得，升压变压器的初级、次级的匝数比为 $n_1 : n_2 = U_1 : U_2 = 1 : 8$

降压变压器输入功率为：$P_3 = P_{总} - P_{损} = P_{总} - 5\% P_{总} = 95\% P_{总} = 9.31 \times 10^4 W$

所以降压变压器的初级电压：$U_3 = P_3/I_2 = 2660V$

所以降压变压器的匝数比为：$n_3 : n_4 = 12 : 1$。

3. （1）$n_1/n_2 = 6 : 125, n_3/n_4 = 235 : 11$；（2）470 盏。

【解析】远距离输电电路示意图如图 12-18 所示。

设水的密度为 ρ，电源输出功率

$P_{输出} = (mgh/t) \times 50\% = Q\rho gh \times 50\% = 5 \times 10^4 W$

由题意 $P_{损} = I_2^2 R = \left(\dfrac{P_{输出}}{U_2}\right)^2 R$

又 $P_{损} = 6\% P_{输出}$，所以 $U_2 = 5.0 \times 10^3 V$。

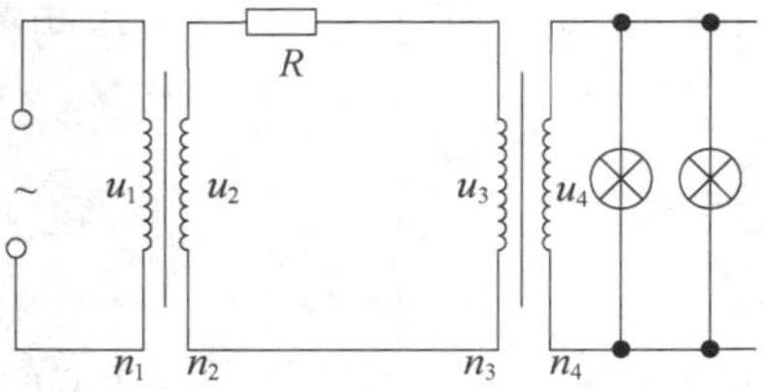

故升压和降压变压器匝数比

$n_1/n_2 = U_1/U_2 = 240/5.0 \times 10^3 = 6 : 125$

又因为 $U_3 = U_2 - I_2 R = 4700V, U_4 = 220V$

所以 $n_3/n_4 = U_3/U_4 = 235 : 11$

正常发光的电灯盏数 $N = (P_{输出} - P_{损})/P_{灯} = P_{输出} \times (1 - 6\%)/P_{灯} = 470$ 盏。

图 12-18

第十三章 光　学

考试范围与要求

- 理解折射率的概念。
- 理解色散、全反射、光导纤维的概念。
- 掌握光的反射定律,能运用它们解决军事与生活中的简单问题。
- 掌握光的折射定律,能运用它们解决军事与生活中的简单问题。
- 掌握光的全反射规律,能运用它们解决军事与生活中的简单问题。
- 了解光的干涉、衍射和偏振现象。
- 理解光电效应和爱因斯坦光电效应方程。
- 了解光的波粒二象性。

主要内容

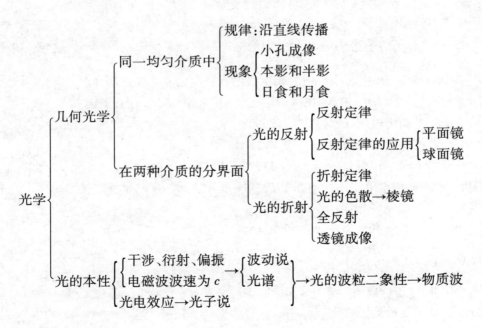

1. 光源和光的直线性

能够自行发光的物体叫光源。被照亮的物体、实像、虚像等不是光源,但可以引起人的视觉,解题时可以当成"光源"来处理。

光在同种均匀介质中沿直线传播。典型的实例是:小孔成像(倒立、实像)、影子的形成(光被不透明的物体挡住后形成的暗区,点光源形成本影,非点光源形成本影和半影,在本影区完全看不到光源的光,在半影区只能看到光源的某部分发出的光)、日食和月食,如图 13-1 所示。

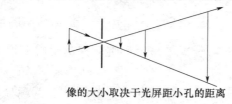

像的大小取决于光屏距小孔的距离

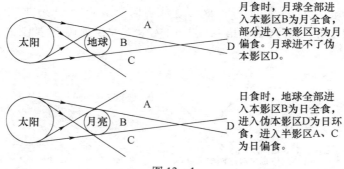

图 13-1

光在真空中(近似在空气中)速度最大,$c=3\times10^8$ m/s。丹麦天文学家罗默第一次利用天体间的大距离测出了光速,法国人裴索第一次在地面上用旋转齿轮法测出了光速。

2. 光的反射

(1) 反射定律:光从一种介质射向另一种介质表面时,一部分光被反射回原来介质的现象叫光的反射。光的反射定律:三线同面,法线居中,两角相等,光路可逆。即反射光线与入射光线、法线在同一平面上,反射光线和入射光线分居于法线的两侧,反射角等于入射角。光的反射过程中光路是可逆的。

(2) 反射分为镜面反射和漫反射。镜面反射:射到物面上的平行光反射后仍然平行。镜面反射发生的条件是反射面平滑,迎着太阳看平静的水面,特别亮,黑板"反光"等,都是因为发生了镜面反射。漫反射:射到物面上的平行光反射后向着不同的方向,每条光线遵守光的反射定律。漫反射发生的条件是反射面凹凸不平,能从各个方向看到本身不发光的物体,是由于光射到物体上发生漫反射的缘故。

(3) 反射的应用:面镜。平面镜:平面镜成像的特点是等大、等距、垂直、虚像。即像、物大小相等,到镜面的距离相等,像、物的连线与镜面垂直,物体在平面镜里所成的像是虚像。平面镜的主要作用是成像和改变光路。实像:实际光线会聚点所成的像。虚像:反射光线反向延长线的会聚点所成的像。

球面镜:①凹面镜:用球面的内表面作反射面。凹面镜能把射向它的平行光线会聚在一点;从焦点射向凹面镜的反射光是平行光。凹面镜应用:太阳灶、手电筒、汽车头灯。②凸面镜:用球面的外表面作反射面。凸面镜对光线起发散作用。凸面镜所成的像是缩小的虚像。凸面镜应用:汽车后视镜。

3. 折射定律和折射率

折射光线、入射光线、法线在同一平面内,折射光线、入射光线在法线两侧,入射角的正弦值与折射角的正弦值成正比,叫折射定律,也叫斯涅耳定律。数学表达式为

$$n_1 \sin i = n_2 \sin r$$

光从真空射入介质中时,入射角正弦值与折射角的正弦值之比或光在真空中的速度与光在介质中速度之比叫物质的折射率(n)。定义式为 $\frac{\sin i}{\sin r} = n = \frac{c}{v}$,任何介质的折射率都大于1(空气近似等于1),折射率表明了介质的折光本领,也表示对光传播的阻碍本领。

4. 全反射和色散

折射率较小的介质是光疏介质,折射率较大的介质是光密介质,光疏介质与光密介质是相对的。光由光密介质射向光疏介质时,折射光线全部消失,只剩反射光线的现象叫光的全反射。全反射光线不是折射光线。全反射的条件:光密介质射向光疏介质,入射角大于临界角 C,$\sin C = 1/n$。横截面是等腰直角三角形(临界角 $C = 42°$)的棱镜是全反射棱镜,如图13-2所示。

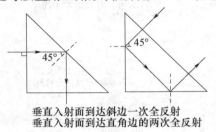

图 13-2

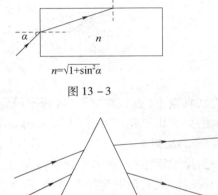

图 13-3

一光线射向光导纤维,当入射角为 α 时,刚好从另一端射出,如图13-3所示。

三棱镜能使射向侧面的光线向底面偏折,相同条件下,n 越大,光线偏折越多。一束白色光通过三棱镜后可分解为红、橙、黄、绿、蓝、靛、紫七色光,这叫色散。如图13-4所示,棱镜对红光的折射率小,介质中的红光光速大;棱镜对蓝光的折射率大,介质中的蓝光光速小。

图 13-4

5. 透镜成像和光学仪器的成像原理

在光疏介质的环境中放置有光密介质的透镜时,凸透镜对光线有会聚作用,凹透镜对光线有发散作用。利用三条特殊光线可以给透镜成像作图。成像规律 $1/u + 1/v = 1/f$。线放大率 $m = $ 像长/物长 $= |v|/u$。说明:①成像公式的符号法则——凸透镜焦距 f 取正,凹透镜焦距 f 取负;实像像距 v 取正,虚像像距 v 取负;②线放大率与焦距和物距有关。

放大镜是凸透镜成像在 $u < f$ 时的应用,通过放大镜在物方同侧看到正立虚像。照相机是凸透镜成像在 $u > 2f$ 时的应用,得到的是倒立缩小实像。幻灯机是凸透镜成像在 $f < u < 2f$ 时的应用,得到的是倒立放大的实像。显微镜由短焦距的凸透镜作物镜,长焦距的透镜作目镜所组成。物体位于物镜焦点外很靠近焦点处,经物镜成实像于目镜焦点内很靠近焦点处。再经目镜在同侧形成一放大虚像(通常位于明视距离处)。望远镜由长焦距的凸透镜作物镜,短焦距的透镜作目镜所组成。极远处至物镜的光可看成平行光,经物镜成中间像(倒立、缩小、实像)于物镜焦点外很靠近焦点处,恰位于目镜焦点内,再经目镜成虚像于极远处(或明视距离处)。眼睛等效于一部变焦距照相机,正常人明视距约25cm。明视距离小于25cm的近视眼患者需配戴凹透镜做镜片的眼镜;明视距离大于25cm的远视者需配戴凸透镜做镜片的眼镜。

6. 干涉、衍射和偏振

频率相同的两列波叠加后,某些区域振动加强,某些区域振动减弱,加强区与减弱区相互隔开,这叫波的干涉。加强条件是光程差为半波长的偶数倍,减弱条件是光程差为半波长的奇数倍。

波绕过障碍物继续向前传播叫波的衍射。衍射条件是障碍物、缝或孔的尺寸与波长相近或比波长小,$L \leqslant \lambda$。

光的干涉与衍射的比较如表 13-1 所列。

表 13-1

项目	光的干涉	光的衍射
图形	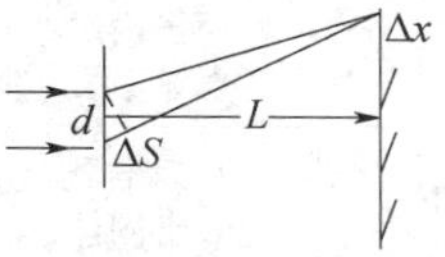 Δx 相邻纹间距;x 纹至光屏中心距离; L 缝隙与屏间距;d 缝间距; ΔS 两列波的路程差	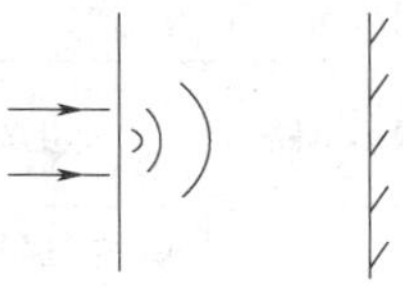
公式	$\Delta x = \dfrac{L}{d}\lambda$ $\dfrac{\Delta S}{d} = \dfrac{x}{L}$	
条件	两列光波频率相等	缝或孔的尺寸与波长相近或比波长小
条纹	 等间距、等亮度	不等间距、不等亮度
原因	两列光波的空间叠加	缝上不同位置的光在空间的叠加

光照射薄膜上被前后两面反射形成相干光,薄膜不均匀时出现明暗条纹,薄膜劈(楔)形时形成明暗相间的线形等距条纹,叫薄膜干涉。典型的薄膜干涉如表 13-2 所列。

表 13-2

类型	牛顿环	空气劈
原理	光照射到与空气接触的两个玻璃表面上,反射形成相干光	
图	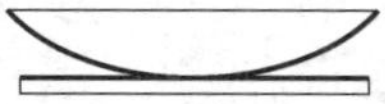	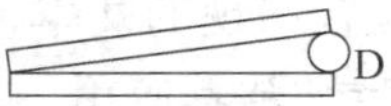
条纹		
公式	$r_k = \sqrt{kR\lambda}$,r_k 为暗环半径	$\Delta x = \dfrac{L}{2D}\lambda$ 式中:Δx 为相邻纹间距;λ 为波长;D 为空气劈最大间隔;L 为空气劈长度

振动方向与波的传播方向相垂直的波叫横波。振动方向与波的传播方向相平行的波叫纵波。只在某一方向上振动的波叫波的偏振,只有横波才有偏振现象。沿着各个方向振动且强度相同的光波是自然光。沿着单个方向振动向前传播的光波是偏振光。自然光经偏振片起偏后形成偏振光,光的偏振现象说明光波是一种横波。自然光由空气射向透明物体后,当反射光线与折射光线垂直时,反射光线为完全偏振光线,振动方向与入射面垂直(入射

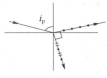

图 13-5

光线与法线所成平面）；折射光线为部分偏振光线，大多光线振动方向平行入射面，此时的入射角为布儒斯特角：$\tan i_p = n$，如图 13-5 所示。

7. 光的电磁说、光电效应、光的波粒二象性和物质波

光波是电磁波的某一部分，如表 13-3 所示，光波在真空中的传播速度：$c = 3 \times 10^8$ m/s，是横波。公式：$v = \lambda/T = \lambda f$，光进入另一介质时，频率、周期不变，波长、波速改变。可见光的波长范围：380~760nm，频率范围：4×10^{14} ~ 8×10^{14} Hz。

表 13-3

波长范围	10^{-10} ~ 10^2 m					
名称	无线电波	红外线	可见光	紫外线	伦琴射线	γ 射线
产生原理	LC 回路中电流的周期运动	原子外层电子受到激发			原子内层电子激发	原子核受到激发
产生方法	LC 振荡电路	一切物质	固液气点燃、气体高压激发	高温物体	高速电子轰击固体	天然放射性物质
应用	无线电	遥控、遥感、加热、理疗	照相、摄像、加热	感光、消毒、化疗	探测、透视	工业探伤、医用放疗

在光照射下，物体发射光电子的现象叫光电效应。装置如图 13-6 所示。发生条件：$\nu > \nu_{极限}$ 或 $\lambda < \lambda_{极限}$。每个光量子的能量是 $E = h\nu = hc/\lambda$，普朗克常量 $h = 6.63 \times 10^{-34}$ J·s。光的强度决定每秒发出的光量子数，决定光电流强度。光的频率决定每个光子的能量，决定电子射出后的最大初动能。光电效应方程：$E_k = h\nu - W$。

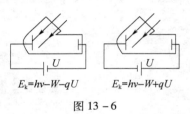

图 13-6

光的干涉、衍射、偏振证明了光的波动性，光电效应实验、康普顿效应证明了光的粒子性，光具有波粒二象性。

任何运动的物体同光一样，都具有波粒二象性，有一个波与之对应，即光子、实物粒子运动具有不确定性，但在空间的分布几率受波动规律支配，这种波叫物质波，又称为德布罗意波，公式为 $\lambda = \dfrac{h}{p} = \dfrac{h}{mv}$。宏观物体波长小，显粒子性；微观粒子波长长，显波动性。用疏密不同的点表示电子在各个位置出现的几率，即电子云。

8. 激光的特性及其应用

激光是同种原子在同样的两个能级间发生跃迁生成的，其特性是：①相干光。作光的干涉、衍射的光源，也可以用来传递信息。光纤通信就是激光和光导纤维结合的产物。②平行度好。传播很远距离之后仍能保持一定强度，因此可以用来精确测距。激光雷达不仅能测距，还能根据多普勒效应测出目标的速度，对目标进行跟踪。还能用于在 VCD 或计算机光盘上读写数据。③亮度高。能在极小的空间和极短的时间内集中很大的能量。可以用来切割各种物质，焊接金属，在硬材料上打孔，利用激光作为手术刀切开皮肤做手术，焊接视网膜。利用激光产生的高温高压引起核聚变。

典型例题

例 1 为什么从圆形玻璃鱼缸的上方看水显得浅？从旁边看鱼显得大？把鱼缸放在阳光

下,为什么鱼缸的影子里有个较亮的光斑?

【解析】从鱼缸上方看鱼缸,鱼缸底上的光通过水射向空气发生了折射,故看起来显得浅;从旁边看,凸形的水相当于一个凸透镜,金鱼游到鱼缸边附近时,处在这个凸透镜的焦点之内,凸透镜起放大镜的作用,我们实际上看到了金鱼的放大的虚像,鱼缸在太阳光下相当于一个凸透镜,对太阳光有会聚作用,会聚点处形成一个较亮的光斑。

【点评】鱼缸中间凸起,使我们想到鱼缸相当于一个凸透镜,用凸透镜解释缸中鱼变大,在太阳下有光斑就不困难了。凡是联系实际的题,我们要善于将实际情况与一些物理模型进行对比,看它是否符合某一物理模型的特征;找到了物理模型,就能用物理原理来解释现象了。

例2 某有线制导导弹发射时,在导弹发射基地和地导弹间连一根细如蛛丝的特制光纤(像放风筝一样),它双向传输信号,能达到有线制导作用。光纤由纤芯和包层组成,其剖面如图 13 – 7 所示,其中纤芯材料的折射率 $n_1 = 2$,包层折射率 $n_2 = \sqrt{3}$,光纤长度为 $3\sqrt{3} \times 10^3$ m。

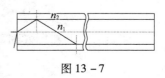

图 13 – 7

(1)试通过计算说明从光纤一端入射的光信号是否会通过包层"泄漏"出去。

(2)若导弹飞行过程中,将有关参数转变为光信号,利用光纤发回发射基地经瞬间处理后转化为指令光信号返回导弹,求信号往返需要的最长时间。

(1)不会;(2)$t_{max} = 80\,\mu s$。

【解析】(1)由题意在纤芯和包层分界面上全反射临界角 C 满足:$n_1 \sin C = n_2 \sin 90°$,得 $C = 60°$。

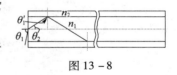

图 13 – 8

如图 13 – 8 所示,当在端面上的入射角最大($\theta_{1m} = 90°$)时,折射角 θ_2 也最大,在纤芯与包层分界面上的入射角 θ'_1 最小。

在端面上:$\theta_{1m} = 90°$时,$n_1 = \dfrac{\sin 90°}{\sin \theta_{2m}}$,得 $\theta_{2m} = 30°$。

这时 $\theta'_{1min} = 90° - 30° = 60° = C$,所以,在所有情况中从端面入射到光纤中的信号都不会从包层中"泄漏"出去。

(2)当在端面上入射角最大时所用的时间最长,这时光在纤芯中往返的总路程:$s = \dfrac{2L}{\cos \theta_{2m}}$,

光纤中光速:$v = \dfrac{c}{n_1}$。

信号往返需要的最长时间 $t_{max} = \dfrac{S}{v} = \dfrac{2Ln_1}{c\cos \theta_{2m}} = 80\,\mu s$。

例3 在双缝干涉实验中,以白光为光源,在屏上观察到彩色干涉条纹,若在双缝中的一缝前放一红色滤光片(只能透过红光),另一缝前放一绿色滤光片(只能透过绿光),这时( )。

A. 只有红色和绿色的干涉条纹,其他颜色的双缝干涉条纹消失

B. 红色和绿色的干涉条纹消失,其他颜色的干涉条纹仍然存在

C. 任何颜色的干涉条纹都不存在,但屏上仍有亮光

D. 屏上无任何亮光

【答案】C。

【解析】 在双缝干涉实验中,白光通过单缝成为线光源,从单缝射出的光通过双缝分成两束光,它们在光屏上形成彩色的干涉条纹,现在两个缝前分别放上红色和绿色滤光片,红光和绿光的频率不同,不是相干光,所以屏上没有干涉条纹,只有亮光,选项 C 正确。

例 4 如图 13-9 所示,相距为 d 的 A、B 两平行金属板足够大,板间电压为 U,一束波长为 λ 的激光照射到 B 板中央,光斑的半径为 r,B 板发生光电效应,其逸出功为 W。已知电子质量为 m,电荷量为 e。求:

(1) B 板中射出的光电子的最大初速度的大小。

(2) 光电子所能到达 A 板区域的面积。

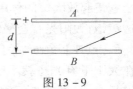

图 13-9

【答案】 (1) $\sqrt{\dfrac{2(hc-\lambda W)}{\lambda m}}$;(2) $\pi\left(2d\sqrt{\dfrac{(hc-\lambda W)}{\lambda eU}}+r\right)^2$。

【解析】 (1) 根据爱因斯坦光电效应方程 $\dfrac{1}{2}mv^2 = h\nu - W$,$\nu = \dfrac{c}{\lambda}$

解得 $v = \sqrt{\dfrac{2(hc-\lambda W)}{\lambda m}}$。

(2) 由对称性可知,光电子到达 A 板上的区域是一个圆。该圆的半径由从 B 板上光斑边缘以最大初速度沿平行于极板方向飞出的光电子到达 A 板上的位置决定。设光电子在电场中运动时间为 t,沿板方向的运动距离为 L,则其加速度为 $a = \dfrac{eU}{md}$,垂直于极板方向:$d = \dfrac{1}{2}at^2$,平行于极板方向:$L = vt$,光电子到达 A 板上区域最大面积 $S = \pi(L+r)^2$,解得 $S = \pi\left(2d\sqrt{\dfrac{(hc-\lambda W)}{\lambda eU}}+r\right)^2$。

强化训练

一、单项选择题

1. 某物体左右两侧各有一竖直放置的平面镜,两平面镜相互平行,物体距离左镜 4m,右镜 8m,如图 13-10 所示。物体在左镜所成的像中从右向左数的第三个像与物体的距离是(   )。

A. 24m   B. 32m

C. 40m   D. 48m

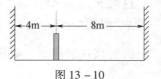

图 13-10

2. 自行车的尾灯采用了全反射棱镜的原理,它虽然本身不发光,但在夜间骑行时,从后面开来的汽车发出的强光照到尾灯后,会有较强的光被反射回去,使汽车司机注意到前面有自行车,尾灯由透明介质制成,其外形如图 13-11 所示,下面说法正确的是(   )。

A. 汽车灯光从左面射过来,在尾灯的左表面发生全反射

B. 汽车灯光从左面射过来,在尾灯的右表面发生全反射

C. 汽车灯光从右面射过来,在尾灯的左表面发生全反射

D. 汽车灯光从右面射过来,在尾灯的右表面发生全反射

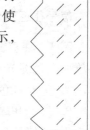

图 13-11

3. 高速公路上的标志牌都是用"回归反光膜"制成的,夜间行车时,它能把车灯射出的光逆

向返回,标志牌上的字显得特别醒目。这种"回归反光膜"是用球体反射元件制成的,如图 13-12 所示,反光膜内均匀分布着直径为 10μm 的细玻璃珠,所用玻璃的折射率为 $\sqrt{3}$,为使入射的车灯光线经玻璃珠折射→反射→再折射后恰好和入射光线平行,那么第一次入射的入射角应是( )。

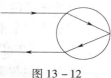

图 13-12

A. 15° B. 30° C. 45° D. 60°

4. 目前一种用于摧毁人造卫星或空间站的激光武器正在研制中,如图 13-13 所示,某空间站位于地平线上方,现准备用一束激光射向该空间站,则应把激光器( )。

图 13-13

A. 沿视线对着空间站瞄高一些
B. 沿视线对着空间站瞄低一些
C. 沿视线对着空间站直接瞄准
D. 条件不足,无法判断

5. 在水底同一深度处并排放着三种颜色的球,如果从水面上方垂直俯视色球,感觉最浅的是( )。

A. 紫色球 B. 蓝色球 C. 红色球 D. 三种色球视深度相同

6. 对下列自然现象的描述正确的是( )。

A. 在海面上,向远方望去,有时能看到远方的景物悬在空中;同样,在沙漠中也能观察到同样的现象
B. 在沙漠中,向远方望去,有时能看到远方的景物的倒影;同样,在海面也能观察到同样的现象
C. 在海面上,向远方望去,有时能看到远方的景物悬在空中;在沙漠中,向远方望去,有时能看到远方的景物的倒影
D. 在海面上,向远方望去,有时能看到远方的景物的倒影;在沙漠中,向远方望去,有时能看到远方的景物悬在空中

7. 光子不仅有能量,还有动量,光照射到某个部位就会产生压力,宇宙飞船可以采用光压作为动力。给飞船安上面积很大的薄膜,正对着太阳光,靠太阳光在薄膜上产生压力推动宇宙飞船前进。第一次安装的是反射率极高的薄膜,第二次安装的是吸收率极高的薄膜,那么( )。

A. 安装反射率极高的薄膜,飞船的加速度大
B. 安装吸收率极高的薄膜,飞船的加速度大
C. 两种情况下,由于飞船的质量一样,飞船的加速度大小都一样
D. 两种情况下,飞船的加速度不能比较

8. 光通过各种不同的障碍物后会产生各种不同的衍射条纹,衍射条纹的图样与障碍物的形状相对应,这一现象说明( )。

A. 光是电磁波 B. 光具有粒子性
C. 光可以携带信息 D. 光具有波粒二象性

9. 红光和紫光相比,( )。

A. 红光光子的能量较大;在同一种介质中传播时红光的速度较大
B. 红光光子的能量较小;在同一种介质中传播时红光的速度较大

C. 红光光子的能量较大；在同一种介质中传播时红光的速度较小

D. 红光光子的能量较小；在同一种介质中传播时红光的速度较小

10. 2016 年 2 月，被预言已经百年的引力波终于被激光干涉引力波天文台（LIGO）探测到了，这是物理学里程碑式的重大成果。引力波探测器的工作原理是激光的干涉，下面关于激光和干涉的叙述正确的是（   ）。

A. 激光是纵波

B. 频率相同的激光在不同介质中的波长相同

C. 两束频率不同的激光能产生干涉现象

D. 在真空中，两束激光干涉加强的条件是路程差为波长的整数倍

二、填空题

1. 已知功率为 100W 的灯泡消耗的电能的 5% 转化为所发出的可见光的能量，光速 $c = 3.0 \times 10^8$ m/s，普朗克常量 $h = 6.63 \times 10^{-34}$ J·s，假定所发出的可见光的波长都是 560nm，则灯泡每秒内发出的光子数为_____。

2. 让电炉丝通电，在电炉丝变红之前，站在电炉旁的人就有暖和的感觉，这是由于电炉丝发出了_____线，它的热作用较大；用红外线进行高空摄影，是因为它_____，比可见光的_____现象显著，容易透过云雾烟尘。

3. 激光散斑测速是一种崭新的技术，它应用了光的干涉原理，用二次曝光照相所获得的"散斑对"相当于双缝干涉实验中的双缝，待测物体的速度 v 与二次曝光的时间间隔 Δt 的乘积等于双缝间距，实验中可测得二次曝光时间间隔 Δt、双缝到屏之距离 l 以及相邻亮纹间距 Δx，若所用的激光波长为 λ，则该实验确定物体运动速度的表达式为_____。

4. 登山运动员在登雪山时要注意防止紫外线的过度照射，尤其是眼睛更不能长时间被紫外线照射，否则将会严重地损害视力。有人想利用薄膜干涉的原理设计一种能大大减轻对眼睛伤害的眼镜。他选用的薄膜材料的折射率 $n = 1.5$，所要消除的紫外线的频率为 8.1×10^{14} Hz，那么这种"增反膜"的厚度至少为_____。

三、计算题

1. 如图 13-14 所示，游泳池宽度 $L = 15$m，水面离岸边的高度为 0.5m，在左岸边一标杆上装有一 A 灯，A 灯距地面高 0.5m，在右岸边站立着一个人，E 点为人眼的位置，人眼距地面离 1.5m，若此人发现 A 灯经水反射所成的像与左岸水面下某处的 B 灯经折射后所成的像重合，已知水的折射率为 1.3，则 B 灯在水面下多深处？

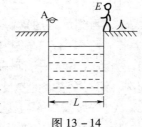

图 13-14

2. 如图 13-15 所示，置于空气中的一不透明容器内盛满某种透明液体。容器底部靠近器壁处有一竖直放置的 6.0cm 长的线光源，靠近线光源一侧的液面上盖有一遮光板，另一侧有一水平放置的与液面等高的望远镜，用来观察线光源。开始时通过望远镜不能

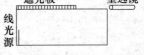

图 13-15

看到线光源的任何一部分。将线光源沿容器底向望远镜一侧平移至某处时，通过望远镜刚好可以看到线光源底端，再将线光源沿同一方向移动 8.0cm，刚好可以看到其顶端，求此液体的折射率 n。

3. 20 世纪 60 年代初期，美国科学家发现了"记忆合金"。"记忆合金"不同于一般的金属，它和有生命的生物一样，具有较强的"记忆性"，它能"记住自己原来的形状"。某人用一种记忆合金制成了太阳灶，为了便于储存和运输，在温度较低时将太阳灶压缩成了一个体积较小的球。

使用时在太阳光的强烈照射下又恢复成了伞状。恢复形状后的太阳灶正对着太阳,它的半径为 R,已知太阳的辐射功率(太阳每秒辐射出的能量)为 P,由于大气层的反射和吸收,太阳能只有 $\frac{1}{a}$ 到达地面。若把太阳光看成是频率为 ν 的单色光,太阳中心到地面的距离为 L,则这个太阳灶每秒钟能接收多少个光子?(普朗克常量为 h)

4. 如图 13-16 所示,一根长为 L 的直光导纤维,它的折射率为 n。一束光从它的一个端面射入,又从另一端面射出所需的最长时间为多少?$\left(\text{设真空中的光速为 } c,\text{临界角 } C = \arcsin\frac{1}{n}\right)$

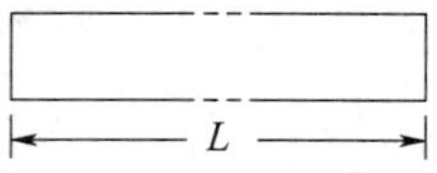

图 13-16

【参考答案】

一、单项选择题

1. B。

【解析】本题考查平面镜成像规律,意在考查考生借助光路图分析问题的能力。根据对称性作出示意图,注意一次成像、二次成像,找到左镜中第三个像到物体的距离为 32m,B 项正确。

2. C。

【解析】从题图中取一个凸起并作出一条光路,每一部分相当于一块全反射棱镜,要想让司机看到,光要沿入射的反方向射出,因此光只能从右侧(直边)射入,经过尾灯左表面反射回去,故选项 C 正确,A、B、D 错误。

3. D。

【解析】设入射角为 α,则折射角为 $\frac{\alpha}{2}$,由折射定律可得:$\sin\alpha = \sqrt{3}\sin\frac{\alpha}{2}$,解之得 $\alpha = 60°$,故答案 D 正确。

4. C。

【解析】由于大气层对光的折射,光线在传播中会发生弯曲,由光路的可逆性可知,视线与激光束会发生相同的弯曲,所以 C 项正确。

5. A。

【解析】当观察者从水面上方垂直俯视色球时,θ_1、θ_2 均非常小,且满足 $\sin\theta_1 \approx \tan\theta_1$,$\sin\theta_2 \approx \tan\theta_2$,由折射定律,有 $n = \frac{\sin\theta_1}{\sin\theta_2} \approx \frac{\tan\theta_1}{\tan\theta_2} = \frac{H}{h}$。故观察者感觉色球深度 $h = \frac{H}{n}$,其中 n 为水对不同色光的折射率,由于水对紫色的折射率最大,故在 H 相同时,感觉紫色球最浅,选 A。

6. C。

【解析】海面上的下层空气,折射率比上层大,远处的实物发出的光线射向空中时,由于不断被折射,进入上层空气时,发生了全反射。光线反射回地面,人逆着光线看去,景物悬在空中。沙漠里的下层空气折射率小,从远处物体射向地面的光线,也可能发生全反射,人们就会看到远处物体的倒影。

7. A。

【解析】光子照射到反射率极高的薄膜上比照射到吸收率极高的薄膜上动量的改变量大,光子受到的冲力大。由牛顿第三定律,飞船受到的压力大,加速度大,选项 A 正确。

8. C。

【解析】衍射现象说明光具有波动性,利用衍射条纹的图样与障碍物的形状对应,可以让光携带不同的信息。

9. B。

【解析】红光的频率较紫光低,红光光子的能量较小;在同一种介质中传播时,红光的折射率较小,速度较大,只有 B 正确。

10. D。

【解析】激光是电磁波,电磁波是横波,A 错误。频率相同的激光在不同介质中折射率不同,波长也不相同,B 错误。由干涉现象的条件可知,C 错误,D 正确。

二、填空题

1. 1.4×10^{19}。

【解析】一波长为 λ 的光子能量为 $E_\gamma = \dfrac{hc}{\lambda}$,设灯泡每秒内发出的光子数为 n,灯泡电功率为 P,则 $n = \dfrac{kP}{E_\gamma}$,其中 $k = 5\%$ 是灯泡的发光效率。解之得 $n = \dfrac{kP\lambda}{hc} = 1.4 \times 10^{19} \text{s}^{-1}$。

2. 红外,波长较长,衍射。

【解析】由红外线的性质和用途来判定。

3. $v = \dfrac{l\lambda}{\Delta x \Delta t}$。

【解析】由双缝干涉条纹间距公式 $\Delta x = \dfrac{l\lambda}{\Delta l}$ 可得 $\Delta x = \dfrac{l\lambda}{v\Delta t}$,即 $v = \dfrac{l\lambda}{\Delta x \Delta t}$。

4. 1.23×10^{-7}m。

【解析】要使从该膜的前后两个表面反射形成的光叠加后加强,光程差应该是波长的整数倍,光程差为膜的厚度的两倍,故膜的厚度至少是紫外线在膜中波长的 $\dfrac{1}{2}$,紫外线在真空中的波长 $\lambda = \dfrac{c}{\nu}$,在膜中的波长 $\lambda' = \dfrac{\lambda}{n}$,因此膜的厚度至少是 $D = \dfrac{\lambda'}{2} = \dfrac{c}{2n\nu} = 1.23 \times 10^{-7}$m。

三、计算题

1. $L_2 = 4.35$m。

【解析】如图 13-17 所示,设水面为 CF,A 灯到水面点 C 的距离为 L_1,B 灯与水面点 C 之间的距离为 L_2,人眼到水面上点 F 之间的距离为 L_3,点 C、D 之间的距离为 L_4,由 A 灯光的反射得

$$\dfrac{L_4}{L - L_4} = \dfrac{L_1}{L_3}, \quad \dfrac{L_4}{15 - L_4} = \dfrac{0.5 + 0.5}{1.5 + 0.5}$$

解得 $L_4 = 5$m。

对 B 灯光的折射过程,有

$$\dfrac{\sin i}{\sin r} = \dfrac{1}{n} = \dfrac{1}{1.3}$$

解得 $L_2 = 4.35$m,即灯在水面下 4.35m 深处。

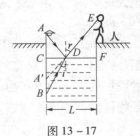

图 13-17

2. $n = 1.25$。

【解析】 当线光源上某一点发出的光线射到未被遮光板遮住的液面上时,射到遮光板边缘 O 的那条光线的入射角最小。

如图 13 – 18 所示,线光源底端在 A 点时,望远镜内刚好可以看到此光源底端,设过 O 点液面的法线为 OO_1,则 $\angle AOO_1 = \alpha$,其中 α 为此液体到空气的全反射临界角。由折射定律有 $\sin\alpha = \dfrac{1}{n}$。

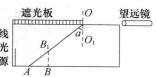

图 13 – 18

同理,线光源顶端在 B_1 点时,通过望远镜刚好可以看到此光源顶端,则 $\angle B_1 OO_1 = \alpha$,设此时线光源底端位于 B 点。由图中几何关系可得

$\sin\alpha = \dfrac{AB}{AB_1}$,解得 $n = \dfrac{\sqrt{AB^2 + BB_1^2}}{AB}$,将 $AB = 8.0\text{cm}$,$BB_1 = 6.0\text{cm}$,代入得 $n = 1.25$。

3. $\dfrac{\pi R^2 P}{4a\pi L^2 h\nu}$。

【解析】 太阳每秒钟辐射出的总能量为 $E = P$ ……①

每个光子的能量 $E_0 = h\nu$ ……②

太阳每秒钟辐射出的光子数为 $N = \dfrac{E}{E_0} = \dfrac{P}{h\nu}$ ……③

太阳灶的横截面积等效为 $S = \pi R^2$ ……④

地面上每秒钟单位面积接收到的光子数为 $n = \dfrac{N}{4a\pi L^2} = \dfrac{P}{4a\pi hL^2\nu}$ ……⑤

太阳灶每秒接收的光子数为 $n' = nS = n\pi R^2 = \dfrac{\pi R^2 P}{4a\pi L^2 h\nu}$。

4. $\dfrac{n^2 L}{c}$。

【解析】 若要使光在该光导纤维内行进时间最长,就要求光在光导纤维内的路程最长,这就要求每一次反射时,入射角 θ 最小,入射角 θ 恰为临界角 C。如图 13 – 19 所示,当 $\theta = C$ 时,光的路程最长,所用时间也最长,设为 $t_{\max}$,此时,光束在沿光导纤维方向的速度分量为 $v\sin\theta$,则光在穿过光导纤维时有 $L = v\sin C \cdot t_{\max}$。

解得 $t_{\max} = \dfrac{L}{v\sin C} = \dfrac{L}{\dfrac{c}{n} \cdot \dfrac{1}{n}} = \dfrac{n^2 L}{c}$。

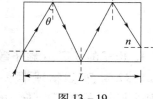

图 13 – 19

第十四章 原子和原子核

考试范围与要求

- 了解α粒子散射实验、原子的核式结构。
- 理解玻尔理论。
- 了解原子核的组成。
- 了解放射性、原子核衰变的概念;了解射线的危害和防护。
- 了解裂变反应、聚变反应、半衰期、结合能、质量亏损的概念。
- 理解核反应方程,能运用上述知识解决军事与生活中的简单问题。

主要内容

$$
\text{原子和原子核}\begin{cases}\text{原子}\begin{cases}\text{原子核式结构的发现——α粒子散射实验}\\ \text{玻尔理论}\end{cases}\\ \text{原子核}\begin{cases}\text{天然放射现象}\begin{cases}\text{三种射线}\\ \text{半衰期,衰变方程}\end{cases}\\ \text{原子核的组成}\begin{cases}\text{质子的发现——原子核的人工转变}\\ \text{中子的发现}\end{cases}\\ \text{核能}\begin{cases}\text{质能方程,质量亏损}\\ \text{裂变——链式反应}\\ \text{聚变}\end{cases}\end{cases}\end{cases}
$$

1. 电子的发现、α粒子散射实验和原子结构模型

1897 年,英国物理学家汤姆生对阴极射线进行了一系列的研究,发现了电子。电子的发现表明原子存在精细结构,从而打破了原子不可再分的观念。1903 年汤姆生提出一种原子模型,设想原子是一个带电小球,它的正电荷均匀分布在整个球体内,而带负电的电子镶嵌在正电荷中。

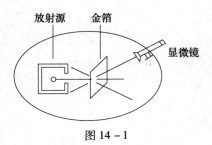

图 14-1

1909 年,卢瑟福及助手盖革和马斯顿完成α粒子散射实验,装置如图 14-1 所示。实验发现:①绝大多数α粒子穿过金箔后,仍沿原来方向运动,不发生偏转;②有少数α粒子发生较大角度的偏转;③有极少

数 α 粒子的偏转角超过了 90°，有的几乎达到 180°，即被反向弹回。

由于 α 粒子的质量是电子质量的七千多倍，所以电子不会使 α 粒子运动方向发生明显的改变，只有原子中的正电荷才有可能对 α 粒子的运动产生明显的影响。如果正电荷在原子中像汤姆生模型那样均匀分布，穿过金箔的 α 粒子所受正电荷的作用力在各方向平衡，α 粒子运动将不会发生明显改变，因此散射实验现象证明：原子中正电荷不是均匀分布在原子中的。1911 年，卢瑟福通过对 α 粒子散射实验的分析计算提出原子核式结构模型：在原子中心存在一个很小的核，称为原子核，原子核集中了原子所有正电荷和几乎全部的质量，带负电荷的电子在核外空间绕核旋转，原子核半径小于 10^{-14}m，原子轨道半径约 10^{-10}m。

2. 玻尔理论

原子核式结构模型与经典电磁理论有两方面的矛盾：①电子绕核做圆周运动是加速运动，按照经典理论，加速运动的电荷，要不断地向周围发射电磁波，电子的能量就要不断减少，最后电子要落到原子核上，这与原子通常是稳定的事实相矛盾；②电子绕核旋转时辐射电磁波的频率应等于电子绕核旋转的频率，随着旋转轨道的连续变小，电子辐射的电磁波的频率也应是连续变化，因此按照这种推理原子光谱应是连续光谱，这与原子光谱是线状光谱事实相矛盾。

1913 年，玻尔从光谱学实验现象得到启发，认为经典电磁理论已不适用原子系统，利用普朗克的能量子概念，提出了三个假设，即玻尔理论。

（1）定态假设：原子只能处于一系列不连续的能量状态中，在这些状态中原子是稳定的，电子虽然做加速运动，但并不向外再辐射能量，这些状态叫定态。

（2）跃迁假设：原子从一个定态（设能量为 E_2）跃迁到另一定态（设能量为 E_1）时，它辐射或吸收一定频率的光子，光子的能量由这两个定态的能量差决定，即 $h\nu = E_2 - E_1$。

（3）轨道量子化假设：原子的不同能量状态，跟电子不同的运行轨道相对应。原子的能量不连续因而电子可能轨道的分布也是不连续的，轨道半径跟电子动量 mv 的乘积等于 $h/2\pi$ 的整数倍，即 $mvr = n\dfrac{h}{2\pi}$，$n = 1, 2, 3, \cdots, n$ 为正整数，称量子数。

玻尔在三条假设基础上，利用经典电磁理论和牛顿力学，计算出氢原子核外电子的各条可能轨道的半径，以及电子在各条轨道上运行时原子的能量。其中 E_1、r_1 为离核最近的第一条轨道（即 $n=1$）的氢原子能量和轨道半径，$E_1 = -13.6$eV，$r_1 = 0.53 \times 10^{-10}$m，其中 $n=1$ 的定态称为基态，$n=2$ 以上的定态，称为激发态。

$$\left. \begin{aligned} E_n &= \dfrac{E_1}{n^2} \\ r_n &= n^2 r_1 \end{aligned} \right\} n = 1, 2, 3 \cdots$$

氢原子的各个定态的能量值，叫氢原子的能级，按能量的大小用图形表示出来即能级图，如图 14-2 所示。

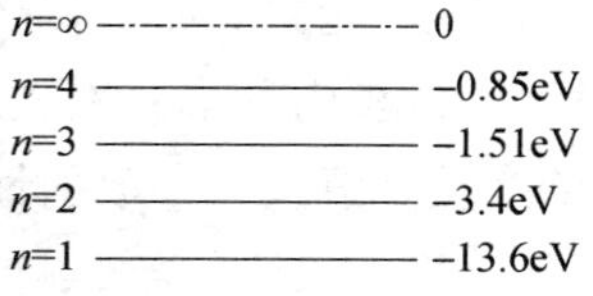

```
n=∞ ——————————  0
n=4 ——————————  -0.85eV
n=3 ——————————  -1.51eV
n=2 ——————————  -3.4eV
n=1 ——————————  -13.6eV
```

图 14-2

3. 天然放射现象和原子核的衰变

1896 年，法国物理学家贝克勒耳发现铀或铀矿石能放射出某种人眼看不见的射线，这种射线可穿透黑纸而使照相底片感光，物质能发射上述射线的性质称放射性，具有放射性的元素称放射性元素。某种元素自发地放射射线的现象，叫天然放射现象。天然放射现象表明原子核存在精细结构，是可以再分的。

用电场和磁场来研究放射性元素射出的射线，轨迹分别如图 14-3(a)、(b) 所示。α、β、γ 射线的性质如表 14-1 所列。

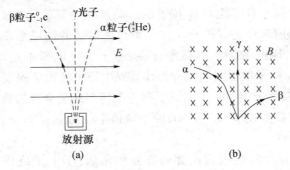

图 14-3

表 14-1

成 分	组 成	电离作用	贯穿能力
α 射线	氦核组成的粒子流	很强	很弱
β 射线	高速电子流	较强	较强
γ 射线	高频光子	很弱	很强

原子核由于放出某种粒子而转变成新核的变化称为衰变。在原子核的衰变过程中，电荷数和质量数守恒。γ 射线是伴随 α、β 衰变放射出来的高频光子流，在 β 衰变中新核质子数多一个，而质量数不变是由于反应中有一个中子变为一个质子和一个电子，即 $_0^1n \longrightarrow _1^1H + _{-1}^0e$，α、β 衰变时，在磁场中的轨迹如图 14-4 所示。α、β 衰变的规律如表 14-2 所列。

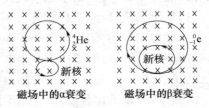

图 14-4

表 14-2

类型	衰变方程	规律
α 衰变	$_z^m x \longrightarrow _{z-2}^{m-4} y + _2^4 He$	新核 电荷数减少 2，质量数减少 4
β 衰变	$_z^m x \longrightarrow _{z+1}^m y + _{-1}^0 e$	新核 电荷数增加 1，质量数不变

放射性元素的原子核半数发生衰变所需要的时间，称该元素的半衰期。半衰期是元素的一个特性，由核内部本身因素决定，跟原子所处的物理状态或化学状态无关，是统计规律，对单个原子核没有意义。一放射性元素测得质量为 m_0，半衰期为 T，经时间 t 后，剩余未衰变的质量为 m，则 $m = m_0 \times \left(\dfrac{1}{2}\right)^{\frac{t}{T}}$。

4. 原子核的人工转变、原子核的组成、放射性同位素和核能

原子核的人工转变是指用人工的方法使原子核发生转变。例如用高速粒子轰击原子核使原子核发生转变，1919 年，卢瑟福用 α 粒子轰击氮原子核发现了质子，方程为 $_7^{14}N + _2^4He \longrightarrow _8^{17}O + _1^1H$；1932 年，查德威克用 α 粒子轰击铍核，发现中子。

原子核是由质子和中子组成，质子和中子统称为核子。质子数等于核电荷数、等于核外电子数、等于原子序数，核子数等于质量数、等于质子数加中子数，质量数不是原子质量，中子的质量略大于质子质量。具有相同的质子和不同中子数的原子互称同位素，具有放射性的同位素叫放射性同位素。

核子结合成的原子核或将原子核分解为核子时，都要放出或吸收能量，称为核能。在核反应中，若反应后的总质量少于反应前的总质量即出现质量亏损，这样的反应是放能反应，若反应后的总质量大于反应前的总质量，这样的反应是吸能反应。由爱因斯坦提出物体的质量和能量的关系 $E=mc^2$（质能方程）可得吸收或放出的能量，与质量变化的关系为 $\Delta E=\Delta mc^2$。

释放核能的途径有裂变和聚变。重核在一定条件下转变成两个中等质量的核的反应，叫作原子核的裂变反应，例如：$^{235}_{92}U+^{1}_{0}n\longrightarrow^{90}_{38}Sr+^{136}_{54}Xe+10^{1}_{0}n$，在裂变反应中产生的中子，再被其他铀核浮获使反应继续下去叫链式反应。链式反应的条件是裂变物质的体积要达到临界体积和有中子进入裂变物质。$^{235}_{92}U$ 裂变时平均每个核子放能约 1MeV 能量，1kg $^{235}_{92}U$ 全部裂变放出的能量相当于 2500t 优质煤完全燃烧放出能量。

轻的原子核聚合成较重的原子核的反应，称为聚变反应，例如：$^{2}_{1}H+^{3}_{1}H\longrightarrow^{4}_{2}He+^{1}_{0}n+17.6MeV$，平均每个核子放出 3MeV 的能量。

典型例题

例1 云室处在磁感应强度为 B 的匀强磁场中，一静止的质量为 M 的原子核在云室中发生一次 α 衰变，α 粒子的质量为 m，电量为 q，其运动轨迹在与磁场垂直的平面内，现测得 α 粒子运动的轨道半径 R，试求在衰变过程中的质量亏损。

【解析】该衰变放出的 α 粒子在匀强磁场中做匀速圆周运动，其轨道半径 R 与运动速度 v 的关系，由洛伦兹力和牛顿定律可得 $qvB=m\dfrac{v^2}{R}$ ……①

由衰变过程动量守恒得（衰变过程亏损质量很小，可忽略不计）
$$0=mv+(M-m)v'\quad\cdots\cdots②$$

又衰变过程中，能量守恒，则粒子和剩余核的动能都来自于亏损质量即
$$\Delta mc^2=\dfrac{1}{2}mv^2+\dfrac{1}{2}(M-m)v'^2\quad\cdots\cdots③$$

联立①、②、③式解得：$\Delta m=\dfrac{M(qBR)^2}{2m(M-m)c^2}$

点评：动量守恒和能量守恒是自然界普遍适用的基本规律，无论是宏观领域还是微观领域，我们都可以用上述观点来解决具体的问题。

例2 有大量的氢原子，吸收某种频率的光子后从基态跃迁到 $n=3$ 的激发态，已知氢原子处于基态时的能量为 E_1，则吸收光子的频率 $v=$ _____，当这些处于激发态的氢原子向低能态跃迁发光时，可发出 _____ 条谱线，辐射光子的能量为 _____。

【解答】根据玻尔的第二条假设，当原子从基态跃迁到 $n=3$ 的激发态时，吸收光子的能量 $hv=E_3-E_1$，而 $E_3=\dfrac{1}{9}E_1$，所以吸收光子的频率 $v=\dfrac{E_3-E_1}{h}=-\dfrac{8E_1}{9h}$。

当原子从 $n=3$ 的激发态向低能态跃迁时，由于是大量的原子，可能的跃迁有多种，如从

$n=3$,到 $n=1$,到 $n=2$,再从 $n=2$ 到 $n=1$,因此应该发出三条谱线,三种光子的能量分别为 $E= -\frac{8}{9}E_1$,$-\frac{5}{36}E_1$,$-\frac{3}{4}E_1$。

【点评】本题考查的玻尔理论,要求记住和理解理论的三条内容及能级公式。另外还有半径公式等。

强化训练

一、单项选择题

1. 英国物理学家卢瑟福通过 α 粒子散射实验的研究提出了原子的核式结构学说,该学说不包括的内容有(　　)。

    A. 原子的中心有一个很小的原子核
    B. 原子的全部正电荷集中在原子核内
    C. 原子的质量几乎全部集中在原子核内
    D. 原子是由质子和中子组成的

2. 关于原子和原子核,下列说法正确的有(　　)。

    A. 汤姆孙发现电子后猜想出原子内的正电荷集中在很小的核内
    B. α 粒子散射实验中少数 α 粒子发生了较大偏转是卢瑟福猜想原子核式结构模型的主要依据之一
    C. 原子半径的数量级是 10^{-15} m
    D. 玻尔理论无法解释较复杂原子的光谱现象,说明玻尔提出的原子定态概念是错误的

3. 关于天然放射现象,以下叙述正确的是(　　)。

    A. 若使放射性物质的温度升高,其半衰期将减小
    B. β 衰变所释放的电子是原子核内的中子转变为质子时所产生的
    C. 在 α、β、γ 这三种射线中,α 射线的穿透能力最强,γ 射线的电离能力最强
    D. 铀核($^{238}_{92}U$)衰变为铅核($^{206}_{92}Pb$)的过程中,要经过 8 次 α 衰变和 10 次 β 衰变

4. 在河南安阳发现了曹操墓地,放射性同位素 ^{14}C 在考古中有重要应用,只要测得该化石中 ^{14}C 残存量,就可推算出化石的年代。为研究 ^{14}C 的衰变规律,将一个原来静止的 ^{14}C 原子核放在匀强磁场中,观察到它所放射的粒子与反冲核的径迹是两个相内切的圆,圆的半径之比 $R:r = 7:1$,如图 14-5 所示,那么 ^{14}C 的衰变方程式应是(　　)。

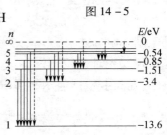

图 14-5

    A. $^{14}_{6}C \longrightarrow ^{10}_{4}Be + ^{4}_{2}He$
    B. $^{14}_{6}C \longrightarrow ^{14}_{5}B + ^{0}_{1}e$
    C. $^{14}_{6}C \longrightarrow ^{14}_{7}N + ^{0}_{-1}e$
    D. $^{14}_{6}C \longrightarrow ^{13}_{5}B + ^{1}_{1}H$

5. 如图 14-6 所示为氢原子的能级示意图,一群氢原子处于 $n=3$ 的激发态,在向较低能级跃迁的过程中向外发出光子,用这些光照射逸出功为 2.49 eV 的金属钠,说法正确的是(　　)。

    A. 氢原子能发出三种频率不同的光,其中从 $n=3$ 跃迁到 $n=2$ 所发出的光波长最短

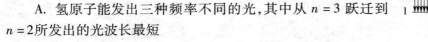

图 14-6

B. 氢原子能发出两种频率不同的光,其中从 $n=3$ 跃迁到 $n=1$ 所发出的光频率最小

C. 金属钠表面所发出的光电子的最大初动能为 9.60eV

D. 金属钠表面所发出的光电子的最大初动能为 11.11eV

6. 已知氢原子的能级规律为 $E_1 = -13.6\text{eV}, E_2 = -3.4\text{eV}, E_3 = -1.51\text{eV}, E_4 = -0.85\text{eV}$。现用光子能量介于 $11 \sim 12.5\text{eV}$ 范围内的光去照射一大群处于基态的氢原子,则下列说法中正确的是(　　)。

   A. 照射光中可能被基态氢原子吸收的光子只有 1 种
   B. 照射光中可能被基态氢原子吸收的光子有无数种
   C. 激发后的氢原子发射的不同能量的光子最多有 4 种
   D. 激发后的氢原子发射的不同能量的光子最多有 2 种

7. 一块含铀的矿石质量为 M,其中铀元素的质量为 m,铀发生一系列衰变,最终生成物为铅。已知铀的半衰期为 T,那么下列说法中正确的是(　　)。

   A. 经过 2 个半衰期后,这块矿石中基本不再含有铀
   B. 经过 2 个半衰期后,原来所含的铀元素的原子核有 $\dfrac{m}{4}$ 发生了衰变
   C. 经过 3 个半衰期后,其中铀元素的质量还剩 $\dfrac{m}{8}$
   D. 经过 1 个半衰期后该矿石的质量剩下 $\dfrac{M}{2}$

8. 核能作为一种新能源在现代社会中已不可缺少,我国在完善核电安全基础上将加大核电站建设。核泄漏中的钚(Pu)是一种具有放射性的超铀元素,它可破坏细胞基因,提高患癌症的风险。已知钚的一种同位素 $^{239}_{94}\text{Pu}$ 的半衰期为 24100 年,其衰变方程为 $^{239}_{94}\text{Pu} \longrightarrow X + ^{4}_{2}\text{He} + \gamma$,下列有关说法正确的是(　　)。

   A. X 原子核中含有 92 个中子
   B. 100 个 $^{239}_{94}\text{Pu}$ 经过 24100 年后一定还剩余 50 个
   C. 由于衰变时释放巨大能量,根据 $E = mc^2$,衰变过程总质量增加
   D. 衰变发出的 γ 放射线是波长很短的光子,具有很强的穿透能力

9. 在下列四个方程中,X_1、X_2、X_3 和 X_4 各代表某种粒子,以下判断中正确的是(　　)。
   $^{235}_{92}\text{U} + ^{1}_{0}\text{n} \longrightarrow ^{92}_{36}\text{Kr} + ^{141}_{56}\text{Ba} + 3X_1$;$^{30}_{15}\text{P} \longrightarrow ^{30}_{14}\text{Si} + X_2$
   $^{238}_{92}\text{U} \longrightarrow ^{234}_{90}\text{Th} + X_3$;$^{234}_{90}\text{Th} \longrightarrow ^{234}_{91}\text{Pa} + X_4$

   A. X_1 是 α 粒子   B. X_2 是质子   C. X_3 是中子   D. X_4 是电子

10. 某原子核的衰变过程为 $X \xrightarrow{\beta \text{衰}} Y \xrightarrow{\alpha \text{衰}} P$,则(　　)。

    A. X 的中子数比 P 的中子数少 2　　B. X 的质量数比 P 的质量数多 5
    C. X 的质子数比 P 的质子数少 1　　D. X 的质子数比 P 的质子数多 1

11. "轨道电子俘获"也是放射性同位素衰变的一种形式,它是指原子核(称为母核)俘获一个核外电子,其内部一个质子变为中子,从而变成一个新核(称为子核),并且放出一个中微子的过程。中微子的质量很小,不带电,很难被探测到,人们最早就是通过子核的反冲而间接证明中微子的存在的。关于"轨道电子俘获",下面的说法中正确的是(　　)。

    A. 母核的质量数等于子核的质量数

B. 母核的电荷数小于子核的电荷数
C. 子核的动量与中微子的动量相同
D. 子核的动能大于中微子的动能

二、填空题

1. 氢原子第 n 能级的能量为 $E_n = \dfrac{E_1}{n^2}$，其中 E_1 为基态能量。当氢原子由第 4 能级跃迁到第 2 能级时，发出光子的频率为 ν_1；若氢原子由第 2 能级跃迁到基态，发出光子的频率为 ν_2，则 $\dfrac{\nu_1}{\nu_2} = \underline{\qquad}$。

2. 约里奥·居里夫妇因发现人工放射性元素而获得了 1935 年的诺贝尔化学奖，他们发现的放射性元素 $^{30}_{15}P$ 衰变成 $^{30}_{14}Si$ 的同时放出另一种粒子，这种粒子是 $\underline{\qquad}$。$^{32}_{15}P$ 是 $^{30}_{15}P$ 的同位素，被广泛应用于生物示踪技术，1mg $^{32}_{15}P$ 随时间衰变的关系如图 14–7 所示，请估算 4mg 的 $^{32}_{15}P$ 经 $\underline{\qquad}$ 天的衰变后还剩 0.25mg。

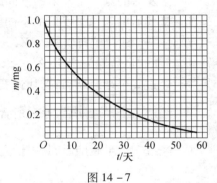

图 14–7

3. 假设两个氘核在一直线上相碰发生聚变反应生成氦的同位素和中子，已知氘核的质量是 2.0136u，中子的质量是 1.0087u，氦核同位素的质量是 3.0150u。

（1）聚变的核反应方程是 $\underline{\qquad}$，在聚变核反应中释放出的能量为 $\underline{\qquad}$ MeV（保留两位有效数字）。

（2）若氘核和氦核发生聚变生成锂核，反应方程式为 $^3_1H + ^4_2He \longrightarrow ^7_3Li$，已知各核子比结合能分别为 $E_H = 1.112\text{MeV}$、$E_{He} = 7.075\text{MeV}$、$E_{Li} = 5.603\text{MeV}$，此核反应过程中释放的核能 $\underline{\qquad}$。

4. $^{60}_{27}Co$ 发生一次 β 衰变后变为 Ni 核，其衰变方程为 $\underline{\qquad}$；在该衰变过程中还发出频率为 ν_1、ν_2 的两个光子，其总能量为 $\underline{\qquad}$。

5. 核能具有能量大、地区适应性强的优势。在核电站中，核反应堆释放的核能转化为电能。核反应堆的工作原理是利用中子轰击重核发生裂变反应，释放出大量核能。

（1）核反应方程式 $^{235}_{92}U + ^1_0n \longrightarrow ^{141}_{56}Ba + ^{92}_{36}Kr + aX$ 是反应堆中发生的许多核反应中的一种，n 为中子，X 为待求粒子，a 为 X 的个数，则 X 为 $\underline{\qquad}$，$a = \underline{\qquad}$。以 m_U、m_{Ba}、m_{Kr} 分别表示 $^{235}_{92}U$、$^{141}_{56}Ba$、$^{92}_{36}Kr$ 核的质量，m_n、m_p 分别表示中子、质子的质量，c 为光在真空中传播的速度，则在上述核反应过程中放出的核能 $\Delta E = \underline{\qquad}$。

（2）有一座发电功率为 P 的核电站，核能转化为电能的效率为 η。假定反应堆中发生的裂变反应全是本题(1)中的核反应，已知每次核反应过程放出的核能为 ΔE。则 t 时间内消耗的 $^{235}_{92}U$ 的总质量为 $\underline{\qquad}$。

6. 如图 14–8 所示，是利用放射线自动控制铝板厚度的装置。假如放射源能放射出 α、β、γ 三种射线，而根据设计，该生产线压制的是 3mm 厚的铝板，那么是三种射线中的 $\underline{\qquad}$ 射线对控制厚度起主要作用。当探测接收器单位时间内接收到的放射性粒子的个数超过标准值时，将会通

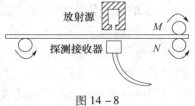

图 14–8

过自动装置将 M、N 两个轧辊间的距离调节得_____些(填"大"或"小")。

三、计算题

一静止的氡核($^{222}_{86}$Rn)发生 α 衰变,放出一个速度为 v_0、质量为 m 的 α 粒子和一个质量为 M 的反冲核钋(Po),若氡核发生衰变时,释放的能量全部转化为 α 粒子和钋核的动能。

（1）写出衰变方程；
（2）求出反冲核的速度；
（3）求出这一衰变过程中亏损的质量。

【参考答案】

一、单项选择题

1. D。

【解析】原子的核式结构学说包括的内容有:原子的中心有一个很小的原子核,原子的全部正电荷集中在原子核内,原子的质量几乎全部集中在原子核内,所以 A、B、C 正确。原子是由原子核和核外电子组成的,原子核是由质子和中子组成的,所以 D 错误。

2. B。

【解析】汤姆生发现电子后提出了原子的"枣糕式"模型,选项 A 错误;卢瑟福主要根据 α 粒子散射实验中少数 α 粒子发生了较大偏转猜想了原子核式结构模型,选项 B 正确;原子半径的数量级是 10^{-10} m,选项 C 错误;玻尔理论是关于原子结构的一种理论,它成功解释了氢原子光谱,打破了经典物理学一统天下的局面,开创了揭示微观世界基本特征的前景,为量子理论体系奠定了基础,这是一个了不起的创举,选项 D 错误。

3. B。

【解析】半衰期是由放射性元素原子核的内部因素所决定的,跟元素的化学状态、温度、压强等因素无关,A 错;β 衰变所释放的电子是原子核内的中子转变为质子时所产生的,B 对;根据三种射线的物理性质可知,C 错;$^{238}_{92}$U 的质子数为 92,质量数为 238,$^{206}_{82}$Pb 的质子数为 82,质量数为 206。注意到一次 α 衰变质量数减少 4,故 α 衰变的次数为 $x = \frac{238-206}{4} = 8$,再结合核电荷数的变化情况和衰变规律来判定 β 衰变的次数 y,应满足 $2x - y + 82 = 92$,$y = 2x - 10 = 6$,D 错。

4. C。

【解析】由动量守恒可知两粒子的的动量大小相等,方向相反;由两个内切圆可知受力方向相同,最后由半径之比可得答案 C。

5. C。

【解析】这群氢原子能发出 $C_3^2 = 3$ 种不同频率的光子,其中从 $n = 3$ 跃迁到 $n = 2$ 所发出的光子能量最小,频率最低,波长最长,选项 A 错;其中从 $n = 3$ 跃迁到 $n = 1$ 的光子能量最大所发出的光频率最大,B 错;由 $\Delta E = |E_3 - E_1| = 12.09$ eV,照射到金属钠表面发出的光电子的最大初动能为 $E_k = \Delta E - W = 9.60$ eV,故 C 正确,D 错误。

6. A。

【解析】照射光中可能被基态氢原子吸收的光子能量只有 $E_3 - E_1 = 12.09$ eV 一种情况,原

子从基态跃迁到 $n=3$ 的能级,A 正确,B 错误;大量 $n=3$ 能级上的原子向低能级跃迁,可以发出 $N=C_3^2=3$ 种不同频率的光子,C、D 错误。

7. C。

【解析】经过 2 个半衰期后矿石中剩余的铀应该有 $\frac{m}{4}$,故选项 A、B 错误;经过 3 个半衰期后矿石中剩余的铀还有 $\frac{m}{8}$,故选项 C 正确;因为衰变产物大部分仍然留在该矿石中,所以矿石质量没有太大的改变,选项 D 错误。

8. D。

【解析】由核反应规律可知:X 原子核中含有 92 个质子,143 个中子,A 错;半衰期是统计规律,B 错;由能量守恒知 C 错。

9. D。

【解析】由质量数守恒和电荷守恒可得:X_1 是中子,X_2 不是质子,可能是正电子,X_3 是 α 粒子,X_4 是 α 电子,所以只有 D 正确。

10. D。

【解析】β 衰变是原子核中的中子衰变成质子时放出电子,α 衰变是原子核放出氦核,所以 X 的中子数比 P 的中子多 3,X 的质量数比 P 的质量数多 4,X 的质子数比 P 的质子数多 1,只有 D 正确。

11. A。

【解析】在"轨道电子俘获"过程中,由质量数守恒和电荷守恒可得:母核的质量数等于子核的质量数,母核的电荷数大于子核的电荷数;由动量守恒及动量与动能的关系可得:子核的动量与中微子的动量等值反向(动量不相同),子核的动能小于中微子的动能;所以 A 正确。

二、填空题

1. $\frac{1}{4}$。

【解析】$\frac{\nu_1}{\nu_2}=\frac{h\nu_1}{h\nu_2}=\frac{E_4-E_2}{E_2-E_1}=\frac{1}{4}$。

2. 正电子;56 天。

【解析】写出衰变方程 $^{30}_{15}P \longrightarrow ^{30}_{14}Si + ^{0}_{1}e$,故这种粒子为 $^{0}_{1}e$(正电子),由图 14-7 知 $^{32}_{15}P$ 的半衰期为 14 天,由 $m_{余}=m_{原}\left(\frac{1}{2}\right)^{\frac{t}{\tau}}$ 得,$0.25mg=4mg \times \left(\frac{1}{2}\right)^{\frac{t}{14}}$,故 $t=56$ 天。

3. (1) $^2_1H + ^2_1H \longrightarrow ^3_2He + ^1_0n$,3.3;(2) 7.585MeV。

【解析】(1)根据题中条件,可知核反应方程式为 $^2_1H + ^2_1H \longrightarrow ^3_2He + ^1_0n$。核反应过程中的质量亏损:$\Delta m=2m_H-(m_{He}+m_n)=2\times 2.0136u-(3.0150+1.0087)u=3.5\times 10^{-3}u$。由于 1u 的质量与 931.5MeV 的能量相对应,所以氘核聚变时放出的能量:$\Delta E=3.5\times 10^{-3} \times 931.5MeV \approx 3.3MeV$。

(2) ^3_1H 和 ^4_2He 分解成 7 个核子所需的能量为 $E_1=3\times 1.112MeV+4\times 7.075MeV=31.636MeV$;7 个核子结合成 ^7_3Li,释放的能量为 $E_2=7\times 5.603MeV=39.221MeV$。

此核反应过程中释放的核能为 $\Delta E=E_2-E_1=7.585MeV$。

4. $^{60}_{27}Co \longrightarrow ^{60}_{28}Ni + ^{0}_{-1}e, h(v_1+v_2)$。

【解析】$^{60}_{27}$Co 发生一次 β 衰变后变为 Ni 核,根据核反应遵循的质量数守恒和电荷数守恒,其衰变方程为 $^{60}_{27}$Co $\longrightarrow ^{60}_{28}$Ni $+^{0}_{-1}$e。在该衰变过程中还发出频率为 v_1、v_2 的两个光子,根据光子能量公式,其总能量为 $h(v_1+v_2)$。

5. (1) 中子,3,$(m_u-m_{Ba}-m_{Kr}-2m_n)c^2$; (2) $\dfrac{Ptm_u}{\eta\Delta E}$。

【解析】由质量数守恒和电荷守恒可得:$^{235}_{92}$U $+^1_0$n $\longrightarrow ^{141}_{56}$Ba $+^{92}_{36}$Kr $+3^1_0$n,X 为中子,$a=3$;由质能方程可得 $\Delta E=(m_u-m_{Ba}-m_{Kr}-2m_n)c^2$,由能量守恒可得:$Pt=\dfrac{m}{m_u}\eta\Delta E$,解之得总质量 $m=\dfrac{Ptm_u}{\eta\Delta E}$。

6. β 射线;大。

【解析】三种射线的贯穿本领不同,α 射线贯穿本领最弱,会被 3mm 厚的铝板完全挡住;γ 射线贯穿本领最强,3mm 左右厚的铝板挡不住它,γ 射线的强度变化不大;只有 β 射线贯穿时受铝板厚度的影响较大,对控制厚度起主要作用。

三、计算题

(1) $^{222}_{86}$Rn $\longrightarrow ^{218}_{84}$Po $+^4_2$He;(2) $\dfrac{mv_0}{M}$;(3) $\Delta m=\dfrac{(m+M)mv_0^2}{2Mc^2}$。

【解析】(1) 由已知得 $^{222}_{86}$Rn $\longrightarrow ^{218}_{84}$Po $+^4_2$He。

(2) 设反冲核的速度为 v,由动量守恒可知:$mv_0=Mv$,即 $v=\dfrac{mv_0}{M}$。

(3) 由质能方程可知 $E=\Delta mc^2=\dfrac{1}{2}mv_0^2+\dfrac{1}{2}Mv^2$,$\Delta mc^2=\dfrac{1}{2}mv_0^2+\dfrac{1}{2}M\left(\dfrac{mv_0}{M}\right)^2$,解得:$\Delta m=\dfrac{(m+M)mv_0^2}{2Mc^2}$。

二〇二〇年军队院校生长军(警)官招生文化科目统一考试

士兵高中综合试题

考生须知	1. 本试卷分政治、物理、化学三部分，考试时间150分钟，满分为200分（政治80分，物理60分，化学60分）。 2. 将部别、姓名、考生号分别填涂在试卷及答题卡上。 3. 所有答案均须填涂在答题卡上，填涂在试卷上的答案一律无效。 4. 考试结束后，试卷及答题卡全部上交并分别封存。

第二部分 物 理

一、单项选择题（每小题3分，共24分）

22. 如图1所示，以8m/s匀速行驶的汽车即将通过路口，绿灯还有2s将熄灭变为红灯，此时汽车距离停车线18m。该车加速时最大加速度大小为$2m/s^2$，减速时最大加速度大小为$5m/s^2$，此路段允许的最大速度大小为12.5m/s，下列说法正确的是_____。

   A. 如果立即做匀加速运动，在红灯点亮前汽车可能通过停车线

   B. 如果立即做匀加速运动，在红灯点亮前通过停车线时汽车一定超速

   C. 如果立即做匀减速运动，在红灯点亮前汽车一定会通过停车线

   D. 如果汽车先匀速行驶，然后距离停车线10m处开始减速，在红灯点亮时汽车恰好停在停车线处

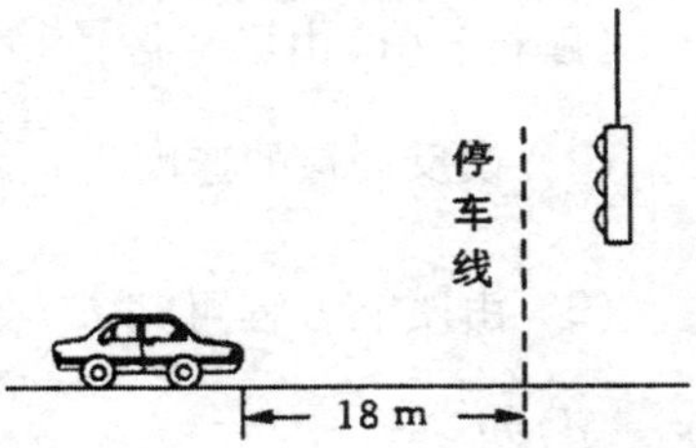

图1

23. "水流星"是一个经典的杂技表演项目，杂技演员将装水的杯子用细绳系着在竖直平面内做圆周运动，杯子到最高点杯口向下时，水也不会从杯子流出，如图2所示。若杯子质量为m，所装水的质量为M，杯子运动到圆周的最高点时，水对杯底刚好无压力，则此刻细绳拉力的大小为_____。（此处重力加速度大小为g）

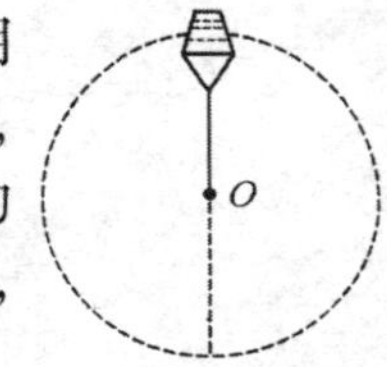

   A. 0   B. mg

   C. Mg D. $(M-m)g$

图2

24. 三颗人造地球卫星A、B、C绕地球做匀速圆周运动，如图3所示。已知$M_A = M_B < M_C$，则对于三颗卫星，下列说法不正确的是_____。

   A. 运行线速度大小关系为$v_A > v_B = v_C$

   B. 运行周期关系为$T_A < T_B = T_C$

   C. 向心力大小关系为$F_A = F_B < F_C$

   D. 半径与周期关系为$\dfrac{R_A^3}{T_A^2} = \dfrac{R_B^3}{T_B^2} = \dfrac{R_C^3}{T_C^2}$

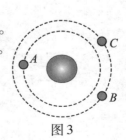

图3

25. 如图4所示，在甲、乙两个过程中，人用相同大小的恒定拉力拉绳子，使人和船 A 均向右运动。两者经过相同的时间 t 后，甲中船 A 没有到岸，乙中船 A 没有与船 B 相碰。甲、乙中人对绳子拉力的冲量大小分别为 $I_甲$、$I_乙$，则关于 $I_甲$、$I_乙$ 的大小关系正确的是_____。

A. $I_甲 < I_乙$　　　B. $I_甲 > I_乙$　　　C. $I_甲 = I_乙$　　　D. 无法确定

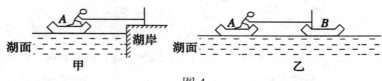

图 4

26. 如图5所示，实线为电场线，虚线为等势线，且 AB 和 BC 长度相等。电场中 A、B、C 三点的电场强度大小分别为 E_A、E_B、E_C，电势分别为 U_A、U_B、U_C，AB、BC 间的电势差分别为 U_{AB}、U_{BC}，则下列关系中不正确的是_____。

A. $U_A > U_B > U_C$　　　B. $E_C > E_B > E_A$

C. $U_{AB} < U_{BC}$　　　D. $U_{AB} = U_{BC}$

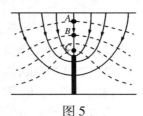

图 5

27. 根据热力学第二定律，下列说法不正确的是_____。

A. 效率为 100% 的热机是不可能制成的

B. 电冰箱的工作过程表明，热量可以从低温物体向高温物体传递

C. 从单一热源吸收热量，使之完全变为功是提高热机效率的常用手段

D. 热量可以自动地从高温物体向低温物体传递

28. 如图6所示，某玻璃砖的横截面为半圆形，由红、蓝两种单色光组成的光束从圆心 O 处以入射角 θ 由真空射入玻璃砖，进入玻璃后分为 OA、OB 两束，从 O 到 A 和从 O 到 B 的时间分别为 t_A 和 t_B，则_____。

A. OA 是蓝光，$t_A < t_B$　　　B. OA 是蓝光，$t_A > t_B$

C. OA 是红光，$t_A < t_B$　　　D. OA 是红光，$t_A > t_B$

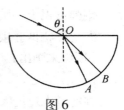

图 6

29. 放射性元素衰变过程中释放出 α、β、γ 三种射线，之后进入如图7所示的匀强电场，下列说法正确的是_____。

A. ①表示 α 射线，③表示 β 射线

B. ②表示 γ 射线，③表示 β 射线

C. ①表示 γ 射线，③表示 α 射线

D. ①表示 β 射线，③表示 α 射线

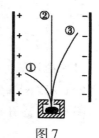

图 7

二、**填空题**（每空 4 分，共 16 分）

30. 两个做简谐运动的弹簧振子，它们的周期之比 $T_1 : T_2 = 3 : 5$，振子质量之比 $m_1 : m_2 = 3 : 5$，弹簧质量忽略不计，则弹簧的劲度系数之比 $k_1 : k_2 =$ _____，频率之比 $f_1 : f_2 =$ _____。

31. 在图 8 所示的匀强电场中，将一带电量为 10^{-4}C 的负电荷由 A 点移到 B 点，其电势能增加了 0.1J，则 A、B 两点的电势差 $U_{AB} = \underline{\qquad}$ V。

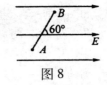

图 8

32. 几种金属的逸出功 W 见表 1：

金属	钨	钙	钠	钾
W（$\times 10^{-19}$J）	7.26	5.12	3.66	3.60

表 1

用一束在真空中波长为 $\lambda_0 = 5.5 \times 10^{-7}$m 的可见光照射上述金属的表面，能发生光电效应的一种金属是 _____。（普朗克常数 $h = 6.63 \times 10^{-34}$J·s，真空中的光速 $c = 3.0 \times 10^8$m/s）

三、计算题（共 2 小题，共 20 分）

33. （10 分）如图 9 所示，物体 B 和物体 C 用劲度系数为 k 的轻弹簧连接并竖直地静置于水平地面上，物体 A 位于物体 B 的正上方 H_0 处。静止释放物体 A，下落后与物体 B 碰撞并黏合在一起不再分离。已知 A、B、C 的质量均为 m，重力加速度大小为 g，忽略物体自身的高度及空气阻力，求：

(1) A 与 B 碰撞后瞬间的共同速度大小 v_{AB}；

(2) A 与 B 一起运动达到最大速度时，物体 C 对地面的压力大小 N。

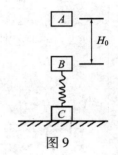

图 9

34. （10 分）电磁轨道炮利用电流和磁场的相互作用使炮弹获得超高速度，其原理可用来研制新武器和航天运载器。电磁轨道炮示意如图 10 所示，图中直流电源电动势为 E，电容器的电容为 C。两根固定于水平面内的光滑平行金属导轨间距为 l，电阻不计。炮弹可视为一质量为 m，电阻为 R 的金属棒 MN，垂直放在两导轨处于静止状态，并与导轨良好接触。导轨间存在垂直于导轨平面、磁感应强度大小为 B 的匀强磁场（图中未画出）。首先开关 S 接 1，使电容器充满电，然后将 S 接至 2，此时 MN 开始向右加速运动，达到最大速度之后，保持该速度滑动一段距离后离开导轨。若已知炮弹的最大速度大小为 v_{max}，求：

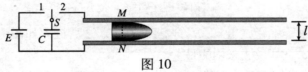

图 10

(1) 磁场的方向；

(2) MN 刚开始运动时加速度的大小 a；

(3) MN 离开导轨后电容器上的剩余电量 Q。

第二部分　　物理试题参考答案及评分标准

一、答案：22．A　　23．A　　24．C　　25．C　　26．D　　27．C　　28．B　　29．D
评分标准：全题24分,每小题3分。

二、答案：30．$5:3;5:3$　　　31．1000　　　32．钾
评分标准：全题16分,每空4分。

三、答案：

33．答案：（1）$\sqrt{2gH_0}/2$；　　（2）$3mg$

解答：（1）设碰前瞬间A的速率为v_A,有：

$$mgH_0 = \frac{1}{2}mv_A^2$$　　　　　　　　　　①　　2分

碰撞过程时间很短,故竖直方向动量守恒,有：

$$mv_A = 2mv_{AB}$$　　　　　　　　　　　　　②　　2分

联立①②求解,得$v_{AB} = \sqrt{2gH_0}/2$　　　　　　　　　　　　2分

（2）设继续下降的过程中,当A和B的加速度为零时,即A和B正好经过平衡位置时,共同速度达到最大值,此时弹簧弹力大小为$2mg$,根据牛顿第三定律,弹簧施加给C的向下压力大小也为$2mg$。　　　　　　　　　　　　　　　　　　　　　　2分

以C为研究对象,由平衡条件得,地面对C的支持力大小为$3mg$,再由牛顿第三定律得,C对地面的压力大小$N = 3mg$。　　　　　　　　　　　　　　　2分

评分标准：全题10分,其他正确答案参照给分。

34．答案：（1）垂直于导轨平面向下；　　（2）$\dfrac{BlE}{mR}$；　　（3）$CBLv_{max}$

解答：（1）由题意知,金属棒上电流方向为$M \to N$,所受安培力方向垂直MN向右,由左手定则知,磁场的方向垂直于导轨平面向下。　　　　　　　　　　　　　2分

（2）电容器充满电后,两极板间电压为E。

当开关S接2时,电容器放电,设刚放电时流经MN的电流为I,所受安培力大小为F,

有：$I = \dfrac{E}{R}$　　　　　　　　　　　　　　　①　　1分

$F = BIl$　　　　　　　　　　　　　　　　②　　1分

对金属棒,由牛顿第二定律,有：$F = ma$　　　　　　③　　1分

联立①②③式,得$a = \dfrac{BlE}{mR}$　　　　　　　　　　　　　　1分

（3）MN速度达到最大值v_{max}时,设MN上的感应电动势大小为E',有：

$E' = Blv_{max}$　　　　　　　　　　　　　　　　④　　1分

此时电容器两极板间的电势差与感应电动势大小相等,方向相反,有：

$E' = \dfrac{Q}{C}$　　　　　　　　　　　　　　　　　⑤　　2分

联立④⑤式,得　　$Q = CBLv_{max}$　　　　　　　　　　　　　1分

评分标准：全题10分,其他正确解答参照给分。

二〇二〇年军队院校士官招生文化科目统一考试

士兵高中综合试题

考生须知	1. 本试卷分政治、物理、化学三部分,考试时间 150 分钟,满分为 200 分(政治 80 分,物理 60 分,化学 60 分)。 2. 将部别、姓名、考生号分别填涂在试卷及答题卡上。 3. 所有答案均须填涂在答题卡上,填涂在试卷上的答案一律无效。 4. 考试结束后,试卷及答题卡全部上交并分别封存。

第二部分　　物　理

一、单项选择题(每小题 3 分,共 24 分)

24. 2006 年我国自行研制的"枭龙"战机在四川某地试飞成功。假设该战机从静止开始做匀加速直线运动,达到大小为 v 的起飞速度所需时间为 t,则起飞前的运动距离为_____。

  A. vt　　　　　B. $vt/2$　　　　　C. $2vt$　　　　　D. $\sqrt{2}vt$

25. 建筑工人用图 1 所示的定滑轮装置运送建筑材料。质量为 70.0kg 的工人站在地面上,通过定滑轮将 20.0kg 的建筑材料以大小为 $0.5m/s^2$ 的加速度拉升,忽略绳子和定滑轮的质量及定滑轮与绳子、转轴间的摩擦,则工人对地面的压力大小为_____。(g 取 $10m/s^2$)

  A. 490.0N　　　　　　　　　　　B. 500.0N
  C. 890.0N　　　　　　　　　　　D. 900.0N

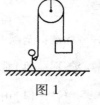

图 1

26. 假设地球的直径缩小到原来的一半,其密度保持不变,若把地球视为完美的球体,则缩小后地球表面的重力加速度大小_____。

  A. 与缩小前相同　　B. 为缩小前的 1/2　　C. 为缩小前的 1/4　　D. 为缩小前的 1/8

27. 火车在水平铁轨上做匀加速直线运动,且受到的阻力恒定。设发动机产生的牵引力大小为 F,方向不变,瞬时输出功率为 P,下列说法正确的是_____。

  A. F 增大,P 增大　　　　　　　　B. F 增大,P 不变
  C. F 不变,P 不变　　　　　　　　D. F 不变,P 增大

28. 图 2 为两平面简谐波波 1 和波 2 在同一介质中传播时某时刻的波形图,下列说法不正确的是_____。

  A. 波 2 的波速比波 1 的大
  B. 波 2 的频率比波 1 的高
  C. 波 2 的波长比波 1 的短
  D. 波 1 和波 2 不可能发生干涉

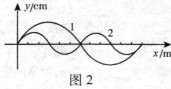

图 2

29. 图 3 是一个电热水壶的铭牌,小沈同学利用所学知识,综合该铭牌上获取的信息,得出该电热水壶_____。

   A. 正常工作时的电流约为 6.8A
   B. 正常工作 5min 耗电量约为 0.5kW·h
   C. 只能在直流电下工作
   D. 只能在 220V 电压下工作

   电热水壶
   产品型号:×××
   额定频率:50 Hz
   额定电压:220 V～
   额定容量:1.2 L
   额定功率:1 500 W

   图 3

30. 如图 4 所示,一定量的理想气体从状态 a 变化到状态 b,其过程如 p–V 图中从 a 到 b 的直线所示。已知该过程气体对外界做功,则在此过程中_____。

   A. 气体温度一直降低
   B. 气体内能一直增加
   C. 气体一直向外界放热
   D. 气体吸收的热量一直全部用于对外界做功

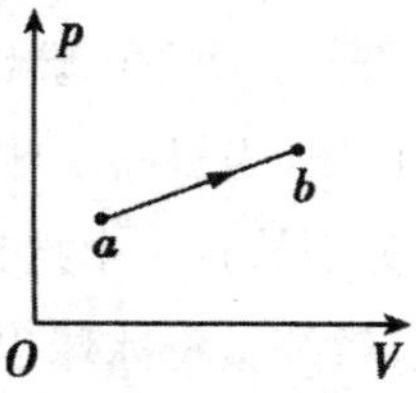

   图 4

31. 如图 5 所示,A、B 为大小相同的正方形单匝线框,由相同金属材料做成,其中 A 不闭合,有个小缺口,B 是闭合的。A、B 位于同一高度,从静止开始同时释放,穿过平行于水平地面从上到下逐渐增强的有界磁场,下落过程中保持线框平面始终与磁感线垂直。下列关于线框 A、B 落地先后的判断,正确的是_____。

   A. A、B 同时落地
   B. B 先落地
   C. A 先落地
   D. 无法判断谁先落地

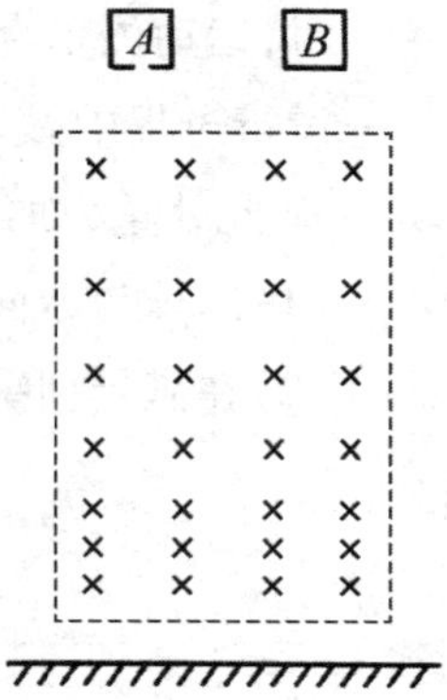

   图 5

二、填空题(每空 4 分,共 16 分)

32. 一只 60g 的网球以大小为 20m/s 的速度水平飞来,又以大小为 30m/s 的速度被网球拍水平击回去,则网球受到的冲量大小为_____ N·s;如果作用在网球上的平均打击力为 30N,则球与拍接触的时间为_____ s。

33. 电炉丝通电变红后,站在电炉旁的人就有暖和的感觉,这是由于电炉丝发出了_____线,它不仅热作用较大,而且相比于可见光,它的_____较长,衍射现象显著,容易透过云雾烟尘,常用于高空侦查摄影。

三、计算题(共2小题,共20分)

34. (10分)一盏灯两端的电压与通过它的电流的变化关系曲线如图6所示,两者不呈线性关系。

    (1)若把三盏这样的灯串联后,接在电动势 $E = 12V$,内阻 $r = 0\ \Omega$ 的电源上,求每盏灯的实际功率 $P_{灯}$;

    (2)将两盏这样的灯并联后,接在电动势 $E = 2V$,内阻 $r = 0\ \Omega$ 的电源上,求电源的输出功率 $P_{电源}$。

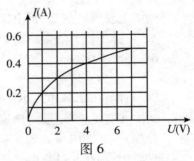

图6

35. (10分)为提高冰球运动员的加速能力,教练员在冰面上与起跑线相距 s_0 和 s_1($s_0 > s_1$)处分别放置一个挡板和一面小旗,如图7所示。训练时,让运动员和冰球都位于起跑线上,教练员将冰球以大小为 v_0 的初速度击出,使冰球在水平冰面上沿垂直于起跑线的方向径直滑向挡板;冰球被击出的同时,运动员垂直于起跑线从静止出发滑向小旗。假定运动员在滑行过程中做匀加速直线运动,冰球到达挡板时的速度大小为 v_1,此处重力加速度大小为 g,求:

    (1)冰球与冰面之间的动摩擦因数 μ;

    (2)在满足训练要求时,运动员的最小加速度大小 $a_{\min}$。

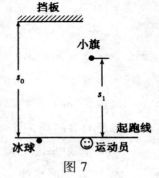

图7

第二部分　物理试题参考答案及评分标准

一、答案：

24. B	25. A	26. B	27. D
28. A	29. A	30. B	31. C

评分标准：全题 24 分，每小题 3 分。

二、答案：

32. 3；0.1　　　33. 红外；波长

评分标准：全题 16 分，每空 4 分。

三、答案：

34. 答案：(1) 1.6W；　　(2) 1.2W

解答：(1) 把三盏这样的灯串联后，每盏灯的电压 $U=4V$　　　　　　　　2分

在图 6 上可以查到每盏灯对应的工作电流 $I=0.4A$　　　　　　　　1分

由此可以求出每盏灯的实际功率 $P_{灯}=UI=4\times 0.4=1.6W$　　　　2分

(2) 把两盏这样的灯并联后，每盏灯的电压 $U=2V$　　　　　　　　2分

在图 6 上可以查到每盏灯对应的工作电流 $I=0.3A$　　　　　　　　1分

电源的输出功率等于两盏灯功率总和

$P_{电源}=2UI=2\times 2\times 0.3=1.2W$　　　　　　　　　　　　　2分

评分标准：全题 10 分，其他正确解答参照给分。

35. 答案：(1) $\dfrac{v_0^2-v_1^2}{2gs_0}$；　　(2) $\dfrac{s_1(v_1+v_0)^2}{2s_0^2}$

解答：(1) 设冰球的质量为 m，由动能定理得

$-\mu mgs_0=\dfrac{1}{2}mv_1^2-\dfrac{1}{2}mv_0^2$　　　　　　　　　　　　　　3分

解得 $\mu=\dfrac{v_0^2-v_1^2}{2gs_0}$　　　　　　　　　　　　　　　　　　　2分

(2) 冰球到达挡板时，满足训练要求的运动员中，刚好到达小旗处的运动员的加速度最小。设这种情况下，冰球的加速度大小为 a_1，所用的时间为 t。

由运动学公式得 $v_0^2-v_1^2=2a_1s_0$　　　　　　①　　　　　　1分

$v_0-v_1=a_1t$　　　　　　　　　　　　　　　　②　　　　　　1分

$s_1=\dfrac{1}{2}a_{min}t^2$　　　　　　　　　　　　　　　③　　　　　　1分

联立①②③式，得 $a_{min}=\dfrac{s_1(v_1+v_0)^2}{2s_0^2}$　　　　　　　　　2分

评分标准：全题 10 分，其他正确解答参照给分。